Apropos Heizung

Systemtechnik im Zeichen der neuen Wärmeschutzverordnung

Ein Leitfaden für Architekten

Wolfgang Schmid **Apropos Heizung**

Systemtechnik im Zeichen der neuen Wärmeschutzverordnung

Ein Leitfaden für Architekten

Gentner Verlag
Stuttgart

Inhalt

Die neuen heizungsrelevanten Verordnungen

8	Die novellierte Wärmeschutzverordnung	Votum für planerische Freiheit und kreative Energieeinsparung
16	Novellierte Heizungsanlagen-Verordnung von 1994	Energieeinsparung durch konsequenten Einsatz von Niedertemperatur- und Brennwertkesseln

Umwelt und Heizung

22	Heizen mit Gas, Öl oder Strom	CO_2-Emissionen und Heizkosten gemeinsam bewerten
28	Brennstoff sparen und die Umwelt schonen	Von Wirkungsgraden, Vorschriften und Grenzwerten

Heizungsanlagen für Neubauten

34	Fortschrittliche Heizsysteme für Niedrigenergiehäuser	Komfort und Wirtschaftlichkeit sprechen für die Pumpen-Warmwasserheizung in Gebäuden mit niedrigem Wärmebedarf
38	Brennwertkessel nutzt Abgaswärme	Technologiesprung zugunsten von Umwelt und Geldbeutel
44	Auf die richtige Größe kommt es an	Etwas mehr Leistung verbessert die Energieausnutzung von fortschrittlichen Heizkesseln
46	Trinkwassererwärmung – komfortabel, hygienisch, energiesparend	Hohe Wirtschaftlichkeit durch verbesserten Jahresnutzungsgrad
50	Von der Heizungsregelung zum digitalen Komfortmanagement	Einfache Bedienerführung eröffnet weitere Energieeinsparung
54	Heizkörper für Niedertemperaturheizungen	Mehr Spielraum bei der Anordnung
56	Auslegung von Fußbodenheizungen	Nutzergewohnheiten und Architektur beeinflussen Systementscheidung
58	Energieeinsparung, Umweltschonung und Wartung gehören zusammen	Heizungsanlagen brauchen Wartung
60	Strom sparen bei Heizungsanlagen	Moderne Heizsysteme müssen keine Stromfresser sein
62	Preiswerte Heizsysteme	Architekt und Fachplaner müssen frühzeitig zusammenarbeiten

Sonne und Luft

64	Warmes Wasser von der Sonne	Systemtechnik steigert die Effizienz
68	Kontrolliert lüften im Niedrigenergiehaus	Hygiene kommt vor Wirtschaftlichkeit

Heizraum, Schornstein, Abgasanlage

72	Vom Schornstein zur Abgasanlage	Neue Heizkesseltechnik beeinflußt Abgasführung
74	Aufstellung von Wärmeerzeugern	Neue Heiztechnik schafft mehr Platz zum Wohnen
76	Heizkesselerneuerung ohne Schornsteinsanierung	Nebenluft senkt Taupunkttemperatur
78	Schornsteinanpassung bei Heizanlagenmodernisierung	Neuer Querschnitt durch geringeres Abgasvolumen
80	Abgasanlagen für Brennwertkessel	Bauaufsichtliche Zulassung erspart individuelle Genehmigung

Modernisierung von Heizungsanlagen

82	CO_2-Minderungspotential im Gebäudebestand	Geringer baulicher Wärmeschutz und veraltete Heizungsanlagen führen zu hohen Energieverlusten
84	Heizkessel erneuern und Gebäude wärmedämmen	Koordination beider Maßnahmen führt zu maximaler Energieeinsparung

Heiz-Alternativen

86	Umweltschonend heizen mit Holz	Saubere Verbrennung durch moderne Heizkesseltechnik
88	Heizen mit der Wärmepumpe	Zukunftschancen durch neue Technologien
90	Heizen in der Zukunft	Investitionen und Betriebskosten müssen in einem sinnvollen Verhältnis stehen

Alles aus einer Hand

92	Fortschrittliche Heiztechnik ist Systemtechnik	Energieeinsparung und Montageerleichterungen durch abgestimmte Komponenten
96	Weiterführende Literatur	
	Anhang	
98	Wärmeschutzverordnung 1995	
107	Heizungsanlagen-Verordnung 1994	
112	Muster-Feuerungsverordnung	
118	Stichwortverzeichnis	

Impressum

Dieses Buch entstand in Zusammenarbeit mit den Viessmann Werken, Allendorf

Die Deutsche Bibliothek – CIP-Einheitsaufnahme

Schmid, Wolfgang:
Apropos Heizung: Systemtechnik im Zeichen der neuen Wärmeschutzverordnung; ein Leitfaden für Architekten / Wolfgang Schmid. – 1. Aufl. – Stuttgart: Gentner, 1995
ISBN 3-87247-470-7

© 1. Auflage, Gentner Verlag Stuttgart, 1995
Gestaltung:
aw/g Günter Becker, München
Stankowski + Duschek, Stuttgart
Herstellung:
VEBU Druck GmbH,
Bad Schussenried
Printed in Germany
Alle Rechte vorbehalten
ISBN 3-87247-470-7

Bildquellen

Danfoss GmbH
Dertinger-Schmid, Margot
IFA-Bilderteam
Gepard AG
Deutsche Poroton GmbH
Kampa Haus GmbH
Kermi GmbH
Nemec, Georg
PR-Agentur Trostner GmbH
Wilo-Werk GmbH & Co.
Schiedel GmbH & Co
Hans Grohe GmbH & Co. KG
Viessmann Werke GmbH & Co.

Vorwort

Vor dem Hintergrund der großen ökonomischen und ökologischen, sozialen und kulturellen Veränderungen – im eigenen Land und in vielen anderen Ländern und Regionen der Welt – muß die Gestaltung der gebauten Umwelt neue Konturen gewinnen. Allein in den Industrieländern werden fast 40 Prozent der erzeugten Primärenergie in Gebäuden verbraucht. Da nach Meinung von Experten nahezu drei Viertel dieser Energie allein durch bauliche Maßnahmen eingespart werden könnten, kommt der Architektur bei der Gestaltung der künftigen Lebenswelt eine herausragende Bedeutung zu.

Planen und Bauen in heutiger Zeit und für die nächsten Jahrzehnte bedeutet umwelt- und energiebewußte Gestaltung, Standortwahl, Gebäudekonzeption, Baustoffwahl, Funktionsorganisation und Haustechnik unter Berücksichtigung der natürlichen Gegebenheiten mit dem Ziel

- den Energie- und Ressourcenbedarf für die Gebäudeherstellung und -nutzung zu minimieren
- die Technik, natürliche Systeme und regenerierbare Ressourcen intelligent zu nutzen
- Menge und Konzentration von Luft- und Wasserverunreinigungen, Abwärme, Abfällen, Abwässern und versiegelten Flächen gering zu halten
- die Artenvielfalt der Tier- und Pflanzenwelt am Standort zu erhalten oder zu erhöhen
- die Bauwerke schonend ins Landschafts- und Stadtbild einzufügen.

Das sind Ansprüche, vor allem Chancen und Ziele, die in interdisziplinären und durchaus nationale Grenzen überschreitenden Dialogen erreicht werden könnten. Es geht um reale Utopien, politische Einsichten und neue Ansätze energie- und umweltbewußten Bauens – also nicht nur um Alternativen zum Herkömmlichen, sondern – auch im Hinblick auf schlichte Notwendigkeiten – um Möglichkeiten und Grenzen praxisbezogener Umsetzung.

Folglich ist beim Bau künftig noch mehr die »natürliche Intelligenz« des Architekten und aller anderen am Baugeschehen Beteiligten gefordert.

Intelligent gestaltete Häuser dieser Art müssen sorgfältiger geplant und gebaut werden als die Ladenhüter aus den Schubladen der Massenanbieter. Letztlich wird es immer darum gehen, im Dialog mit Bauherren und Nutzern festzustellen, wieviel technische Intelligenz nötig und wieviel natürliche Intelligenz möglich ist – zum maximalen Wohlbefinden der Bewohner, zur Schonung der Umwelt und natürlich auch zur Senkung der Investitions- und Folgekosten.

Einer der wichtigsten Verbündeten zur Senkung des Energiebedarfs von Gebäuden ist die moderne Heizungstechnik. Erst die Balance zwischen baulichen Maßnahmen und intelligenter Heizungs- und Lüftungstechnik schafft Wohlbefinden und minimiert Energieverbrauch und Umwelteinflüsse.

Über die oft hohen ökologischen Forderungen hinaus muß Bauen aber auch bezahlbar bleiben. Rationelle Baumethoden und die breite Anwendung der Systemtechnik beim Bau von Heizungsanlagen wie auch beim gesamten technischen Ausbau eröffnen neue Aspekte kostengünstigen und dennoch energiesparenden Bauens. Hierzu bedarf es eines intensiveren Dialogs zwischen Bauherren, Architekten, Ingenieuren, Industrie, Handwerk und allen am Bauen Beteiligten, die Verantwortung für die Verwendung unserer Ressourcen und die Gestaltung einer humanen Lebenswelt tragen.

Dipl.-Vw. Carl Steckeweh
Bundesgeschäftsführer des Bundes Deutscher Architekten BDA, Bonn

Die novellierte Wärmeschutzverordnung

Votum für planerische Freiheit und kreative Energieeinsparung

Seit 1. Januar 1995 gilt für alle Neubauvorhaben, eingeschränkt auch für Erweiterungen und Modernisierungen bestehender Gebäude, die 2. novellierte Wärmeschutzverordnung (WSchV). Für Bauplaner und Architekten bedeutet diese rechtsverbindliche Energiespar-Verordnung mehr Planungsfreiheit, da gegenüber der alten Version weniger Detailvorschriften beachtet werden müssen.

Anstatt bestimmte Bauweisen, Wärmedurchgangszahlen von Bauteilen, Heiztechniken oder Lüftungssysteme vorzuschreiben, beschränkt sich die neue WSchV auf die Zielvorgabe eines »Jahres-Heizwärmebedarfs«. Diese Größe wird vom Gesetzgeber in § 2 der WSchV wie folgt definiert:

(1) Der Jahres-Heizwärmebedarf eines Gebäudes im Sinne dieser Verordnung ist diejenige Wärme, die ein Heizsystem unter den Maßgaben des in Anlage 1 angegebenen Berechnungsverfahrens jährlich für die Gesamtheit der beheizten Räume bereitzustellen hat.

(2) Beheizte Räume im Sinne dieser Verordnung sind Räume, die auf Grund bestimmungsgemäßer Nutzung direkt oder durch Raumverbund beheizt werden.

Unterschiedliche Auffassungen zum Begriff des Niedrigenergiehauses

Schon während der Anhörung zur Novellierung der Wärmeschutzverordnung gab es unterschiedliche Auffassungen über den Begriff »Niedrigenergiehaus«. Vielfach wurde darunter ein sogenannter »Schwedenhaus-Standard« verstanden mit Dämmwerten, die mit den in Deutschland üblichen Bauweisen kaum erreicht werden können.

Während der Gesetzgeber den Begriff des Niedrigenergiehauses bereits ab einem Energiewert von < 100 Kilowattstunden je Quadratmeter beheizter Fläche und Jahr (kWh/[m^2 x a]) als gerechtfertigt ansieht, definieren einige Wissenschaftler, Fachautoren, aber auch Vertreter einiger Bundesländer den Begriff des Niedrigenergiehauses erst ab einem Kennwert unter 70 kWh/(m^2 x a). Die Diskrepanz in der Definition des Niedrigenergiehauses hat zur Folge, daß einige Länder und Kommunen für die Förderung echter Niedrigenergiehäuser strengere Maßstäbe als die gültige WSchV an die Wärmedämmung anlegen. Trotz dieser Widersprüche ist davon auszugehen, daß mit dem Vollzug der neuen Wärmeschutzverordnung allein aus Marketinggesichtspunkten der Begriff des Niedrigenergiehauses von Bauträgern, Immobilienhändlern, Bausparkassen und anderen am Wohnbau Beteiligten zum Synonym für den neuen Mindeststandard wird.

Je größer und kompakter das Gebäude, desto kleiner ist sein A/V-Wert. Größere Werte kommen beim Einfamilienhaus oder bei stark gegliederten Gebäuden mit großer Umfassungsfläche zustande.

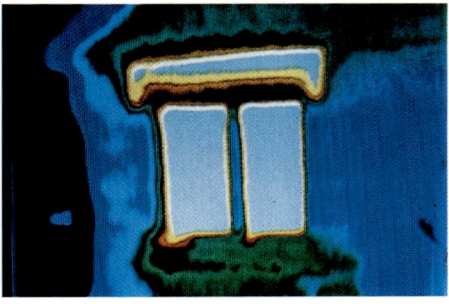

Die Energiekrise führte 1976 zur ersten Wärmeschutzverordnung in Deutschland. Fortan setzte sich die Erkenntnis durch, daß mangelhafter Wärmeschutz nicht nur Milliarden an unnötigen Heizkosten verursacht, sondern indirekt auch die Umwelt belastet. Die Thermographie hat einen wichtigen Beitrag zur Aufdeckung bauphysikalischer Schwachstellen geleistet.

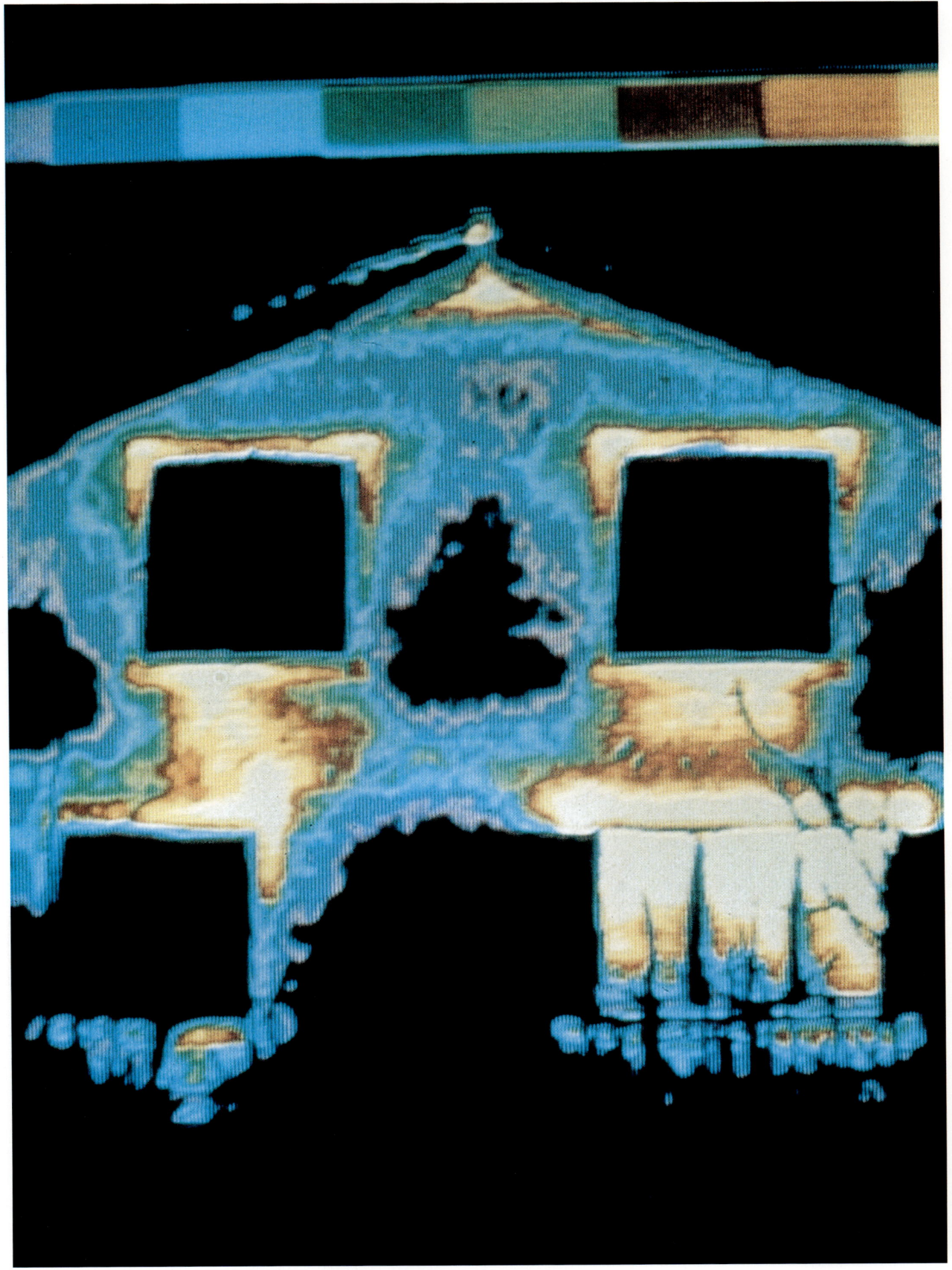

Hüllflächenverfahren wird Standard

Die zum 31. Dezember 1994 ungültig gewordene 2. Wärmeschutzverordnung aus dem Jahr 1982 basierte auf dem Nachweis, daß Gebäude oder Bauteile die Minimalanforderungen an den Wärmeschutz erfüllen müssen.

Der Statiker konnte diesen Nachweis entweder über das sogenannte Hüllflächenverfahren oder nach dem altbekannten Bauteilverfahren führen. Letzteres beschränkt sich auf die Einhaltung von Wärmedurchgangskoeffizienten (k-Zahlen) für Außenwände, Fenster, Dächer, Türen und Decken sowie für Grenzflächen zu unbeheizten Räumen und an das Erdreich. Diese Methode galt als solide und praktikabel, grenzte aber intelligente Ansätze energiesparenden Bauens weitgehend aus. So konnten bisher z. B. solare Energiegewinne durch eine kreative architektonische Ausrichtung des Gebäudes nach der Sonne im Wärmeschutznachweis nicht bilanziert werden.

Mit der verbindlichen Anwendung des Hüllflächenverfahrens in der neuen WSchV – von der Ausnahmeregelung für Ein- und Zweifamilienhäuser einmal abgesehen – ergeben sich neue Betrachtungsweisen bei der Beurteilung von Energiesparmaßnahmen.

Anders als in der alten Verordnung ist der k-Wert eines Bauteils bei der neuen WSchV nur noch eine von mehreren Einflußgrößen. So sind für Wände, Fenster, Dach oder Kellerdecke unterschiedliche k-Werte möglich. Damit wächst der Spielraum des Architekten für kreative Energiesparmöglichkeiten.

Die Bilanzierungsmöglichkeit von solaren Gewinnen durch nach Süden, Osten oder Westen ausgerichtete Fensterflächen wird die künftige Architektur und damit auch die Gebäudetechnik nachhaltig beeinflussen. Allerdings fordert die stärkere Orientierung der Architektur an der Sonne alle am Bau Beteiligten sowie den Nutzer zu einem bewußteren Umgang mit Heizungs- und Lüftungsanlagen, aber auch mit Sonnenschutzeinrichtungen und temporären Wärmeschutzelementen heraus.

30 Prozent Energieeinsparung

Die Einhaltung der neuen WSchV führt bei Neubauten zu einem Wärmebedarf zwischen 54 und 100 kWh/(m² x a). Im Vergleich zur alten Vorschrift ergeben sich durch die neue WSchV – rein rechnerisch – Energieeinsparungen von rund 30 Prozent. Ein durchschnittliches Einfamilienhaus, gebaut nach der neuen WSchV, kommt gegenüber dem alten Dämmstandard mit jährlich rund 800 Liter weniger Heizöl aus und verringert dadurch den CO_2-Ausstoß um rund 2,3 Tonnen pro Jahr.

Der A/V-Anforderungskurve (Verhältnis von wärmeübertragender Umfassungsfläche zu umbautem, beheiztem Gebäudevolumen) liegen typische Modellgebäude zugrunde. Sie wurden hinsichtlich ihrer Wärmedämmung so ausgelegt, wie es nach dem Stand der Technik wirtschaftlich vertretbar ist. Bekanntlich enthält das Energieeinsparungsgesetz eine Klausel, wonach Energiesparmaßnahmen, sofern sie einen Mindeststandard in Verordnungen festlegen, wirtschaftlich sein müssen. Dieser Punkt führt immer wieder zu Auseinandersetzungen zwischen Befürwortern eines verschärften Wärmeschutzes und eher gemäßigten Energiesparern. Unstrittig ist, daß die deutsche Bauindustrie und das Bauhandwerk in ihrer Mehrheit derzeit große Schwierigkeiten hätte, skandinavische Wärmeschutznormen in Deutschland in die Praxis umzusetzen. Wenn bei uns trotzdem einzelne Häuser und Siedlungen nach nordischem Muster entstanden sind und auch weiter entstehen, so ist dies sowohl einem hohen Engagement ihrer Bauherren, Architekten und Bauträger zuzuschreiben als auch der weitgehend öffentlichen Förderung dieser »echten« Niedrigenergiehäuser.

Man muß aber auch einräumen, daß zwischen der ersten Vorlage des novellierten Verordnungstextes und seinem Inkrafttreten am 1. Januar 1995 einige Jahre liegen, in denen die Industrie mit Neuentwicklungen durchaus den Beweis erbrachte, daß in Zukunft auch höhere, also quasi-skandinavische Dämmstandards bewältigt werden können. Herausragendstes Beispiel sind die neuen Wärmeschutzfenster, deren k-Zahlen denen von Außenwänden bereits sehr nahe kommen.

Wachsende Bedeutung der solaren und inneren Wärmegewinne

Die eigentliche Neuheit der WSchV und gleichzeitig Anreiz für viele Architekten zu konstruktiven Energiesparmaßnahmen ist die Möglichkeit der Bilanzierung von Wärmegewinnen und -verlusten. Da gerade die Wärmegewinne in der Praxis stark vom Bewohner abhängig sind, z. B. Nutzung interner Wärmegewinne durch Elektrogeräte, wurden dafür im Verordnungstext einheitliche Vorgaben in das Nachweisverfahren aufgenommen.

Nach Anlage 1 zur Wärmeschutzverordnung, Punkt 1.6, ist der Jahres-Heizwärmebedarf nach folgender Gleichung zu bestimmen:

$Q_H = 0{,}9 \cdot (Q_T + Q_L) - (Q_i + Q_S)$ in kWh/a.

Dabei bedeuten

Q_T der Transmissionswärmebedarf in kWh/a, den durch den Wärmedurchgang der Außenbauteile verursachten Anteil des Jahres-Heizwärmebedarfes.

Q_L der Lüftungswärmebedarf in kWh/a, den durch Erwärmung der gegen kalte Außenluft ausgetauschten Raumluft verursachten Anteil des Jahres-Heizwärmebedarfes.

Q_i die internen Wärmegewinne in kWh/a, die bei bestimmungsgemäßer Nutzung innerhalb des Gebäudes auftretenden nutzbaren jährlichen Wärmegewinne.

Q_S die solaren Wärmegewinne in kWh/a.

Der Faktor 0,9 berücksichtigt die eingeschränkte Gleichzeitigkeit in der Beheizung.

Diese Gleichung verdeutlicht künftige Verschiebungen in der Heizungstechnik. Mit kleiner werdenden Transmissionswärmeverlusten spielen in Zukunft die Lüftungswärmeverluste eine größere Rolle. Überschlägig kann der Lüftungswärmebedarf mit einem festen Wert von 16,45 kWh/a berechnet werden (bei 0,8fachem Luftwechsel, Gleichzeitigkeit = 0,9, anrechenbares Luftvolumen V_L = 0,8 x beheiztes Gebäudevolumen).

Energiegutschrift für Wohnungslüftung

Mit weiter fallenden Transmissionswärmeverlusten bei konstanten, durch Hygiene und Bauphysik vorgegebenen Luftraten wächst der prozentuale Anteil des Lüftungswärmebedarfs (Q_L) in ganz erheblichem Maße. Die Wohnungslüftung bekommt damit einen neuen Stellenwert. Der Gesetzgeber hat sich deshalb erstmals in einer Wärmeschutzverordnung dazu entschlossen, die Option einer Gutschrift beim Einsatz eines mechanischen Wohnungslüftungssystems anzubieten.

Je nach Lüftungssystem kann Q_L um einen Faktor zwischen 0,95 (für feuchtegeregelte Abluftanlagen) und 0,8 (für Wärmerückgewinner oder Wärmepumpen) vermindert werden. Faktisch gibt es also eine Energiegutschrift für den Einbau einer mechanischen Lüftungsanlage.

Dabei handelt es sich keinesfalls um einen Zwang zum Einbau einer Lüftung. Vielmehr will der Gesetzgeber Spielraum schaffen, eventuell fehlende Energiebilanzpunkte in der Berechnung des Jahres-Heizwärmebedarfs durch den Einbau mechanisch betriebener Wohnungslüftungen mit Wärmerückgewinnung oder selbsttätiger Volumenregelung auszugleichen.

Diese »Kompensationslösung«, wie sie z.B. auch in Schweden üblich ist, hat schon während der Anhörung des Verordnungstextes zu Mißdeutungen geführt. So wurde insbesondere in Verbraucherkreisen befürchtet, daß bei Einbau einer Wohnungslüftung dem Nutzer die Lüftung durch das offene Fenster versagt wird.

Dieses Märchen vom Lüftungszwang bei geschlossenen Fenstern hält sich hartnäckig, da frühere, aber heute nicht mehr übliche Klimaanlagensysteme aus strömungshydraulischen Gründen keine geöffneten Fenster zur individuellen Luftzufuhr erlaubten.

Die Vorgaben der Wärmeschutzverordnung an die Lüftungssysteme, insbesondere an den Wirkungsgrad der Wärmerückgewinner und an das Verhältnis von aufgewendetem Strom für den Ventilator zu eingesparter Wärme, gelten nur dann, wenn der Planer den Lüftungsbonus beim Wärmeschutznachweis berücksichtigt. Somit dürfen in Zukunft auch Wohnungslüftungen mit weniger effektiven Wärmerückgewinnern oder auch Klimaanlagen eingebaut werden, nur gibt es dafür keine Gutschrift in der Wärmebilanz. Architekten und Fachplaner müssen damit rechnen, daß die Frage, ob Lüftung oder nicht, von Bauleuten zukünftig häufiger gestellt wird.

Während in der Wärmeschutzverordnung nur die energetischen Aspekte der Lüftung behandelt werden, sind praxiserfahrene Planer von Niedrigenergiehäusern schon einen Schritt weiter. Es zeichnet sich bereits ab, daß die Energiesparargumentation in Zukunft von der Hygiene- und Gesundheitsdiskussion verdrängt wird. Gerade in dichten Häusern – Voraussetzung energiesparenden Bauens – müssen Dämpfe aus Küche und Bad, Schadstoffe aus Baumaterialien, Möbeln, Heimtextilien und Reinigungsmitteln und nicht zuletzt das vom Menschen abgegebene Kohlendioxid sowie andere, in hoher Konzentration schädliche Verbindungen, ständig verdünnt bzw. abgeführt werden. Das geöffnete Fenster bewältigt diese Aufgabe nur unvollkommen, mit hohen Energieverlusten und Komforteinbußen. Je nach Region spricht auch der Schutz vor Einbrechern gegen das ständig geöffnete und unbeaufsichtigte Fenster zum Lüften.

Das Fenster ist nur wegen seines schlechteren Wärmedämmwertes eine bauphysikalische Schwachstelle, sondern auch wegen der Lüftungsgewohnheiten vieler Nutzer. Eine mechanische Lüftung trägt zum kontinuierlichen Luftaustausch eines Gebäudes bei, ohne daß Fenster geöffnet werden müssen.

Die novellierte Wärmeschutzverordnung von 1995 gilt auch für bauliche Veränderungen an bestehenden Gebäuden, wenn diese um mehr als einen Raum oder um mehr als 10 m² zusammenhängende, beheizte Fläche erweitert werden.

Höhe der inneren Wärmegewinne umstritten

Große und kleine Energieverbraucher im Haus tragen in zunehmendem Maße zur Beheizung eines dichten und gut wärmegedämmten Gebäudes bei. Aus Skandinavien ist bekannt, daß viele Niedrigenergie-Bürogebäude am Montagmorgen nur noch eine Art Anschubheizung brauchen. Die Wärmeverluste können dann von Computern, Druckern, Kopierern, Beleuchtungen und nicht zuletzt von den Beschäftigten kompensiert werden. Immerhin gibt der Mensch bei leichter Tätigkeit rund 80 Watt Wärme pro Stunde ab.

Bei der Berechnung des Jahreswärmebedarfs nach der neuen Wärmeschutzverordnung können je Kubikmeter beheiztes Raumvolumen bei Büro- und Verwaltungsgebäuden bis zu 10 kWh pro Jahr und bei anderen Gebäuden und Wohnhäusern bis zu 8 kWh/a oder auf die beheizte Fläche umgerechnet 25 kWh/(m^2 x a) angesetzt werden. Diese Gutschrift in den vorgegebenen Größenordnungen war bei den Beratungen im Bundesrat nicht unumstritten. Kritiker der Energiegutschrift meinten, daß der Energieverbrauch von Haushalts- und Bürogeräten sowie von Lichtquellen in Zukunft zurückgehen werde. Unumstritten ist, daß die Ausstattung von Büros mit Kommunikationstechnik, Beleuchtungskörpern und elektrotechnischen Geräten immer noch zunimmt. Mit gewissen Einschränkungen gilt dies auch für Haushalte.

Wer Zweifel an der Sinnhaftigkeit dieser Bewertung hat, kann aber auch auf diesen Energiebonus verzichten. Denn die Verordnung schreibt nicht vor, daß auf die Energiegewinne, sei es durch Solareinstrahlung, Elektrogeräte oder Wärmerückgewinnung, Rücksicht genommen werden muß. Dieser Passus ist ein Zugeständnis, das es dem Architekten erlaubt, aufgrund von kalkulierbaren Energiegewinnen einen geringeren Dämmstandard zu wählen.

Unabhängig von der Bilanzierung der inneren Wärmegewinne bei der Berechnung des Jahres-Heizwärmebedarfs führt die Verbesserung des Wärmeschutzes zu einer Verkürzung der Heizperiode. Der im Verhältnis zu den fallenden Transmissionswärmeverlusten konstante innere Wärmegewinn sowie eine zu erwartende stärkere Ausrichtung der Gebäude nach der Sonne lassen den Schluß zu, daß sich unsere Gebäude bei verbessertem Wärmeschutz über einen längeren Zeitraum selbst heizen. Liegt die Heizgrenze bei schlecht gedämmten Häusern bei rund 15°C Außentemperatur und höher, so verschiebt sich diese bei Häusern nach der neuen WSchV auf 12°C, bei Niedrigenergiehäusern sogar auf 10°C. Je weiter die Heizgrenze abfällt, um so wichtiger wird dabei der kontrollierte Luftaustausch und die Wärmerückgewinnung aus der Abluft.

Umgekehrt muß man allerdings auch einkalkulieren, daß sich hochwärmegedämmte Gebäude im Sommer bei längeren Schönwetterperioden auch stärker aufheizen, insbesondere dann, wenn große Südfenster nicht durch konstruktive Elemente verschattet werden können. Die vielfach propagierte Solararchitektur bekommt damit eine zweite Seite, deren unkomfortable Auswüchse oft erst nach dem ersten Sommer erkannt werden. Der prestigeträchtige Anbau von Wintergärten, bei denen aber aus Kostengründen an automatischen Verschattungs- und Lüftungseinrichtungen gespart wird, dokumentiert diese Schwachstelle am deutlichsten.

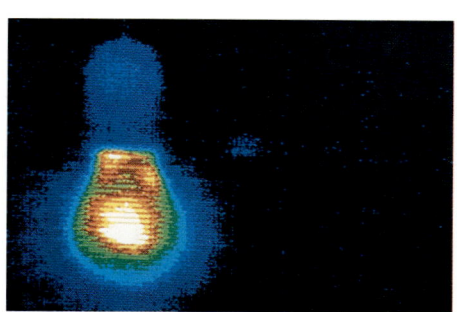

Innere Wärmegewinne tragen in zunehmendem Maße zur Beheizung von Räumen in Niedrigenergiehäusern bei.

Solargewinne teilweise gutgeschrieben

Daß die durch Fenster eingestrahlte solare Wärme für den Jahres-Heizwärmebedarf nur bedingt nutzbar ist, zeigen die Einschränkungen in Punkt 1.6.4 der Verordnung. Danach darf der solare Gewinn durch Fensterflächen von mehr als 2/3 einer Wandfläche nur bis zu dieser Größe berücksichtigt werden. Zusätzlich ist bei Fensterflächen, die nicht anderweitig verschattet werden, und bei Fensteranteilen von mehr als 50 Prozent einer Wandfläche ein beweglicher Sonnenschutz erforderlich.

Rein rechnerisch kann der solare Wärmegewinn auf zwei Arten in den Jahres-Heizwärmebedarf eingerechnet werden:
- Über das Strahlungsangebot der jeweiligen Himmelsrichtung. Die entsprechenden Werte und Randbedingungen sind unter Punkt 1.6.4.1 des Verordnungstextes festgelegt.
- Über äquivalente Wärmedurchgangskoeffizienten der Fenster, die in den Transmissionswärmebedarf mit eingerechnet werden. Bei Wahl hochwertiger Wärmeschutzverglasungen kann dieser Wert bei Südfenstern gegen Null tendieren oder sogar negativ ausfallen. Ein negativer äquivalenter k-Wert des Fensters bedeutet, daß – über das Jahr gerechnet – die Wärmegewinne größer sind als die Wärmeverluste.

Bei aller Begeisterung für solare Architektur sollte man realistisch bleiben. Je mehr Glasfronten ein Haus aufweist, desto schwieriger ist es, die einfallende Energie zu nutzen, sprich zu puffern. Hochwärmegedämmte Häuser mit großen, nach Süden exponierten Fensterflächen neigen durch die oft schlagartig einsetzende Sonneneinstrahlung zur Überheizung. Das tritt vor allem dann ein, wenn keine passiven Wärmespeicher, wie massive Wände oder Decken, vorhanden sind. Es obliegt der Kunst des Architekten, hier das richtige Maß zu finden und durch konstruktive Elemente, wie Dachvorsprünge und andere Verschattungen, – entsprechend der Jahreszeit – der Sonne »dosiert« den Zugang in die Räume zu verschaffen. Voraussetzung für die Nutzung dieser kostenlosen Energie sind jedoch Energiepuffer in Form massiver Bauteile oder Lüftungssysteme, die die warme Luft aus den Südräumen in kühlere Gebäudezonen führen.

Je besser die Wärmedämmung und die Dichtheit eines Gebäudes, desto weniger beeinflussen Kälte, Hitze, Wind und Regen das Innenklima. Solare und innere Wärmegewinne übernehmen einen Teil der Heizarbeit.

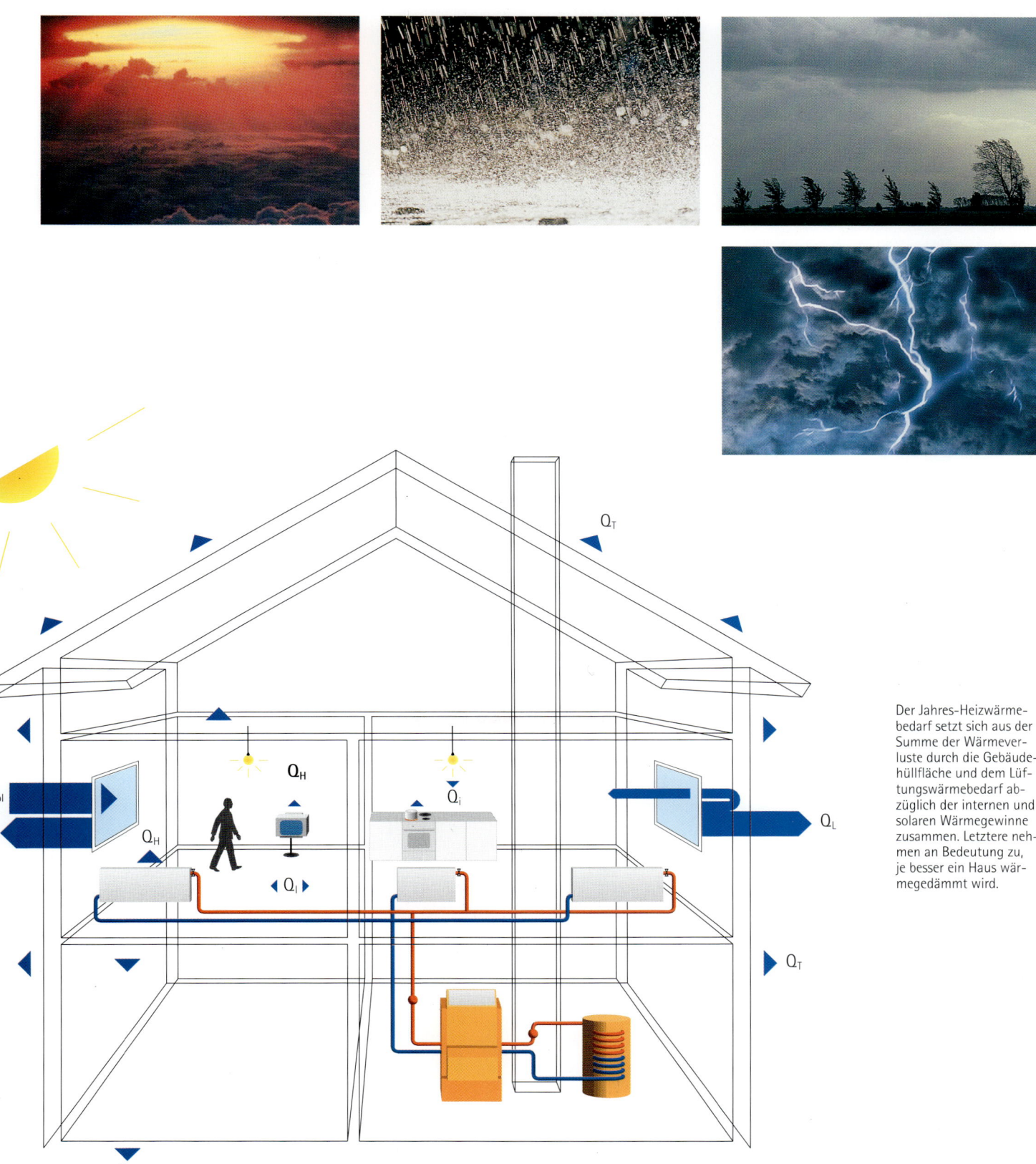

Der Jahres-Heizwärmebedarf setzt sich aus der Summe der Wärmeverluste durch die Gebäudehüllfläche und dem Lüftungswärmebedarf abzüglich der internen und solaren Wärmegewinne zusammen. Letztere nehmen an Bedeutung zu, je besser ein Haus wärmegedämmt wird.

Keine Verordnung ohne Ausnahme

Mit der viel beschworenen planerischen Freiheit der neuen Wärmeschutzverordnung scheint das allerdings so eine Sache zu sein. Der Nachweis, daß der Wärmeschutz laut WSchV '94 auch eingehalten wird, kann beim sogenannten Hüllflächenverfahren nur iterativ, also durch mehrere Näherungsrechnungen, erbracht werden.

Anders war es beim früher üblichen Bauteilverfahren: Dort wußte der Planer oder Architekt genau, welche k-Werte er bei welchem Bauteil einhalten muß.

Im Vorfeld der Novellierung der WSchV kamen zunächst dem Vertreter eines Bundeslandes, dann auch anderen Ländervertretern gewisse Bedenken, ob das Hüllflächenverfahren für kleinere Gebäude nicht zu aufwendig sei. Insbesondere sah man in der eher komplexen Berechnung dieser Methode eine konträre Entwicklung zur Einführung vereinfachter bauaufsichtlicher Verfahren einzelner Bundesländer. Man einigte sich schließlich darauf, daß für kleine Wohngebäude mit bis zu zwei Vollgeschossen und nicht mehr als drei Wohneinheiten das vereinfachte Nachweisverfahren mit vorgegebenen maximalen Wärmedurchgangskoeffizienten (k-Werten) auch in Zukunft angewendet werden darf (Bauteilverfahren). Die zulässigen Werte sind im Verordnungstext in Anlage 1, Punkt 7, Tabelle 2, angegeben. Bei diesem Verfahren ist die Berücksichtigung von Energiegewinnen durch Wärmerückgewinnung aus der Lüftung nicht vorgesehen.

WSchV bei An- und Umbauten

Obwohl der Gebäudebestand ein weitaus größeres Energiesparpotential als der Neubaubereich verspricht, gilt die WSchV '95 fast ausschließlich für neu zu erstellende Gebäude. Sie greift jedoch bei baulichen Veränderungen an bestehenden Gebäuden, wenn diese um mehr als einen Raum oder um mehr als 10 m² zusammenhängende beheizte Gebäudenutzfläche erweitert werden. Die höheren Anforderungen der neuen WSchV gelten dann allerdings nur für die neuen Räume.

Werden Teile eines vorhandenen Gebäudes erstmalig eingebaut, ersetzt, erneuert oder wärmetechnisch nachgerüstet, dann treffen für diese Bauteile die in Anlage 3 der WSchV genannten Anforderungen zu. Wird z. B. eine Außenwand erneuert oder nachträglich wärmegedämmt, so muß ein Mindest-k-Wert von 0,5 bzw. 0,4 eingehalten werden. Zielgröße für neue Fenster, Fenstertüren sowie Dachfenster ist ein k-Wert von mindestens 1,8. Für Decken, die an die Außenluft grenzen, gilt ein k-Wert von mindestens 0,3, für Kellerdecken und andere, gegen unbeheizte Räume grenzende Wände gilt 0,5 als Grenzwert.

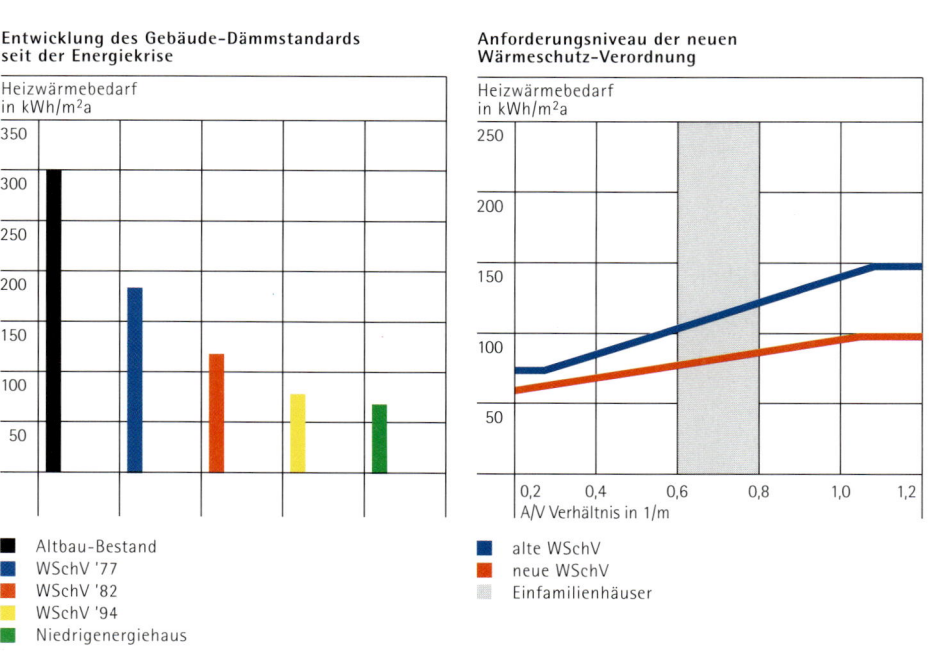

Heizwärmebedarf von Gebäuden mit unterschiedlichem Dämmstandard. Der Begriff »Niedrigenergiehaus« ist nicht exakt definiert. Nach Auffassung des Bundesbauministeriums entsprechen Gebäude mit einem Heizwärmebedarf unter 100 kWh/(m² x a) bereits dem Niedrigenergiehaus-Standard.

Entwicklung des Gebäude-Dämmstandards seit der Energiekrise

- Altbau-Bestand
- WSchV '77
- WSchV '82
- WSchV '94
- Niedrigenergiehaus

Anforderungsniveau der neuen Wärmeschutz-Verordnung

- alte WSchV
- neue WSchV
- Einfamilienhäuser

Kurze Geschichte der Wärmeschutzverordnung

Die Wärmeschutzverordnung (WSchV) basiert auf der Grundlage des im Jahre 1976 in Kraft getretenen Energieeinsparungsgesetzes (EnEG). Sie wurde im Jahre 1977 erlassen und 1982 erstmals novelliert. Diese Fassung trat allerdings erst zum 1. Januar 1984 in Kraft.

Schon damals setzte man sich in den beteiligten Ministerien das Ziel, die Verordnung spätestens bis Ende der achtziger Jahre ein zweites Mal zu novellieren.

Fallende Energiepreise und eine gewisse Energiesparmüdigkeit hemmten allerdings eine erneute Überarbeitung. Eine Beschleunigung der WSchV-Novellierung kam erst durch die Entschließung des Bundesrates vom 16. Februar 1990 in Gang. Schon damals wurde eine Verbesserung des Wärmeschutzes um mindestens 30 Prozent bei gleichzeitiger Festlegung spezifischer Heizenergiebedarfswerte gefordert.

Zunächst versuchte man, das Prozedere der Novellierung von Wärmeschutz- und Heizungsanlagenverordnung auf eine gemeinsame Basis zu stellen. Die notwendige Triebkraft für die Umsetzung von Vorsätzen in konkrete Verordnungen kam aber erst durch den Bericht der Enquete-Kommission »Vorsorge zum Schutz der Erdatmosphäre«, der am 27. September 1991 vom Bundestag verabschiedet wurde, zustande.

Die sicherlich gut gemeinte, aber politisch nicht durchsetzbare Koppelung der beiden Verordnungen führte zur Rückführung auf eine getrennte Bearbeitung der Verordnungsentwürfe, was zumindest zu einer Beschleunigung der Verabschiedung der Heizungsanlagen-Verordnung führte. Diese trat am 1. Juni 1994 in Kraft.

Bei der Behandlung der verschärften Wärmeschutzverordnung schieden sich zunächst die Geister. Während die Dämmstoffindustrie die gesteckten Energiesparziele mit konventioneller Bautechnik als durchaus erreichbar begrüßte, hielten die Anbieter monolithischer Baustoffe dagegen. Insbesondere die Ziegelindustrie Süddeutschlands befürchtete, mit den erhöhten Dämmanforderungen in bauphysikalische Grenzbereiche vorzustoßen mit dem Risiko negativer Auswirkungen auf Bauweise und Baukosten.

Eine nochmalige Gesprächsrunde der betroffenen Kreise war notwendig, bis im Mai 1993 ein Konsens gefunden wurde. Neben gewissen »Anpassungen« im Bereich größerer Gebäude führten die Nachverhandlungen u. a. zur Aufnahme eines vereinfachten Nachweisverfahrens, das weitgehend dem bekannten »Bauteilverfahren« entspricht. Die letzte Hürde nahm die WSchV im Frühjahr 1994 bei den Brüsseler Behörden. Endgültig in Kraft trat die 2. novellierte Wärmeschutzverordnung am 1. Januar 1995.

Mehr Transparenz durch Wärmebedarfsausweis

Jede Verordnung ist nur so gut wie ihre Umsetzung in die Praxis. Der Gesetzgeber hat diese Schwachstelle erkannt und in § 12 der neuen WSchV eine Vorschrift aufgenommen, wonach für alle neuen, beheizbaren Gebäude ein sogenannter Wärmebedarfsausweis auszustellen sei. Mit diesem Paragraphen wird insbesondere Artikel 2 der Richtlinie 93/76/EWG vom 13.9.1993 zur Begrenzung der Kohlendioxid-Emissionen durch eine effizientere Energienutzung – SAVE – umgesetzt. Darin heißt es u. a.:

»Ein Energieausweis trägt durch eine objektivere Information über die energiebezogenen Merkmale eines Gebäudes zu einer besseren Transparenz des Immobilienmarktes bei und fördert Investitionen in Energiesparmaßnahmen.«

Aufgrund des Wirtschaftlichkeitsgebots von Energiesparmaßnahmen beschränkt sich die Ausstellung eines Wärmebedarfsausweises auf neue Gebäude.

Die Einzelangaben für den Gebäudeenergieausweis können praktisch dem Wärmeschutznachweis entnommen werden, ohne daß dadurch Zusatzkosten entstehen.

Die Gestaltung des Wärmebedarfsausweises ist Ländersache. Ebenso legen die Länder die Qualifikation der prüfenden Stelle fest. Lapidar heißt es in einem Vorentwurf, »daß der Wärmebedarfsausweis von einem am Bau Beteiligten ausgestellt wird«.

Eine Mustersammlung mit Formularen des neuen Wärmebedarfsausweises sowie der Text der allgemeinen Verwaltungsvorschrift zu §12 der Wärmeschutzverordnung ist erhältlich bei der Gesellschaft für Rationelle Energieverwendung e.V., Berlin (Bezug über BAUCOM Verlag, Lilienstraße 20, 67459 Böhl-Iggelheim).

Anmerkung: Der Begriff »Wärmeschutzverordnung« wird in der Fachliteratur unterschiedlich abgekürzt. Üblich sind Kürzel wie WSV, WSVO und WSchV. Die offizielle und rechtlich verbindliche ist »WärmeschutzV.« In Anlehnung an die bei Behörden übliche interne Abkürzung hat der Autor »WSchV« gewählt.

Novellierte Heizungsanlagen-Verordnung von 1994

Energieeinsparung durch konsequenten Einsatz von Niedertemperatur- und Brennwertkesseln

Bereits am 1. Juni 1994 ist die neue Heizungsanlagen-Verordnung (HeizAnlV) in Kraft getreten. Zusammen mit der seit 1. Januar 1995 gültigen novellierten Wärmeschutzverordnung (WSchV) sollen diese Vorschriften das Ziel der Bundesregierung näherbringen, die CO_2-Emissionen bis zum Jahr 2005 um 25 bis 30 Prozent zu senken. Gegenüber der alten Heizungsanlagen-Verordnung stellt die neue Vorschrift erstmals Anforderungen an die Energieausnutzung von Heizkesseln, greift erstmals aber auch in den Bestand von Heizungsanlagen ein. So unterliegen Altanlagen mit mehr als 70 kW Nennleistung, die vor 1973 bzw. vor 1978 errichtet worden sind, faktisch einer Austauschpflicht.

Basis für die Verordnung ist die EG-Heizkessel-Richtlinie. Danach gibt es in Zukunft die drei Kesselklassen
- Standardheizkessel
- Niedertemperaturheizkessel
- Brennwertkessel,

die sich im wesentlichen durch unterschiedliche Jahres-Nutzungsgrade unterscheiden.

Ein besonderes Augenmerk muß zukünftig auf die Begrenzung des Betriebsstromverbrauchs von Heizungsanlagen gelegt werden. Ab 50 kW Nennwärmeleistung der Anlage sind selbsttätig regelbare Umwälzpumpen Vorschrift.

CE-Zeichen ermöglicht europäischen Heizkesselmarkt ab 1998

Nach nur fünf Jahren Laufzeit hat der Gesetzgeber die im Energieeinsparungsgesetz verankerte »Verordnung über energiesparende Anforderungen an heizungstechnische Anlagen und Brauchwasseranlagen (Heizungsanlagen-Verordnung)« erneut novelliert. Hintergrund für die rasche Verabschiedung der neuen Heizungsanlagen-Verordnung sind zum einen die enormen Fortschritte der deutschen Heizungsindustrie bei der Entwicklung energiesparender und umweltschonender Wärmeerzeuger. Zum anderen dient die Novellierung auch der Umsetzung der Richtlinie 92/42/EWG des Rates der Europäischen Gemeinschaften vom 21. Mai 1992 über die Wirkungsgrade von mit flüssigen oder gasförmigen Brennstoffen beschickten neuen Warmwasserkesseln (Wirkungsgradrichtline für Heizkessel).

Sie besagt, daß nach Ablauf einer vierjährigen Übergangsfrist, also ab dem 1. Januar 1998, nur noch Heizkessel angeboten werden dürfen, die den EG-Richtlinien entsprechen. Die dort festgelegten Wirkungsgradanforderungen sind allerdings nur indirekt Gegenstand der Heizungsanlagen-Verordnung, da sie nur die Hersteller und nicht das verarbeitende Handwerk oder die Anlagenbauer betreffen.

Die Wirkungsgradanforderungen werden bei der Zertifizierung des Heizkessels geprüft und vom Hersteller künftig durch das Anbringen des CE-Zeichens bestätigt. Jedem Wärmeerzeuger ist eine Konformitätserklärung beigelegt, aus der hervorgeht, welche Wirkungsgradanforderungen der Heizkessel erfüllt; quasi ein Kfz-Schein für Heizkessel. Damit wird erstmalig ein gemeinsamer europäischer Heizkesselmarkt geschaffen, der allerdings in der Übergangszeit auch noch nationale Züge trägt. So enthält eine Öffnungsklausel in Artikel 4 die Bedingungen für die Inbetriebnahme der in der Richtlinie enthaltenen Heizkesseltypen. Sie sind nach dem jeweiligen Klima und den Nutzungsmerkmalen nationaler Gebäude festzulegen. Markantestes Beispiel für die Beibehaltung lokaler Heizsysteme sind die britischen »Back-Boiler«. Hinter dieser, bei uns unbekannten Kesselbauart verbergen sich als künstliche Kaminfeuer getarnte Heizkessel mit relativ geringer Energieausnutzung.

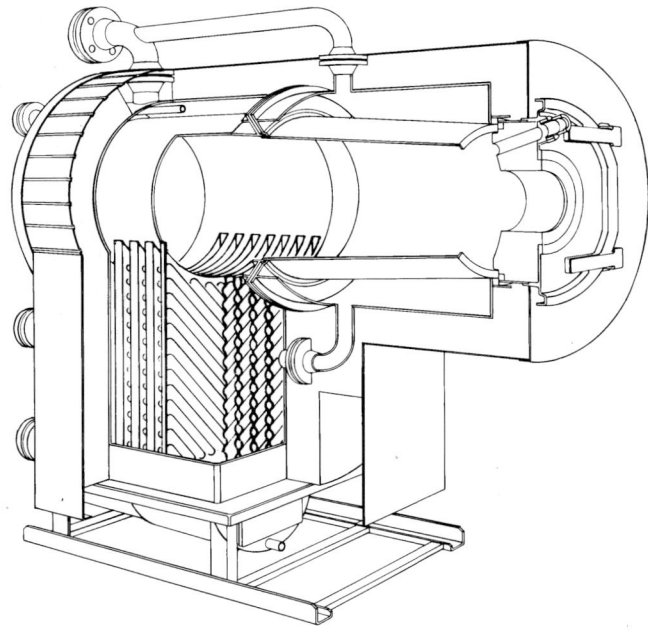

Die neue Heizungsanlagen-Verordnung enthält ein »Quasi-Gebot« für Brennwert- und Niedertemperaturkessel. Standardkessel sind nur noch in Ausnahmefällen zugelassen.

Das eigentlich Neue an den in § 3 der Heizungsanlagen-Verordnung festgelegten Anforderungen ist aber ein Quasi-Gebot für Niedertemperatur- und Brennwertkessel ab 1. Januar 1998. Standardheizkessel, darunter versteht man Wärmeerzeuger mit fest eingestellter Kesseltemperatur zwischen 50 und 70°C, sind nach diesem Zeitpunkt in Deutschland nur noch dann zugelassen, wenn die Nennwärmeleistung 30 kW nicht übersteigt und der bestehende Schornstein nur mit »unverhältnismäßig hohen Kosten« auf den Betrieb mit Niedertemperatur- oder Brennwertkessel umzurüsten wäre.

Zuschläge bei Niedertemperatur- und Brennwertkesseln erlaubt

Wie sehr sich in den letzten Jahren die Energieausnutzung von Heizkesseln verbessert hat, zeigt § 4 der HeizAnlV. Während für Standardheizkessel Zuschläge bei der Bemessung der Wärmeleistung stark limitiert sind, gilt diese Einschränkung nicht für Niedertemperatur- und Brennwertheizkessel.

Typisch für die Heizkesselauslastung von Einfamilienhäusern in Niedrigenergiebauweise ist die Verschiebung der Maximallast von der Heizungsseite hin zur Trinkwassererwärmung. Um komfortable Aufheizzeiten für den Warmwasserspeicher zu erreichen, bedarf es einer genaueren Analyse des Warmwasserbedarfs. So mag z.B. bei einem gut wärmegedämmten Einfamilienhaus für die reine Heizung ein Wärmebedarf von 6 bis 10 kW genügen, für die kombinierte Heizung/Trinkwassererwärmung rechnen praxiserfahrene Heizungsbauer mit mindestens 15 bis 18 kW Kesselleistung. Andere fordern noch höhere Zuschläge, je nach den Komfortansprüchen der Benutzer.

Aber auch die Lüftungsgewohnheiten kommen in Zukunft stärker zum Tragen. Bei zu knapp ausgelegten Kesselleistungen kann es bei ausgeprägten Frischluftanhängern zu langen, unkomfortablen Aufheizzeiten kommen. Es darf bei der Dimensionierung kleiner Heizkessel also ruhig etwas mehr als der reine Rechenwert sein. Diese Überdimensionierung ist bei modernen Niedertemperatur- und Brennwertkesseln mit keinen energetischen Nachteilen verbunden, da sie bei Teillast mit einem höheren Nutzungsgrad als bei Vollast arbeiten.

Heizkessel für Niedrigenergiehäuser sollte man nicht zu knapp dimensionieren.

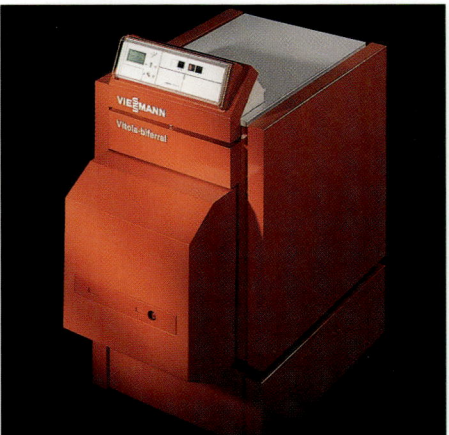

Ab 1. Januar 1998 dürfen nur noch Heizkessel angeboten werden, die den EG-Richtlinien entsprechen.

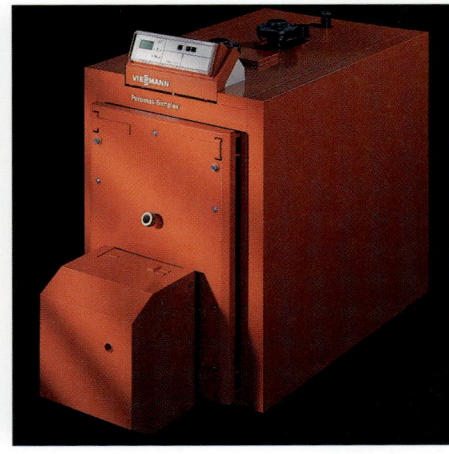

Der Wirkungsgrad eines Heizkessels wird zukünftig durch eine Art »Kfz.-Schein für Heizkessel« bestätigt.

Modernisierung vorhandener Heizungsanlagen wird de facto zur Pflicht

Daß in der Vergangenheit bei der Festlegung von Heizkesselgrößen großzügig verfahren wurde, ist kein Geheimnis. Hinzu kommt, daß bei vielen Gebäuden seit Einbau des Heizkessels Fenster erneuert, Dachgeschosse nachträglich gedämmt und Außenwände mit Vollwärmeschutz versehen worden sind. Dies ist auch dem Gesetzgeber nicht verborgen geblieben. Er hat deshalb erstmalig bei einer Verordnung eine Nachrüstpflicht für bestehende mittlere und größere Heizungsanlagen aufgenommen. Die Grenze wurde bei 70 kW gezogen, das heißt, Heizkessel mit einer Nennleistung von mehr als 70 kW müssen entweder mit Einrichtungen zur mehrstufigen oder stufenlos einstellbaren Feuerungsleistung (gilt nicht für Brennwertkessel) versehen werden, oder die Leistung ist auf mehrere Wärmeerzeuger zu verteilen. Gleichzeitig muß die Nennwärmeleistung dem tatsächlichen Wärmebedarf des Gebäudes angepaßt werden, was soviel heißt, daß der Wärmebedarf des Gebäudes neu berechnet werden muß.

Ausnahmen gibt es nur für Niedertemperatur- bzw. Brennwertkessel, Mehrkesselanlagen und für Heizkessel, die mit festen Brennstoffen betrieben werden. Wenn eine Umstellung oder Nachrüstung nicht möglich ist – und das ist bei den meisten Anlagen der Fall – bleibt nur der Kesselaustausch.

Die Nachrüstpflicht bzw. der Kesselaustausch gilt für Zentralheizungen mit einer Nennwärmeleistung

1. von mehr als 70 kW bis zu 400 kW, die
a) vor dem 1. Januar 1973 errichtet worden sind, bis zum 31. Dezember 1994,
b) in der Zeit vom 1. Januar 1973 bis 30. September 1978 errichtet worden sind, bis zum 31. Dezember 1996;
2. von mehr als 400 kW, die
a) vor dem 1. Januar 1973 errichtet worden sind, bis 31. Dezember 1995,
b) in der Zeit vom 1. Januar 1973 bis zum 30. September 1978 errichtet worden sind, bis zum 31. Dezember 1997.

Bei Heizungsanlagen mit mehreren Wärmeerzeugern sind diese mit wasserseitigen, selbsttätig wirkenden Absperreinrichtungen auszustatten. Mit diesen Absperrorganen können die Betriebsbereitschaftsverluste von Mehrkesselanlagen bei geringer Heizlast drastisch reduziert werden. Frist für die Nachrüstung von automatisch wirkenden Absperrorganen ist der 31. Oktober 1995. Diese Maßnahme lohnt sich bei älteren Heizungsanlagen nur in seltenen Fällen. In der Regel ist es wirtschaftlicher, die alten Heizkessel gegen neue auszutauschen. Erst durch die Anpassung von Kessel, Brenner und Regelung ist eine optimale Betriebsweise bei Mehrkesselanlagen sichergestellt.

Klarstellung zur Dämmung von Heizkörperanschlußleitungen

Obwohl sich in § 6 »Wärmedämmung von Wärmeverteilanlagen« gegenüber dem alten Verordnungstext nur wenig geändert hat, gibt es gewisse Erleichterungen für den Bau von Wärmeverteilnetzen. So benötigen Heizkörperanschlußleitungen nur die Hälfte der vorgeschriebenen Dämmdicke, wenn die Summe von Vor- und Rücklaufleitung je Anschluß unter 8 m Länge liegt.

Freiliegende Leitungen, deren Wärmeabgabe Räumen zugute kommt, in denen sich Menschen aufhalten, müssen auch weiterhin nicht gedämmt werden. Leitungen, die solche Räume verbinden, brauchen ebenfalls nicht gedämmt zu werden. Allerdings muß die Wärmeabgabe vom jeweiligen Nutzer der Wohnräume durch Absperreinrichtungen (selbsttätig wirkende Heizkörperventile) beeinflußbar sein. Das gilt fortan auch für Fußbodenheizungen. Diese Erleichterung bezieht sich nicht auf Steigstränge zu fremdgenutzten Wohnungen.

Für Einrohrheizungen gilt diese Ausnahmeregelung weiterhin nicht, zumal der Durchfluß durch die Ringleitung auch bei abgesperrten Heizkörpern nicht beeinflußbar ist. Konkret heißt das, Rohrleitungen von Einrohrsystemen müssen außerhalb von Räumen, in denen sich Menschen aufhalten, mit der vorgeschriebenen Dämmstoffdicke isoliert werden.

Eher redaktioneller Art ist die Änderung der Kurzbezeichnung von Nennweite: Statt NW heißt es jetzt DN.

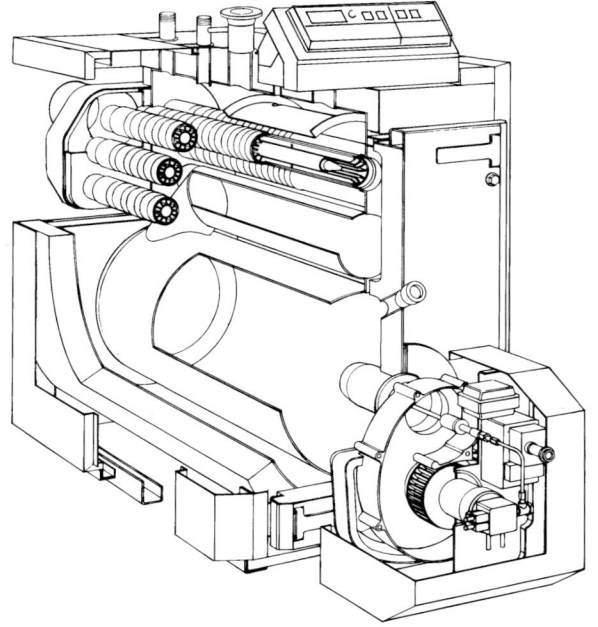

Für Heizkessel über 70 kW Nennwärmeleistung gelten künftig besondere Anforderungen an die Anpassung der Feuerungsleistung.

Einzelraumregelung für Fußbodenheizungen

Nochmals erweitert wurde die Nachrüstpflicht für Thermostatventile bzw. Einzelraumregler, in der Verordnung »selbsttätig wirkende Einrichtungen zur raumweisen Temperaturregelung« genannt. Bis 31. Dezember 1995 müssen sämtliche Zentralheizungsanlagen, sofern sie nicht durch Niedertemperaturkessel versorgt werden, mit entsprechenden Thermostatventilen bzw. Einzelraumreglern nachgerüstet werden. Die frühere Ausnahmeregelung für beheizte Räume unter 8 m² Gesamtfläche entfällt. De facto bedeutet diese Neuerung eine Nachrüstpflicht auch für Fußbodenheizungen, die künftig grundsätzlich mit Thermostatventilen bzw. Einzelraumregelungen ausgestattet sein müssen. Wirtschaftliche Erwägungen lassen jedoch Zweifel aufkommen, ob diese Nachrüstpflicht bei Fußbodenheizungen auch durchzusetzen ist.

Für Zentralheizungsanlagen, die bereits mit Niedertemperaturkesseln ausgestattet sind, gilt eine verlängerte Nachrüstfrist bis 31. Dezember 1997.

Heizungsregelung wird zur Pflicht

Auch bei der Heizungsregelung sieht der Gesetzgeber noch Spielraum für wirtschaftliche Energiesparmaßnahmen. So sind vorhandene Heizungsanlagen mit Standardheizkessel bis 31. Dezember 1995, solche mit Niedertemperaturheizkessel bis 31. Dezember 1997 mit selbsttätig wirkenden Einrichtungen zur Verringerung und Abschaltung der Wärmezufuhr sowie zur Ein- und Ausschaltung der elektrischen Antriebe auszustatten. Als Führungsgrößen gelten die Außentemperatur, die Zeit oder »andere geeignete Größen«. Maßgebliche Kesselhersteller entwickelten bereits intelligente Regelungen mit Fuzzy Logik-Bausteinen, die in ihrer Regelcharakteristik mehr der »unscharfen Logik« menschlichen Verhaltens entsprechen und weniger dem technokratischen »entweder – oder«. Ihr Vorteil: Sie erkennen den Wärmeverbrauch der Heizungsanlage und kommen ohne Außen- oder Raumfühler aus.

Für den Fall, daß ein Heizkessel wegen Verschleiß ausgetauscht werden muß, gilt dieser Passus auch schon vor dem 1. Januar 1998, also ab sofort.

Ab 50 kW sind regelbare Umwälzpumpen vorgeschrieben

Nebenantriebe von Heizungsanlagen, wie z. B. Umwälzpumpen, können in erheblichem Maße zum Energieverbrauch eines Gebäudes beitragen, auch wenn sich dieser Verbrauch nicht in Liter Heizöl oder Kubikmeter Gas, sondern in Kilowattstunden Strom ausdrückt. Untersuchungen an vorhandenen Heizungsanlagen haben gezeigt, daß vor allem bei größeren Anlagen die Umwälzpumpen um den Faktor 2 bis 3 überdimensioniert sind. Das hängt u. a. mit der Gleichzeitigkeit der Wärmeabgabe zusammen: Je größer ein Wohnhaus, desto mehr Heizkörper sind abgestellt. Mit verbessertem Wärmeschutz dürfte der Trend zur Teilbeheizung von Wohnungen bei Abwesenheit noch zunehmen. Dazu kommt, daß in vielen Gebäuden die Heizungsumwälzpumpe immer noch nicht in die Regelung eingebunden ist. Vielfach wird die Pumpe am Anfang der Heizsaison ein- und am Ende wieder ausgeschaltet – oder auch nicht.

Ab 1. Januar 1996 gilt deshalb für Neuanlagen und bei Austausch, daß ab 50 kW Leistung der Anlage (maßgeblich ist das Typenschild des Heizkessels) nur noch regelbare Umwälzpumpen eingebaut werden dürfen. Wörtlich heißt es in § 7, Absatz (4) »...daß die elektrische Leistungsaufnahme dem betriebsbedingten Förderbedarf selbsttätig in mindestens drei Stufen angepaßt wird. Ausnahmen bilden Gasthermen oder andere Wärmeerzeuger, bei denen die Pumpe in die Sicherheitskette eingebunden ist.« Fachleute empfehlen, grundsätzlich nur noch regelbare Umwälzpumpen einzubauen, auch bei Leistungen unter 50 kW. Die Mehrkosten seien gering und amortisierten sich innerhalb kürzester Zeit.

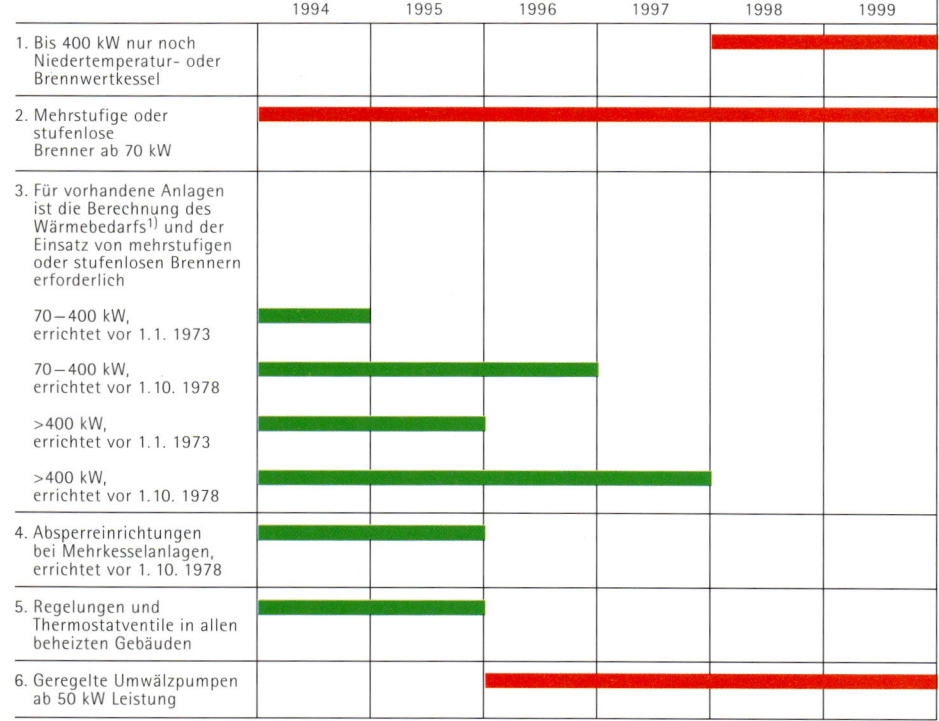

Heizungsanlagen-Verordnung (HeizAnlV) 1994
Zusammenfassung der wichtigsten Anforderungen

Anforderungen aus 3. und 4. bedeuten faktisch den Austausch für vor 1978 errichtete Heizkessel >70 kW.   Angaben ohne Gewähr

1) gilt nicht für NT-Kessel, BW-Kessel und Anlagen mit mehreren Wärmeerzeugern

■ Neuanlagen
■ Nachrüstung

Nachrüstpflicht bei Brauchwasseranlagen in den neuen Bundesländern

Ähnlich wie für Heizungs- und Wärmeverteilanlagen (HeizAnlV § 5 und § 6) gelten auch für Brauchwasseranlagen (§ 8) neue Anforderungen an die Begrenzung von Betriebsbereitschaftsverlusten. Damit werden Mindestdicken für die Wärmedämmung der Warmwasserleitungen in Abhängigkeit des Rohrdurchmessers verbindlich vorgeschrieben. Von dieser Dämmvorschrift darf allerdings abgewichen werden, wenn mit der Erfüllung der Anforderung unverhältnismäßig hohe Kosten verbunden sind. Dies gilt allerdings nur für Warmwassernetze bis zu einer Nennweite von DN 20, die weder mit einer elektrischen Begleitheizung noch mit einer Zirkulationsleitung ausgestattet sind.

Nicht mehr zulässig ist die Verlegung nichtisolierter Brauchwasserleitungen als Fußbodenheizung in Bädern. Mit dieser Streichung in der neuen Verordnung will der Gesetzgeber offenbar verhindern, daß Brauchwassersysteme zu Heizzwecken »mißbraucht« werden.

Für die Wärmedämmung des Brauchwasserspeichers gilt, daß diese die »anerkannten Regeln der Technik« erfüllen muß.

Für die neuen Bundesländer entfällt ab 31. Dezember 1995 die Sonderregelung für Brauchwasseranlagen. Demnach müssen Brauchwasseranlagen mit selbsttätig wirkenden Einrichtungen zur Abschaltung der Zirkulationspumpen ausgestattet werden. Dies gilt für Anlagen, die vor dem 1. Januar 1991 errichtet worden sind und mehr als zwei Wohnungen versorgen.

Wartungspflicht für Heizungsanlagen über 50 kW

Schon in der alten HeizAnlV war ein deutlicher Hinweis auf die Wartungspflicht von Heizanlagen enthalten. Ob diese auch praktiziert wird, ist eine andere Frage. Der Gesetzgeber scheint hier Nachsicht walten zu lassen: Wartungsmuffel müssen nicht mit Bußgeldern rechnen. So fehlt in § 13 »Bußgeldvorschriften« ein Hinweis, daß das Unterlassen von Wartungsarbeiten ein Verstoß gegen das Energieeinsparungsgesetz darstellt.

Vielleicht wurde deshalb auch die Bedienungspflicht für Anlagen über 50 kW etwas gelockert. Statt monatlich, wie bei der älteren Verordnung, reicht heute eine halbjährliche Funktionskontrolle aus. Darunter ist zu verstehen:
- Das An- und Abstellen des Wärmeerzeugers.
- Das Überprüfen und Anpassen von Temperaturen und Zeitprogrammen an regelungstechnischen Einrichtungen.

Voraussetzung für die Durchführung dieser Routinen ist, daß sie von fachkundigen oder eingewiesenen Personen vorgenommen werden. »Eingewiesen« ist, wer von einem Fachkundigen über Bedienungsvorgänge unterrichtet worden ist.

Die Wartung darf allerdings nur von einem Fachkundigen durchgeführt werden. Als fachkundig gilt, wer die zur Wartung und Instandhaltung notwendigen Fachkenntnisse und Fertigkeiten besitzt, also einen Brenner einstellen kann und in der Lage ist, die steuerungs- und regelungstechnischen Einrichtungen zu überprüfen. Die Reinigung der Kesselheizflächen kann auch von »Eingewiesenen« vorgenommen werden (siehe auch Seite 58 »Energieeinsparung, Umweltschonung und Wartung gehören zusammen«).

Ausnahmen – Härtefälle – Bußgelder

Erfahrungsgemäß lassen sich mit den Energiesparverordnungen nicht alle Einbausituationen exakt erfüllen. Außerdem will auch der Gesetzgeber vermeiden, daß einerseits unwirtschaftliche Härtefälle eintreten, andererseits der technische Fortschritt durch zu sehr festgelegte Formulierungen womöglich eingeschränkt wird. Die nach Landesrecht zuständigen Behörden (Baugenehmigungsbehörden) können auf Antrag gewisse Ausnahmen zulassen und unbillige Härten mindern.

Wer gegen die neue Heizungsanlagen-Verordnung mutwillig verstößt, handelt ordnungswidrig und muß mit einem Bußgeld rechnen. In § 13 sind insgesamt elf Punkte aufgeführt, die bei Nichterfüllung geahndet werden. Den Ländern wurde aufgetragen, die Überwachung der Heizungsanlagen-Verordnung zu organisieren.

In der Heizungsbranche gibt es noch gewisse Unsicherheiten, wie einzelne Vorschriften, insbesondere im Anlagenbestand, auf ihren »Vollzug« überprüft werden sollen. Mit einer breiten Aufklärung des Anlagenbetreibers bzw. Gebäudeeigentümers durch Heizungsfachleute und Architekten wird sich mancher, sicherlich nicht immer absichtliche Verstoß verhindern lassen.

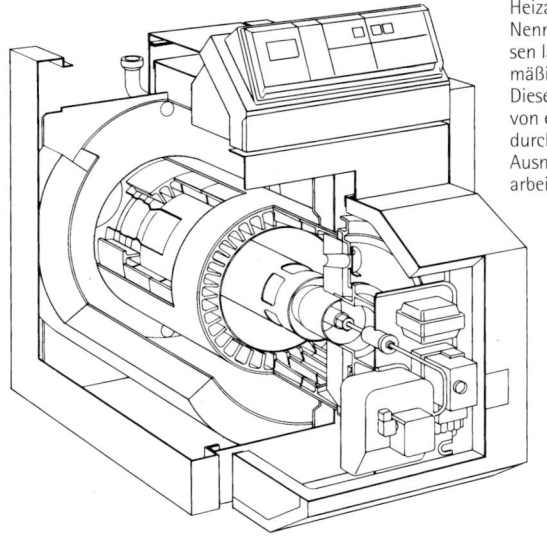

Heizanlagen über 50 kW Nennwärmeleistung müssen laut HeizAnlV regelmäßig gewartet werden. Diese Arbeiten dürfen nur von einem Fachkundigen durchgeführt werden, mit Ausnahme von Reinigungsarbeiten.

Heizen mit Gas, Öl oder Strom

CO$_2$-Emissionen und Heizkosten gemeinsam bewerten

Bei der Diskussion um Heizkosten und CO$_2$-Emissionen von Heizsystemen kommen die Interessenvertreter der Energieträger Erdgas, Heizöl und Strom zu unterschiedlichen Ergebnissen. So mag eine Stromheizung im Niedrigenergiehaus für den Investor vom Preis her gesehen zwar sehr attraktiv sein, für den Nutzer, sprich Eigentümer bzw. Mieter, kann die Billigheizung im Laufe der Jahre aber ganz schön teuer werden.

Der niedrigere Heizwärmebedarf von Niedrigenergiehäusern verführt leicht zu Überlegungen, »das bißchen Wärme, das noch gebraucht wird«, mit möglichst einfachen Mitteln bereitzustellen. Durch Aussagen wie »mit drei bis vier Heizlüftern aus dem Kaufhaus wird das Niedrigenergiehaus auch warm« werden die Auswirkungen des ungehemmten Einsatzes von Strom zur Beheizung von Niedrigenergiehäusern verkannt und der eigentliche Sinn der Wärmeschutzverordnung, nämlich CO$_2$ einzusparen, untergraben. Die Elektroheizung wird deshalb von den meisten Energiefachleuten und selbst von Stromversorgern abgelehnt.

Offen bleibt, inwieweit in Zukunft Strom als Antrieb für Wärmepumpen wieder mehr Gewicht bekommt. Nach dem Wärmepumpendebakel Anfang der achtziger Jahre muß die thermodynamische Heizmaschine erst wieder den Beweis erbringen, daß sie sowohl ökologisch als auch ökonomisch mit den hocheffektiven Gas- und Ölheizkesseln konkurrieren kann.

Wärme CO$_2$-arm erzeugen

Wärme ist Wärme, wird mancher Pragmatiker sagen. Wer allerdings umweltbewußt denkt und eine CO$_2$-arm erzeugte Wärme bevorzugt, muß die Energieträger differenzierter betrachten und die CO$_2$-Emissionen der gesamten Energieerzeugungskette berücksichtigen.

Nach dem heutigen Kraftwerks-Brennstoffmix verursacht die Stromerzeugung mit 0,57 kg je abgegebene Kilowattstunde Endenergie die höchste CO$_2$-Emission aller Energieträger. Heizöl setzt im Vergleich zum Kraftwerksstrom pro Kilowattstunde mit 0,26 kg/kWh weniger als die Hälfte und Erdgas mit 0,20 kg/kWh etwa nur ein Drittel CO$_2$ frei.

Die Erdgasheizung ist deshalb unter CO$_2$-Gesichtspunkten besonders günstig; aber auch Heizöl EL schneidet im Vergleich zu Strom in der CO$_2$-Rangliste besser ab.

Voraussetzung für die umweltschonende Umwandlung vom Energieträger in Wärme ist allerdings eine hocheffiziente Verbrennungstechnik sowie eine möglichst hohe Energieausnutzung und verlustarme Wärmeverteilung. Heizungsanlagen-, Wärmeschutz- und die sogenannte Kleinfeuerungsanlagen-Verordnung bilden die gesetzlichen Voraussetzungen zum Bau und Betrieb umweltfreundlicher Heizungsanlagen.

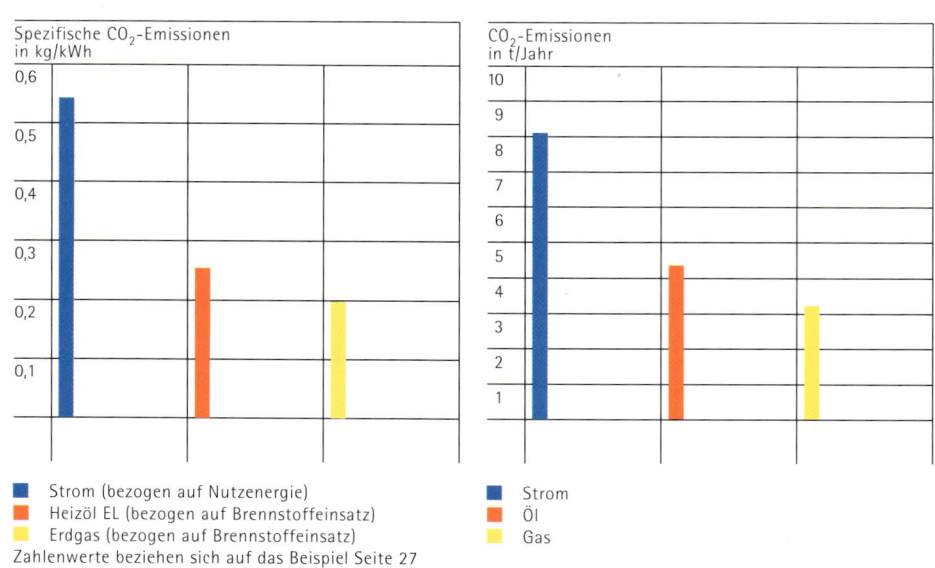

Energieträger und ihr Einfluß auf die Umwelt

Bei der Verbrennung von einer Kilowattstunde Erdgas werden 65 Prozent weniger CO$_2$ frei als bei der Umwandlung von Kohle in Strom. Heizöl EL schneidet in der CO$_2$-Rangliste gegenüber Strom um 55 Prozent günstiger ab.

- ■ Strom (bezogen auf Nutzenergie)
- ■ Heizöl EL (bezogen auf Brennstoffeinsatz)
- ■ Erdgas (bezogen auf Brennstoffeinsatz)

Zahlenwerte beziehen sich auf das Beispiel Seite 27

- ■ Strom
- ■ Öl
- ■ Gas

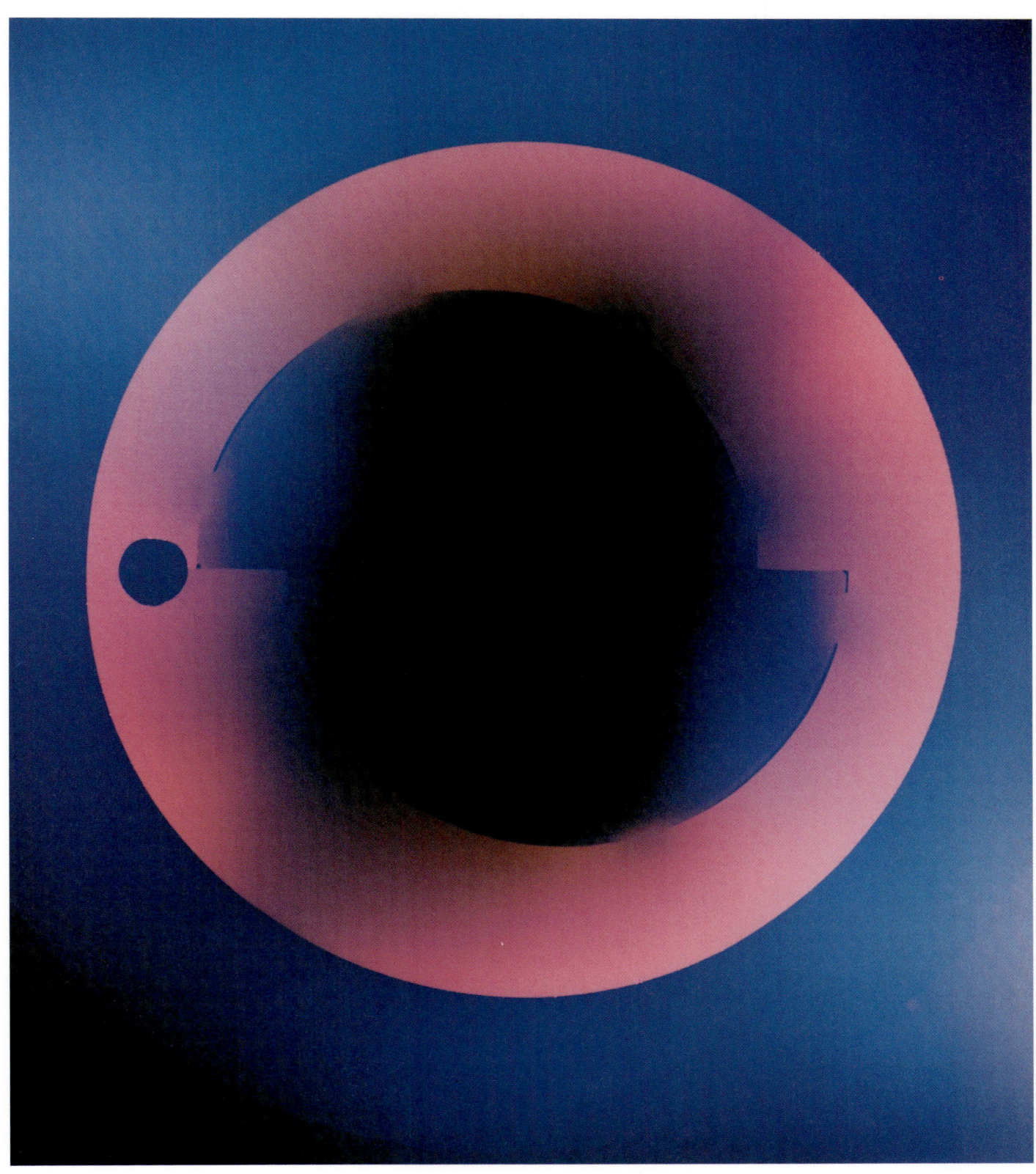

Auch Heizöl läßt sich mit Hilferacheffizienter Technik umweltschonend verbrennen. Dieser Rotrix-Ölbrenner arbeitet nach dem Vormischprinzip.

Gas-Strahlungsbrenner erreichen extrem niedrige Schadstoffwerte, die erheblich unter den Grenzwerten des Umweltzeichens »Blauer Engel«, der schweizerischen Luftreinhalte-Verordnung und des sogenannten »Hamburger Förderprogramms« liegen.

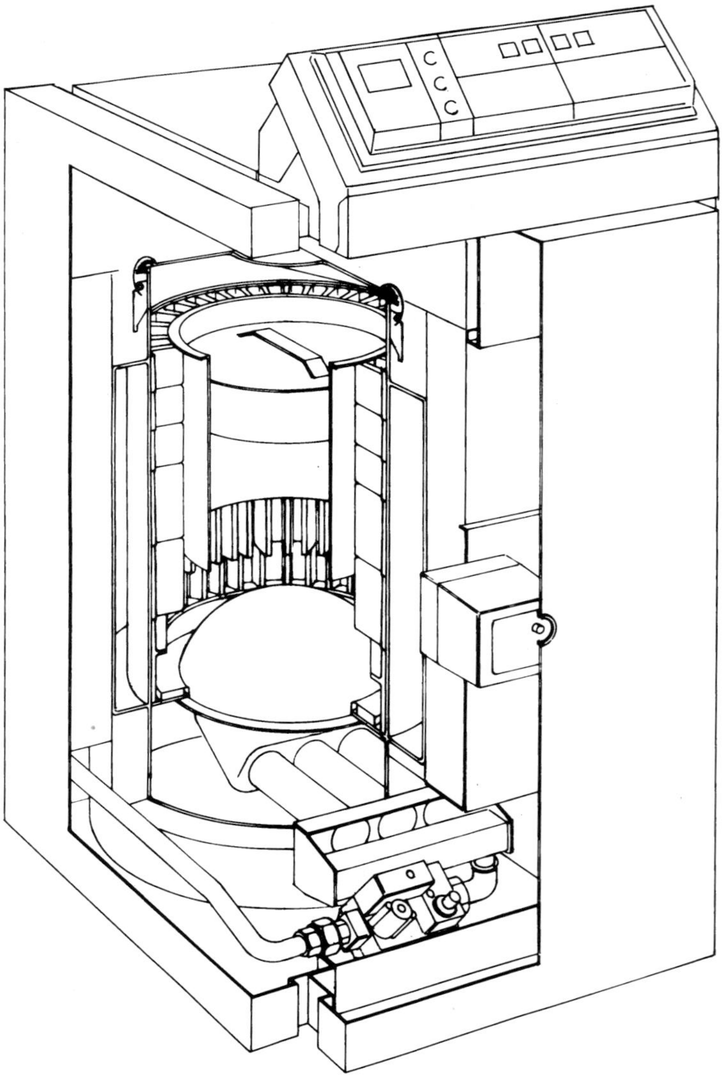

Atmosphärischer Gas-Spezialheizkessel mit Matrix-Gasbrenner

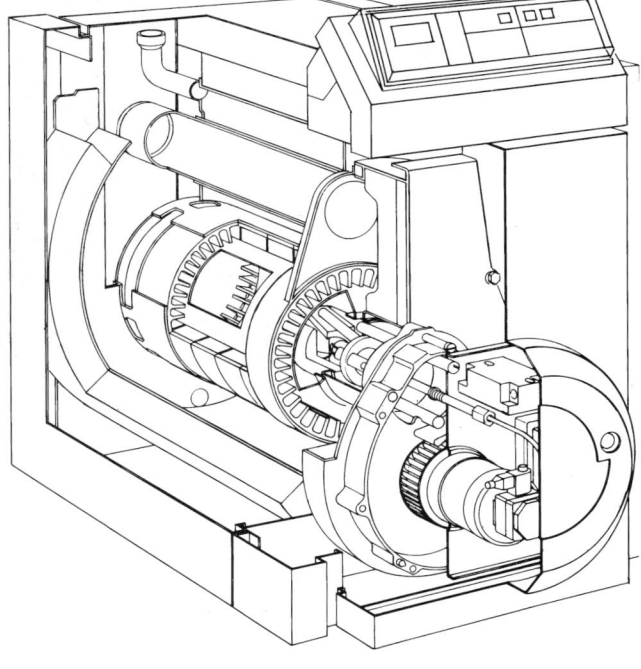

Je besser die einzelnen Komponenten eines Heizkessels aufeinander abgestimmt sind, wie z.B. Brenner, Heizfläche und Regelung, desto höher ist sein Norm-Nutzungsgrad und desto geringer ist die Belastung der Umwelt.

Er gilt als Meilenstein in der Heiztechnik, der Matrix-Strahlungsbrenner. Das Brennerkonzept vermeidet die Entstehung von Schadstoffen bereits bei der Verbrennung.

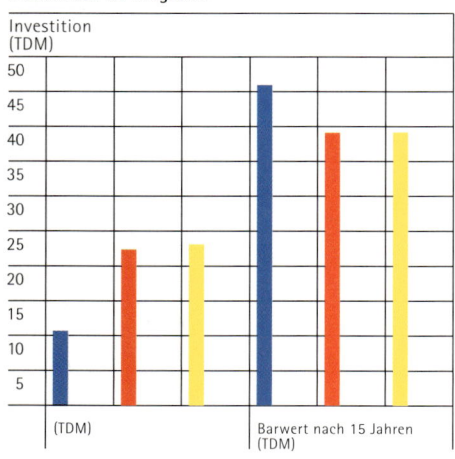

Heizkosten im Vergleich

Investition (TDM) / Barwert nach 15 Jahren (TDM)

- Strom
- Öl
- Gas

Zahlenwerte beziehen sich auf das Beispiel Seite 27

Die sogenannte Barwert-Methode gilt als objektives Instrument zur Bewertung unterschiedlicher Heizsysteme. Moderne Heizkessel wandeln Erdgas oder Heizöl mit hoher Effizienz in Wärme um.

Objektiver Vergleich durch Barwert-Methode

Für die Vergleichbarkeit unterschiedlicher Energieträger und Heizsysteme wird bei seriösen Gegenüberstellungen die sogenannte Barwert-Methode angewandt. Diese Beurteilungsform umfaßt die anfallenden Investitionskosten sowie die voraussichtlichen Betriebskosten über einen Zeitraum von 15 Jahren. Das nebenstehende Beispiel zeigt deutlich die investiven Vorteile einer Elektro-Direktheizung mit Warmwasser-Standspeicher gegenüber öl- oder gasgefeuerten Warmwasserheizungen. Bei den Betriebskosten ist es umgekehrt. Dort schneiden Öl und Gas weitaus günstiger ab als Strom. Berücksichtigt man die CO_2-Emission bei der Energieträgerentscheidung, so spricht der um 65 Prozent niedrigere Wert von Erdgas über einen Verlauf von 15 Jahren eindeutig für den gasförmigen Brennstoff.

Option Solarenergie offenhalten

Warmwasserheizungen mit zentraler Trinkwassererwärmung gelten selbst bei einem nochmals verschärften Wärmeschutz als zukunftssicher. Im Gegensatz zur Stromdirektheizung läßt sich in einem Warmwasserheizsystem auch die Sonne als Energiequelle leicht über einen Mehrfachspeicher in ein Energiekonzept einbinden. Die Signale aus dem Markt deuten darauf hin, daß der umweltbewußte Verbraucher in Zukunft solche Lösungen vermehrt nachfragen wird.

Der Wärmeträger Wasser mit seiner hohen Flexibilität ist deshalb auch für alle zukünftigen Heizsysteme das ideale Bindeglied zwischen Wärmeerzeugung und Wärmeverteilung.

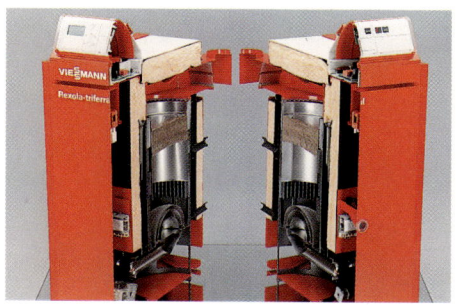

Wegen der günstigeren Verbrauchskosten von Erdgas und Heizöl sowie der spezifisch niedrigeren CO_2-Emissionen kommen diese Energieträger trotz höherer Anschaffungskosten zu besseren Ergebnissen als Strom.

Bewertung verschiedener Heizsysteme
nach der Barwert-Methode (Stand: Januar 1995)

Beispiel: Wohnfläche 150 m², Heizwärmebedarf 70 kWh/m²a, Heizleistung 7,5 kW, 4 Personen, Warmwasserbedarf 8 kWh/Tag	I. Elektro-Direktheizung mit zentralem Elektro-Standspeicher	II. Öl-Niedertemperaturkessel mit zentralem Speicher-Wassererwärmer	III. Gas-Brennwertkessel mit zentralem Speicher-Wassererwärmer
1. Investitionen (DM)			
Anschaffung Heizung (DM)	8.500	19.000	17.000
Anschaffung Warmwasserbereitung (DM)	3.500	3.500	3.500
Hausanschluß	0	0	2.500
Summe der Investitionen (DM)	12.000	22.500	23.000
2. Kapitalkosten bei 8% Zinsen			
über 15 Jahre (DM) (inkl. 1% Instandhaltung)	1.520	2.850	2.920
3. Betriebskosten (DM/a)			
Wärmebedarf Heizung (kWh/a)	10.500	10.500	10.500
Wärmebedarf Warmwasser (kWh/a)	2.900	2.900	2.900
Nutzungsgrad Wärmeerzeugung (%)	98	85	95
Nutzungsgrad Wärmeverteilung (%)	98	95	95
Heizenergieverbrauch Heizung (Einheit/a)	11.000	1.300	1.150
Heizenergieverbrauch Warmw. (Einheit/a)	3.700	400	370
Hilfsenergie (kWh/a)	0	360	260
Energiekosten Heizung (DM/Einheit)	0,20	0,50	0,55
Energiekosten Hilfsenergie (DM/Einheit)	0,25	0,25	0,25
Betriebskosten (DM/a)	2.940	940	910
Wartungskosten (DM/a)	150	400	400
Summe der Betriebskosten (DM/a)	3.090	1.340	1.310
4. Summe der Heizkosten (DM/a)	**4.610**	**4.190**	**4.230**
Barwert nach 15 J. (DM) 3,5% Kostensteig.	**45.600**	**38.900**	**39.100**
5. CO_2-Emission (kg/a)			
Spez. CO_2-Emission (kg/kWh)	0,57	0,26	0,20
CO_2-Emission (kg/a)	8.400	4.600	3.200
CO_2-Emission (Tonnen in 15 Jahren)	126	69	48

Strom, Heizöl oder Erdgas – CO_2-Emissionen und Heizkosten in Niedrigenergiehäusern. Die günstigen Anschaffungskosten von Elektroheizsystemen wirken zunächst verlockend, über einen Zeitraum von 15 Jahren gesehen aber eher ernüchternd: Den niedrigen Anschaffungskosten stehen höhere Betriebskosten gegenüber. Bezieht man die CO_2-Bilanz der drei Brennstoffe in die Überlegungen mit ein, so sprechen die Werte eindeutig für Erdgas oder Heizöl als Energieträger.

Brennstoff sparen und die Umwelt schonen

Von Wirkungsgraden, Vorschriften und Grenzwerten

Niemand bezweifelt heute die Tatsache, daß die Verbrennung fossiler Stoffe unsere Umwelt auf vielfältige Weise belastet. Allerdings wirken sich die Verbrennungsprodukte von Kohle, Heizöl und Erdgas ganz unterschiedlich auf die Umwelt aus. Kohlendioxid (CO_2) gilt als einer der Hauptverursacher des Treibhauseffektes, Stickoxide (NO_x) traktieren Wälder und Pflanzen. Schwefeldioxid (SO_2) gilt als Hauptverursacher des sauren Regens, der nicht nur die Flora schädigt, sondern auch Gebäuden und Bauwerken zusetzt.

Ein logischer Schritt ist die Reduzierung der Brennstoffmenge durch den Einbau verbesserter Heizkessel sowie die nachträgliche Wärmedämmung von Gebäuden. Allein der Austausch eines 15 bis 20 Jahre alten Heizkessels kann den CO_2-Ausstoß um bis zu 40 Prozent vermindern, die zusätzliche Verringerung der CO_2-Menge bei gleichzeitigem Umstieg auf einen kohlenstoffärmeren Brennstoff noch nicht mitgerechnet.

Der sparsame Umgang mit Energie reicht allein aber noch nicht aus, um die Umwelt wirkungsvoll zu schonen. Mindestens genauso wichtig ist die Optimierung des Verbrennungsprozesses bei möglichst hohem Wirkungsgrad. Da es bisher nicht möglich ist, eine ideale »stöchiometrische« Verbrennung fossiler Energieträger zu erreichen, müssen technische Vorkehrungen zur Annäherung an den Idealzustand getroffen werden. Um zum Beispiel eine vollständige Verbrennung von Kohlenstoff zu CO_2 herbeizuführen, ist es notwendig, die Luftzufuhr in Abhängigkeit der Brennerleistung genau zu dosieren. In der Regel werden Öl- bzw. Gasbrenner überstöchiometrisch, also mit Luftüberschuß, gefahren. Eine zu große Luftmenge treibt jedoch die Abgasmenge in die Höhe. Die überschüssige Luft muß dann zusätzlich erwärmt werden. Ist dagegen die Luftmenge zu klein, so kommt es zu einer unvollständigen Verbrennung. Dies tritt dann auf, wenn Heizräume unzureichend belüftet werden oder Brenner falsch eingestellt sind.

Während optimale Verbrennungswerte relativ einfach erreicht werden können und auch nachträglich »justierbar« sind, gestaltet sich die Stickoxid-Reduzierung schwieriger. Die wirksamste Methode zur Senkung der NO_x-Werte ist die Flammkühlung unter die 1200°C-Grenze. Bei Öl- und Gasgebläsebrennern erfolgt die Abkühlung der Flamme durch Rezirkulation der kühleren Heizgase in die Flammenzone.

Für Gas-Spezialheizkessel ohne Gebläse wurden vor einigen Jahren sogenannte Renox-Stäbe entwickelt, um Wärme aus der Flamme durch Strahlung auszukoppeln und damit die Flamme zu kühlen. Die Perfektionierung der Flammkühlung und damit auch der Schadstoff-Reduzierung erfolgt im sogenannten Matrix-Strahlungsbrenner. Hier strömt ein Gas-Luftgemisch durch ein halbkugelförmiges Edelstahlgewebe mit geringer Maschenweite und verbrennt flammenlos an der Oberfläche. Der glühende Edelstahl gibt dabei einen Teil der Wärme direkt aus der Reaktionszone als Strahlung an die Kesselwandung ab.

Bei Brennern für Ölkessel hat sich die Heizgasrezirkulation als schadstoffmindernd erwiesen, verwirklicht im sogenannten Rotrix-Brenner. Dabei wird Heizöl zunächst verdampft und anschließend unter Vermischung mit Verbrennungsluft und rückgeführtem Abgas drallförmig verbrannt. Mit diesem Brenner lassen sich extrem niedrige Schadstoff-Emissionen erreichen, z. B. 60 mg/kWh NO_x und 5 mg/kWh CO.

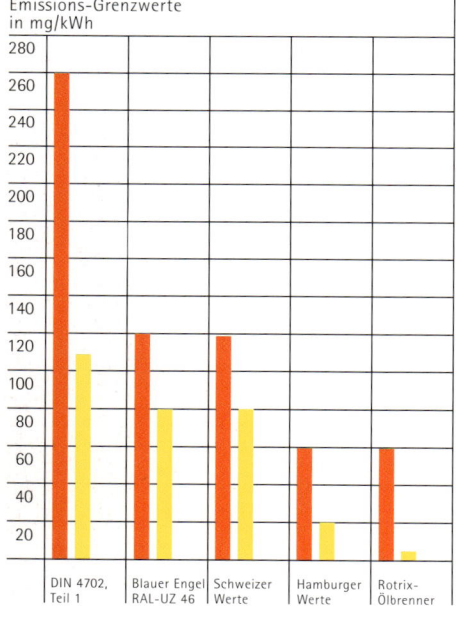

Emissionsverhalten des Vitola-tripass mit Rotrix-Ölbrenner im Vergleich zu verschiedenen Vorschriften und Gütezeichen

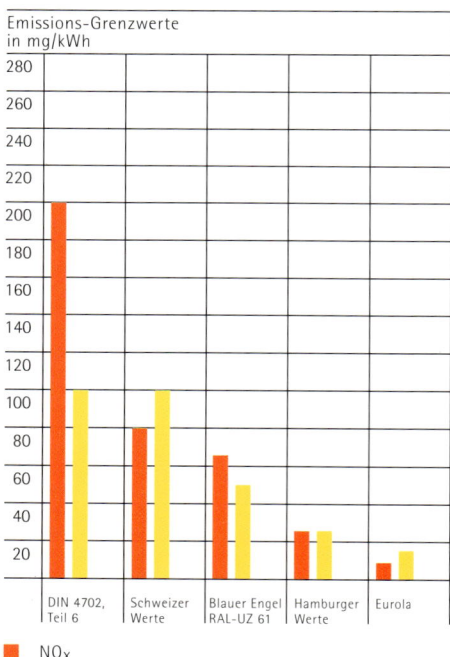

Emissionsverhalten des Eurola mit Matrix-Gasbrenner im Vergleich zu verschiedenen Vorschriften und Gütezeichen

Die neuen Brennerbauarten Rotrix für Heizöl und Matrix für Gas erreichen bzw. unterschreiten selbst die strengen Grenzwerte des Hamburger Förderprogramms.

Die extrem günstigen Abgaswerte beim Rotrix-Ölbrenner – ausgezeichnet mit dem Bundespreis für hervorragende innovatorische Leistungen für das Handwerk – werden durch eine rund 50 prozentige Rezirkulation der Abgase (Flammkühlung) erreicht.

Vom Kesselwirkungsgrad zum Jahres-Nutzungsgrad

Zu Zeiten, als der Liter Heizöl noch 9 Pfennig kostete und der Begriff Treibhauseffekt allenfalls mit Gärtnereien in Verbindung gebracht wurde, war es üblich, die Effizienz des eingesetzten Brennstoffes rein auf den Kesselwirkungsgrad zu beziehen. Abstrahl- und Abgasverluste hatten damals noch nicht die Bedeutung wie heute, und der extrem schlechte Wirkungsgrad bei Teillast galt als »konstruktionsbedingt«. Die durchschnittlichen Jahresnutzungsgrade dieser älteren Kesselbauarten liegen zwischen 60 und 70 Prozent.

Mit steigenden Energiepreisen, der Diskussion um den Treibhauseffekt und neuen Erkenntnissen über Zusammenhänge zwischen Waldsterben, saurem Regen und Schadstoffemissionen aus Feuerungen änderte sich das Verhalten von Heizungsindustrie und Verbrauchern.

Mit Akribie wurden nach und nach die energetischen und feuerungstechnischen Schwachstellen der Wärmeerzeuger analysiert und verbessert. Dabei zeigte es sich, daß der im stationären Zustand gemessene Kesselwirkungsgrad für den Betrachtungszeitraum einer Heizsaison oder eines Heizjahres allein nicht ausreicht. Insbesondere ergaben die Untersuchungen eine starke Abhängigkeit des Jahres-Energieverbrauches von den Betriebsbereitschaftsverlusten (Wärmeabgabe des Kessels durch Strahlung und Konvektion).

Heute ist der Jahres- bzw. Norm-Nutzungsgrad das Kriterium für die energetische Qualität eines Heizkessels.

Norm-Nutzungsgrade von über 90 Prozent gelten inzwischen als Stand der Technik. Die Kondensation von Wasserdampf im Abgas macht es möglich, daß z.B. Gas-Brennwertkessel, je nach Heizsystemtemperatur, sogar Werte von bis zu 108 Prozent erreichen.

Eine der wichtigsten Erkenntnisse aus praktischen Erfahrungen und zahlreichen Meßreihen ist der ansteigende Norm-Nutzungsgrad von Niedertemperatur- und Brennwertkesseln bei Teillast über einen Bereich von 100 bis ca. 10 Prozent. Erst bei einer Auslastung unter 10 Prozent beginnt die Nutzungsgradkurve abzufallen. Bezogen auf den Bestand an Heizkesseln, liegt hier noch ein riesiges Energiesparpotential brach. Für Neuanlagen bedeutet diese Erkenntnis, daß die zentrale Trinkwassererwärmung durch den Einbau von Niedertemperatur- oder Brennwertkesseln sowie bei entsprechender Beachtung der Heizungsanlagen-Verordnung nicht nur besonders energiesparend, sondern auch umweltschonend ist.

Matrix-Gasbrenner – ausgezeichnet mit dem deutschen und europäischen Umweltschutzpreis

Bauart des Heizkessels	Umgebauter Festbrennstoffkessel mit Öl/Gasbrenner	Heizkessel mit Öl/Gasbrenner nach DIN 4702, Ausgabe 1967	Heutiger Tief-/Niedertemperaturkessel
Nutzungsgrad	ca. 40 bis 50%	ca. 60 bis 70%	ca. 94%
Technische Merkmale, Betriebsweise	Betrieb mit konstant angehobener Kesselwassertemperatur, extrem großer Brennraum	Betrieb mit konstant angehobener Kesselwassertemperatur, großer Brennraum (Umstell-, Wechselbrandkessel)	Betrieb mit gleitend abgesenkter Kesselwassertemperatur, Unit-Brenner
	fast keine Wärmedämmung	geringe Wärmedämmung	hochwirksame Wärmedämmung
	Regelung durch Doppelthermostaten	einfache Kesselsteuerung	Mikrocomputer-Kesselkreisregelung
	1,5 bis 3fach überdimensioniert	1,5 bis 3fach überdimensioniert	Kesselgröße dem Heiz- und Trinkwasser-Wärmebedarf angepaßt

■ Abgasverlust
■ Oberflächenverlust
■ Nutzen

Bei den Verlustangaben handelt es sich nicht um Meßwerte, sondern um auf das Jahr bezogene Verlustwärmemengen.

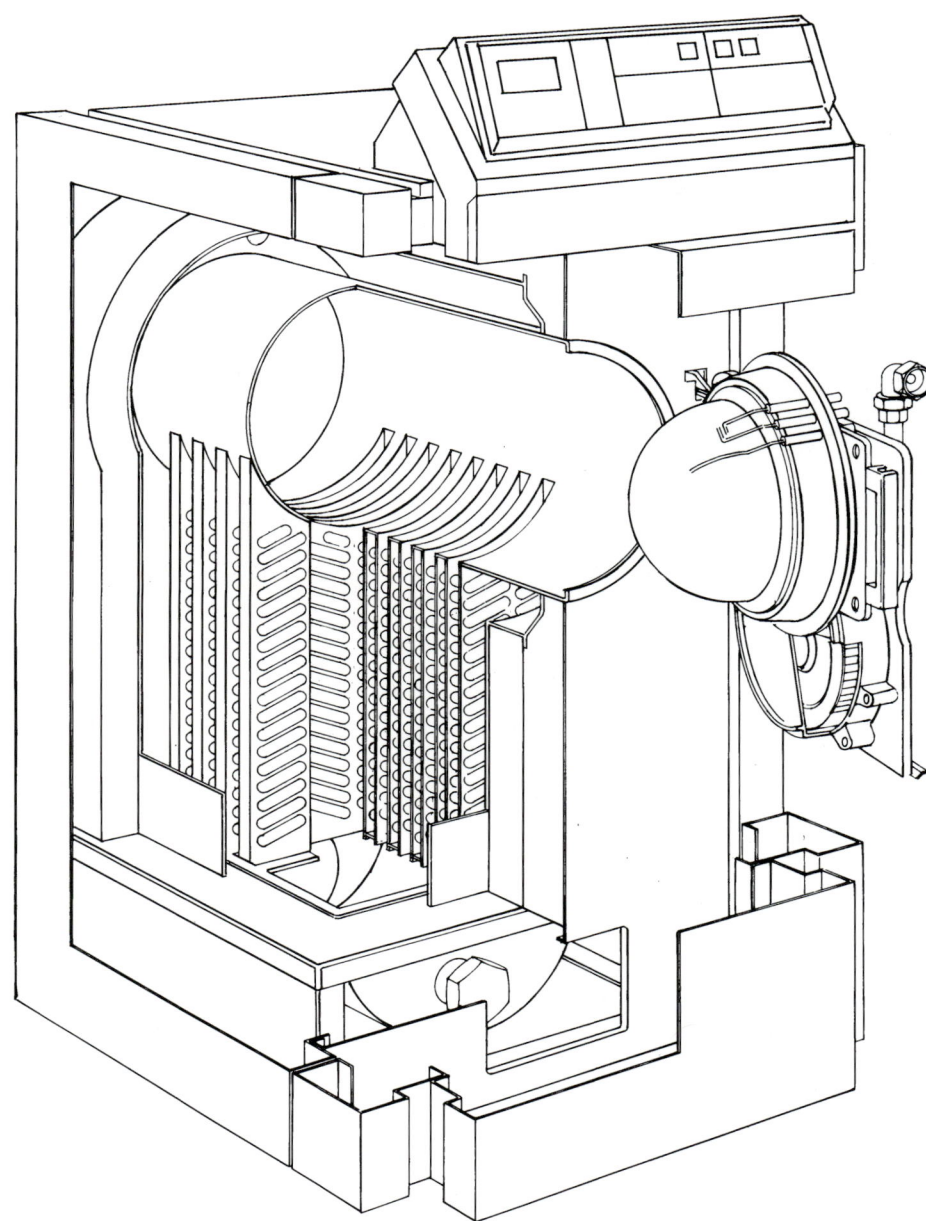

Edelstahl eröffnet neue Möglichkeiten in der Gestaltung von Brennwertkesseln mit hohem Norm-Nutzungsgrad. Ein weiterer Vorteil dieses Werkstoffs ist das gegenüber Gußkesseln bis zu 60 Prozent geringere Gewicht.

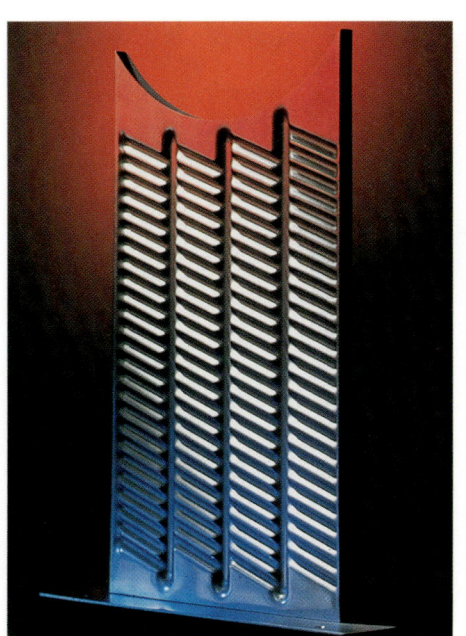

Die Ausbildung der Kesselheizflächen ist ausschlaggebend für die Übertragung der Wärme vom Brenner zum Heizwasser. Links eine Inox-Crossal-Heizfläche für Brennwertnutzung, rechts eine zweischalige Verbundheizfläche aus Guß und Stahl für einen Tieftemperaturkessel.

Den Heizgasen so viel wie möglich an Wärme entziehen, ohne daß es zur Kondensation kommt – mit mehrschaligen Konvektionsheizflächen in einem Niedertemperatur-Öl/Gasheizkessel.

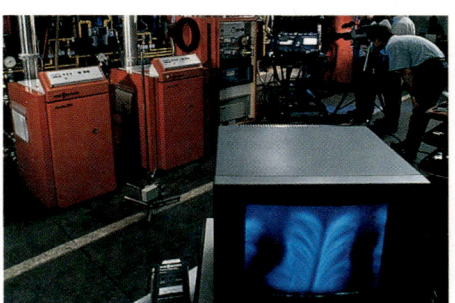

Ob »trockene« oder »nasse« Fahrweise, jeder Heizkesseltyp muß sorgfältig auf die festgelegte Betriebsweise überprüft werden. Während in Nieder- und Tieftemperaturheizkessel die Schwitzwasserbildung unbedingt vermieden werden muß, sollte sie in Brennwertkesseln möglichst hoch sein.

Bis zur Serienreife eines neuen Heizkessels vergehen manchmal Jahre. Nur robuste und betriebssichere Produkte gehen in Serie. Modernste Prüfmethoden wurden eingesetzt, um diesen Matrixbrenner zu optimieren.

Übersicht der Emissionsgrenzwerte für NOx und CO (Stand September 1995)

Emissionsgrenzwerte für Heizkessel
Eine Fülle an Normen, Vorschriften und Verordnungen regelt die Mindestanforderungen an die Emissionsgrenzwerte von Heizkesseln in Deutschland. Oftmals werden auch die Grenzwerte der Schweizer Luftreinhalte-Verordnung als Maßstab angelegt. Die weltweit strengsten Auflagen macht Hamburg in seinem »Hamburger Förderprogramm«. Da sich die Grenzwerte (fett gedruckt) der jeweiligen Normen, Richtlinien und Verordnungen nicht immer auf die gleiche Maßeinheit beziehen, wurden in der Tabelle auch die anderen üblichen Einheiten aufgeführt.

Vorschrift	NOx mg/kWh	ppm 3% O_2	mg/m³ 3% O_2	CO mg/kWh	ppm 3% O_2	mg/m³ 3% O_2
TA-Luft						
Heizöl EL, gültig für Anlagen > 5 MW	250	142	**250**	171	159	**170**
Gas, gültig für Anlagen > 10 MW	200	114	**200**	100	93	**100**
DIN 4702 Teil 1 (Ausgabe 03/90)						
Heizkessel mit Ölzerstäubungsbrenner						
bzw. mit Gasbrenner mit Gebläse,						
gültig für Heizkessel bis 2 MW						
1. Heizöl EL	**260**	148	260	**110**	102	110
2. Gasfamilie (Erdgase) < 350 kW	**150**	85	150	**100**	93	100
2. Gasfamilie (Erdgase) > 350 kW	**200**	114	200	**100**	93	100
3. Gasfamilie (Flüssiggas)	**300**	179	315	**120**	118	126
DIN 4702 Teil 3 (Ausgabe 03/90)						
Gas-Spezialheizkessel mit Brenner						
ohne Gebläse,						
gültig für Heizkessel bis 2 MW						
G20 (entspricht etwa Erdgas H)	**200**	114	200	**100**	93	100
G30 (entspricht etwa Flüssiggas Butan)	**300**	179	315	**150**	147	158
DIN 4702 Teil 6 (Ausgabe 03/90)						
Brennwertkessel für gasförmige Brennstoffe,						
gültig für Heizkessel bis 2 MW						
G20 (entspricht etwa Erdgas H)	**200**	114	200	**100**	93	100
G30 (entspricht etwa Flüssiggas Butan)	**300**	179	315	**150**	147	158
Umweltzeichen Blauer Engel						
RAL-UZ 9 Öl-Zerstäubungsbrenner						
gültig bis max. 10 kg/h (120 kW)	**120**	69	120	**80**	74	80
RAL-UZ 46 Öl-Unit,						
gültig für Units bis 120 kW	**120**	69	120	**80**	74	80
RAL-UZ 40 Kombiwasserheizer	**60**	34	60	**60**	56	60
und Umlaufwasserheizer für gasförmige						
Brennstoffe						
RAL-UZ 39 Gas-Spezialheizkessel,						
gültig bis max. 120 kW	**80**	46	80	**60**	56	60
RAL-UZ 41 Gas-Unit mit Gebläsebrenner,						
gültig für Units bis 2 MW	**80**	46	80	**60**	56	60
RAL-UZ 61 Gas-Brennwertkessel						
gültig bis max. 2 MW	**65**	37	65	**50**	47	50
RAL-UZ 80 Gasbrenner	**70**	40	70	**60**	56	60
mit Gebläse, gültig bis 120 kW						
Hamburger Werte (Förderprogramm),						
gültig für Anlagen bis 1 MW						
Ölbefeuerte Anlagen	**60**	31	60	**20**	19	20
Gas-Brennwertanlagen	**26**	15	26	**17**	15	17
Schweizer Luftreinhalte-Verordnung						
Heizöl EL, Feuerung mit Gebläsebrenner	120	68	**120**	80	74	**80**
Gas, Feuerung mit Gebläsebrenner	80	45	**80**	100	93	**100**
Gas, Feuerung mit atmos. Brenner						
Leistung 12 < kW	120	68	**120**	100	93	**100**
Leistung 12 > kW	80	45	**80**	100	93	**100**

Anmerkung: fett gedruckt = Zahlenangaben, wie sie in der Vorschrift abgedruckt sind

Fortschrittliche Heizsysteme für Niedrigenergiehäuser

Komfort und Wirtschaftlichkeit sprechen für die Warmwasserheizung

Der Heizungsinstallateur ist auch in Zukunft der wichtigste Partner von Architekten und Bauleuten, wenn es um den Einbau eines Heizsystems geht. Allerdings werden mit Einführung der Niedrigenergiebauweise an die Warmwasserheizungen höhere Anforderungen gestellt. Wichtig bei Häusern mit niedrigem Wärmebedarf ist die flinke Reaktion des Heizsystems auf eingestrahlte Sonnenenergie und innere Wärmegewinne. Nur so läßt sich diese kostenlose Wärme sinnvoll nutzen. Bei der Auswahl von Heizkörpern bedeutet dies, möglichst nur Bauarten mit geringer Wärmespeichermasse und schnell reagierenden Thermostatventilen einzusetzen.

Mit sinkendem Wärmebedarf wächst der prozentuale Anteil der Wärmeverluste durch Rohrleitungen. Deshalb ist es sinnvoll, den Heizkessel möglichst zentral im beheizten Bereich des Hauses aufzustellen. Ein Beispiel dafür ist die kostengünstige Plazierung von Gas-Heizkesseln im Dachraum. Rohrleitungen sollten, wo immer möglich, in beheizten Räumen verlegt werden. Außenwände sind für die Aufnahme von Rohren im Normalfall tabu; üblich ist dagegen die Verlegung im Estrich.

Einrohrheizungen eignen sich für Niedrigenergiehäuser weniger, da auch bei abgestellten Heizkörpern immer das gesamte Rohrsystem mit Warmwasser durchflossen wird. Die damit verbundene höhere Rücklauftemperatur reduziert die Energieausnutzung durch den Brennwertkessel.

Grundsätzlich sollte man in Zukunft nur noch Niedertemperatur- und Brennwertkessel einbauen. Sie schalten die Heizung ganz ab, wenn keine Wärme gebraucht wird. Solche Situationen können an klaren Wintertagen auftreten, wenn über Südfenster solare Wärme eingestrahlt wird und die Thermostatventile dann im Haus schließen. Um diesen Effekt besser zu nutzen, kann es sinnvoll sein, den Außenfühler der Regelung nicht auf der obligatorischen Nord-, sondern auf der Südseite zu montieren.

Bei Fenstern mit sehr geringem k-Wert ist es durchaus möglich, auf einen Zweit- und Drittheizkörper pro Raum zu verzichten. Auch eine Heizkörperaufstellung an der Innenwand kann von Fall zu Fall sinnvoll sein. Damit lassen sich Verteilnetze verkleinern, Energieverluste durch Rohrleitungen vermindern und nicht zuletzt Kosten einsparen. Grundsätzlich muß das Wärmeverteilsystem gegen Wärmeverluste gedämmt werden. Mindestdicken und Wärmeleitfähigkeit sind in § 6 der Heizungsanlagen-Verordnung festgelegt. Ausnahmen gibt es u.a. für Heizkörperanschlußleitungen, sofern die Summe von Vor- und Rücklaufleitung weniger als 8 m beträgt. Auch Rohrleitungen in Räumen, die – Zitat – »zum dauernden Aufenthalt von Menschen bestimmt sind«, sind von der Dämmpflicht ausgenommen.

Planer, Heizungsbauer, Bauleute und Architekten dürfen sich von dem geringen Gebäudewärmebedarf von Niedrigenergiehäusern nicht dazu verleiten lassen, die Leistung des Heizkessels zu knapp auszulegen. Leitwert für die Kesselgröße von Ein- oder Zweifamilienhäusern ist heute der Komfort für die Warmwasserbereitung. Danach sollte in einem 3- bis 4-Personenhaushalt das für ein Wannenbad entnommene Wasser innerhalb von ca. 20 Minuten wieder aufgeheizt sein. Umgerechnet ist dafür eine Heizleistung von 15 bis 18 kW notwendig; ein wichtiger Grund, die Heizleistung nicht tiefer zu wählen.

Derart »überdimensionierte« Heizkessel sind bei modernen Niedertemperatur- und Brennwertkesseln ohnehin nicht von Nachteil. Im Gegenteil: Der Nutzungsgrad eines Heizkessels für abgesenkten Betrieb ist bei Teillast höher als bei Vollast. Erst wenn die Auslastung unter 10 Prozent sinkt, fällt auch der Nutzungsgrad ab.

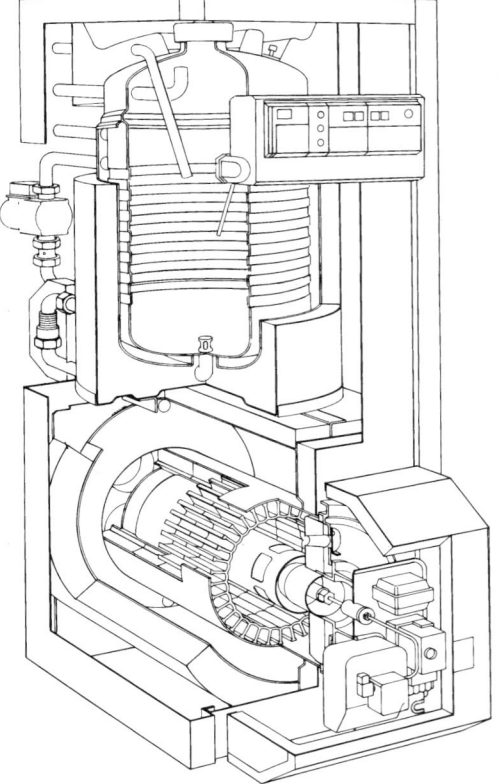

Die Heizkesselbauarten haben sich in den letzten Jahren stark geändert. In Niedrigenergiehäusern werden zunehmend kompakte Bauarten bevorzugt.

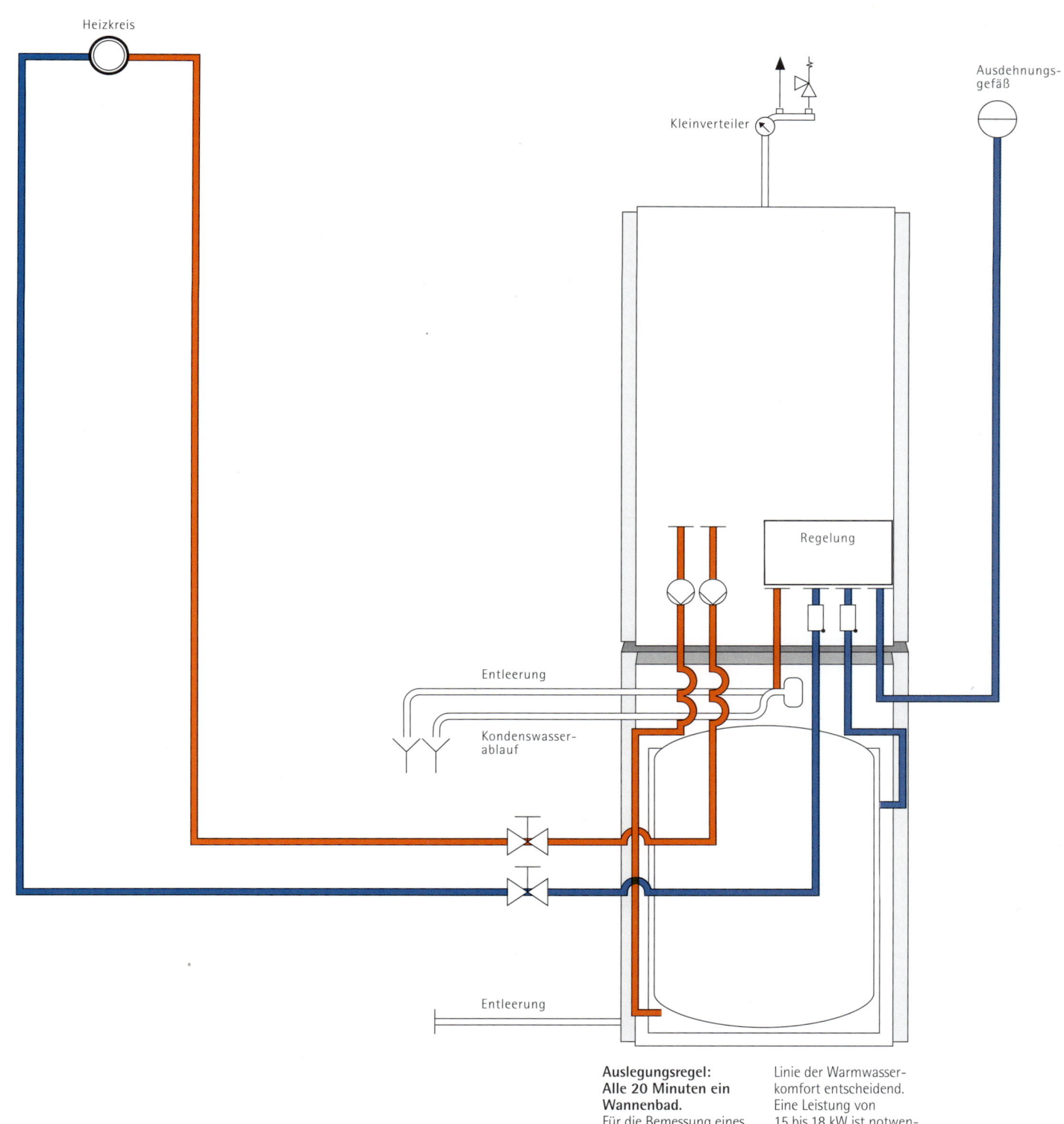

Auslegungsregel: Alle 20 Minuten ein Wannenbad.
Für die Bemessung eines Heizkessels für ein Ein- oder Mehrfamilienhaus ist heute nicht nur der Transmissionswärmebedarf, sondern in erster Linie der Warmwasserkomfort entscheidend. Eine Leistung von 15 bis 18 kW ist notwendig, um das für ein Wannenbad entnommene Wasser innerhalb von 20 Minuten wieder aufzuheizen.

Hygiene und Bauphysik fordern mechanische Lüftung

Mit der Forderung des Gesetzgebers, die Lüftungswärmeverluste von Gebäuden durch dichtere Konstruktionen zu begrenzen, entstehen neue Anforderungen an den Luftaustausch in Wohnungen. Der natürliche, durch Winddruck und Temperaturdifferenz angetriebene Luftwechsel reicht in modernen Niedrigenergiegebäuden nicht mehr aus, um die hygienischen und bauphysikalischen Mindestanforderungen an die Raumluft einzuhalten. Luftschadstoffe reichern sich an, die Luftfeuchtigkeit steigt, die empfundene Luftqualität sinkt drastisch ab. Viele Nutzer reagieren darauf mit gekippten Fensterflügeln. Nicht selten verbrauchen solcherart fensterbelüftete Niedrigenergiehauswohnungen mehr an Energie, als »undichte« Wohnungen mit niedrigeren Dämmstandards.

Rein rechnerisch muß in einem gut wärmegedämmten Haus für einen ständigen etwa 0,8fachen Luftwechsel genausoviel Energie aufgewendet werden, wie für die Transmissionswärmeverluste über Wände, Fenster und Decken. Die mechanische Wohnungslüftung gilt deshalb unter Energiefachleuten, Bauphysikern, aber auch Hygienikern als Notwendigkeit und sinnvolle Ergänzung zur Warmwasserheizung, um im Niedrigenergiehaus sparsam, aber hygienisch ausreichend zu lüften. Offen ist allerdings noch, welcher technische Aufwand sich aus energetischer Sicht lohnt und wie sehr in Zukunft Fragen des Komforts und der Gesundheit im Zusammenhang mit der mechanischen Lüftung auch in Deutschland an Bedeutung gewinnen werden. Bekanntlich ist die mechanische Wohnungslüftung in Schweden vorgeschrieben und gehört in Frankreich und Holland im Wohnungsbau längst zum Standard.

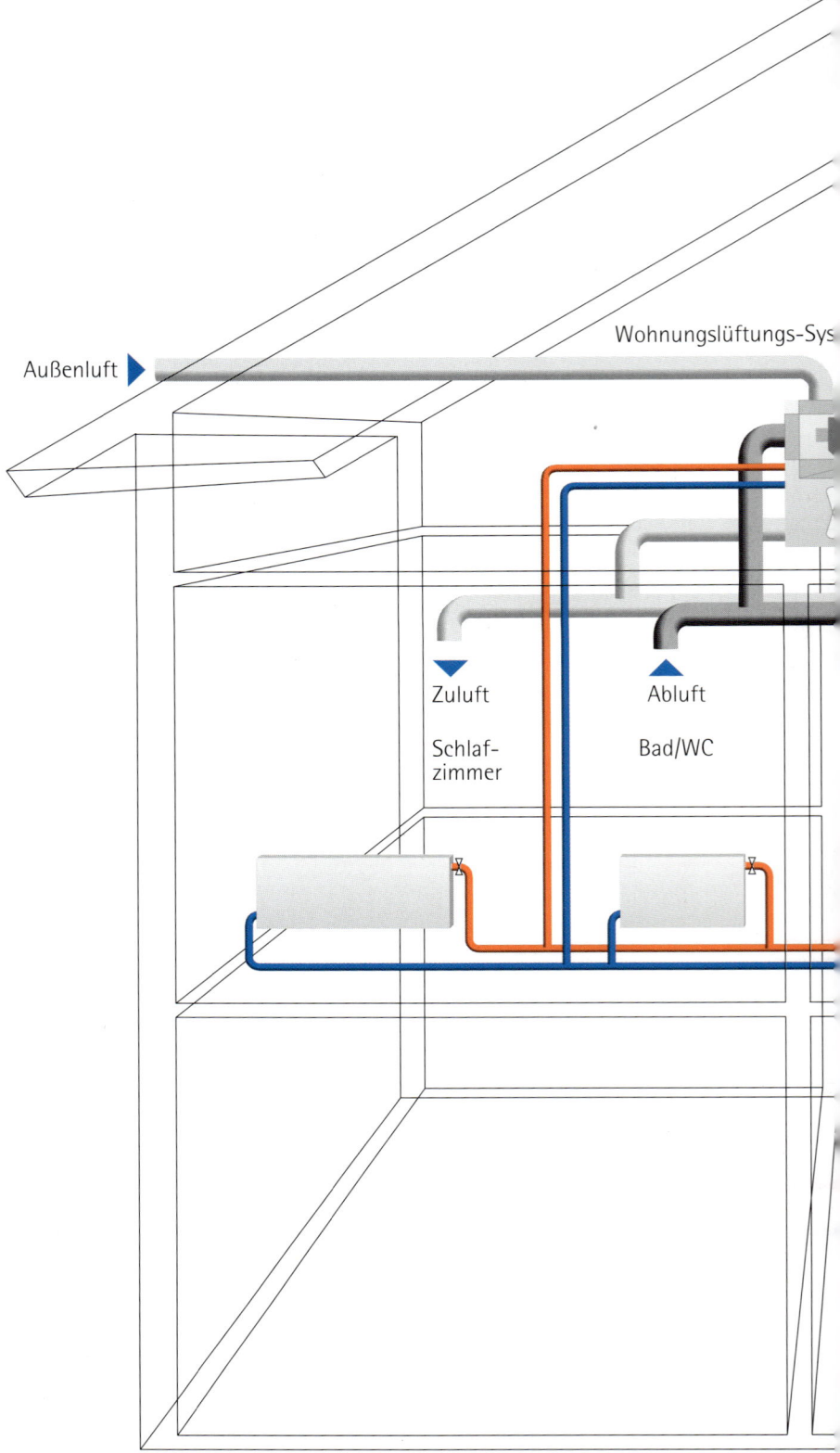

Niedrigenergiehäuser bieten mehr Spielraum bei der Anordnung von Heizkesseln und Heizkörpern. Bei der Bemessung der Kesselleistung müssen allerdings einige Regeln beachtet werden.

Fortluft

Sonnenkollektor

Abluft
Küche

Zuluft
Wohnzimmer

Heizkessel

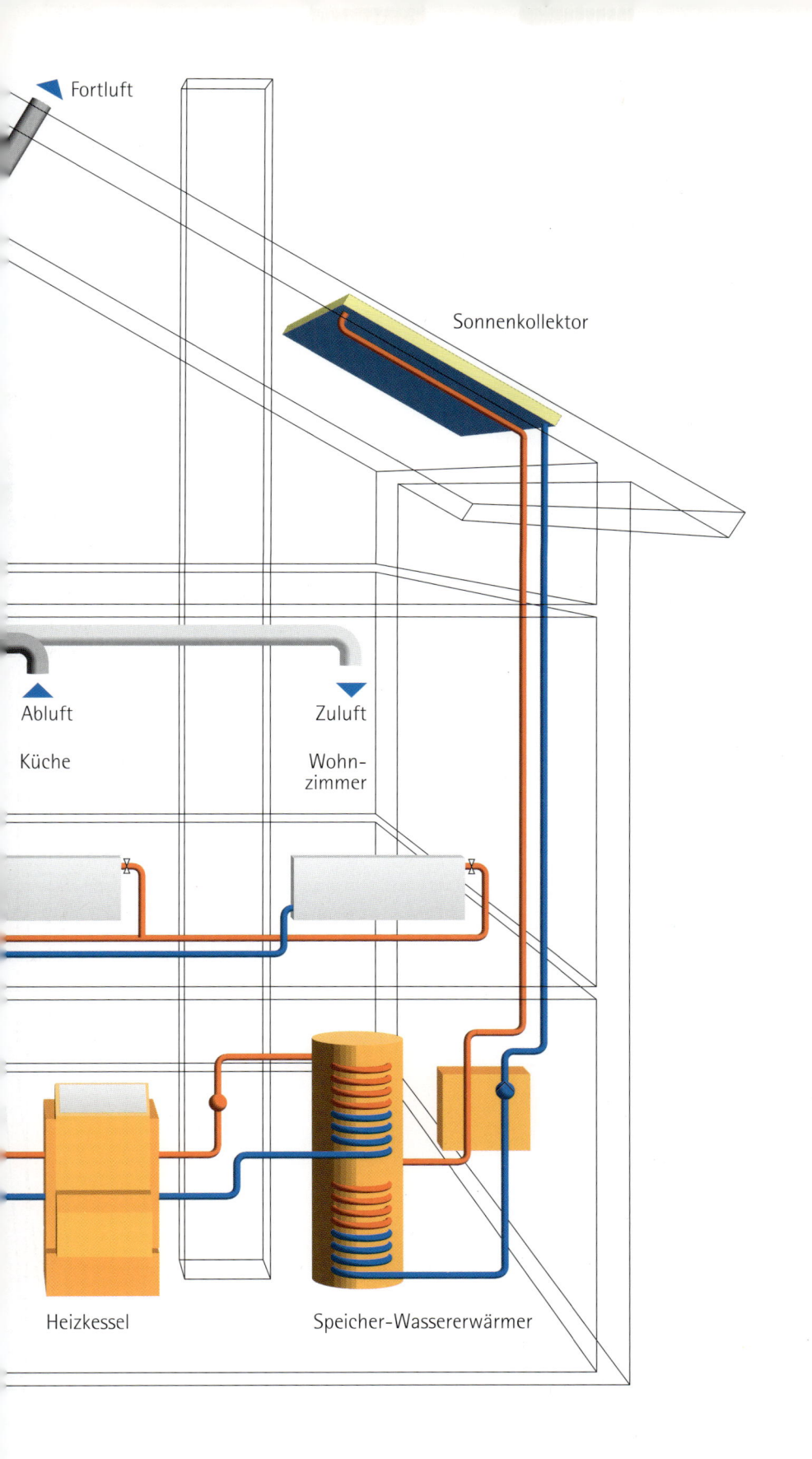

Speicher-Wassererwärmer

Wegen ihrer dichteren Bauhülle sollen Niedrigenergiehäuser mechanisch be- bzw. entlüftet werden. Unkontrolliertes lüften über das Fenster mindert den Energiespareffekt.

Brennwertkessel nutzt Abgaswärme

Technologiesprung zugunsten von Umwelt und Geldbeutel

Die Heizkesselindustrie konnte die Energieausnutzung ihrer Wärmeerzeuger in den Jahren seit der Energiekrise beachtlich steigern. Durch Verbesserungen in der Feuerungstechnik ging parallel dazu der Schadstoffausstoß drastisch zurück. Mit der Einführung von Nieder- und Tieftemperaturkesseln Anfang der achtziger Jahre wurde zunächst ein Optimum an Energieausnutzung erreicht. Inzwischen liegt der Norm-Nutzungsgrad moderner Niedertemperaturkessel bei rund 94 Prozent.

Typisch für die nach heutigem Verständnis eher konventionellen Heizkessel ist die »trockene« Wärmeabgabe, das heißt, die wasserdampfhaltigen Abgase aus der Verbrennung werden nur bis zu einem gewissen Grad abgekühlt. Sowohl im Heizkessel als auch im Schornstein darf es wegen Korrosions- bzw. Versottungsgefahr nicht zu einer ständigen Kondensation von Wasserdampf kommen.

Die ersten »naß« arbeitenden Heizkessel kamen in den achtziger Jahren in Holland auf den Markt. Dabei handelte es sich meist um konventionelle Gas-Heizkessel mit nachgeschaltetem Kondensationswärmetauscher. Ihren hohen Norm-Nutzungsgrad von bis zu 109 Prozent (je nach Heizsystemtemperatur) erreichte diese moderne Heizkesselbauart der 2. Generation aber erst durch die Integration der Nachschaltheizflächen in ein eigens auf die Brennwertnutzung ausgelegtes Heizkesselkonzept.

Heizöl stellt hohe Anforderungen

Bislang entwickelten die Kesselhersteller fast ausschließlich Brennwertkessel für den Einsatz von Erdgas. Dies hängt einerseits damit zusammen, daß der Brennstoff keine übergroßen Anforderungen an das Kesselmaterial stellt. Andererseits steckt in Erdgas aufgrund seines höheren Wasserstoffgehalts im Vergleich zu Heizöl eine höhere latente Wärme. So beträgt die Differenz zwischen Brennwert und Heizwert bei Heizöl EL 6 Prozent, bei Erdgas aber 11 Prozent. Ein weiterer Vorteil von Erdgas ist die hohe Taupunkttemperatur von 57°C; die Abgase eines Heizölkessels kondensieren erst bei 48°C. Rein konstruktiv sind für einen Öl-Brennwertkessel wegen der tieferen Taupunkttemperatur größere Heizflächen notwendig als bei einem Gas-Brennwertkessel gleicher Leistung. Hinzu kommt, daß die Anwesenheit von Schwefel im Heizöl besonders hohe Anforderungen an das Kesselmaterial von Öl-Brennwertkesseln stellt.

Trotz dieser Hemmnisse wird intensiv daran gearbeitet, auch für ölgefeuerte Heizkessel den Norm-Nutzungsgrad noch weiter zu erhöhen. Bei mittleren und größeren Leistungen erscheint der Weg über nachgeschaltete Kondensationswärmetauscher am sinnvollsten. Bei Heizkesseln im kleinen Leistungsbereich wird man wohl noch längere Zeit auf wirtschaftlich vertretbare Lösungen warten müssen.

Wer dennoch auf eine hohe Energieausnutzung bei Öl-Heizkesseln Wert legt, der kann auch einen speziell für den Grenzbereich zur Kondensation ausgelegten Heizkessel einsetzen. Dieser wird hart an der Kondensationsgrenze betrieben und benötigt deshalb eine feuchtigkeitsunempfindliche Abgasanlage.

Zwischen diesem Heizkessel aus den sechziger Jahren und modernen Brennwertkesseln liegen Welten. Damals waren alle Mittel recht, die Kondensation der Abgase zu vermeiden. Heute zählt die »nasse« Wärmeabgabe zum Modernsten, das die Heizungsindustrie bietet.

Trotz kompakter Baumaße besitzt dieses wandhängende Heizgerät einen relativ großen Wasserinhalt und zusätzlich einen modulierenden Matrix-Gasbrenner. Dadurch werden optimale Betriebslaufzeiten erreicht.

Ein wichtiges Konstruktionsmerkmal moderner Brennwertkessel ist die Heizgasführung von oben nach unten. Glatte Oberflächen aus hochlegiertem Edelstahl erreichen einen hohen Selbstreinigungseffekt durch das nach unten abfließende Kondenswasser.

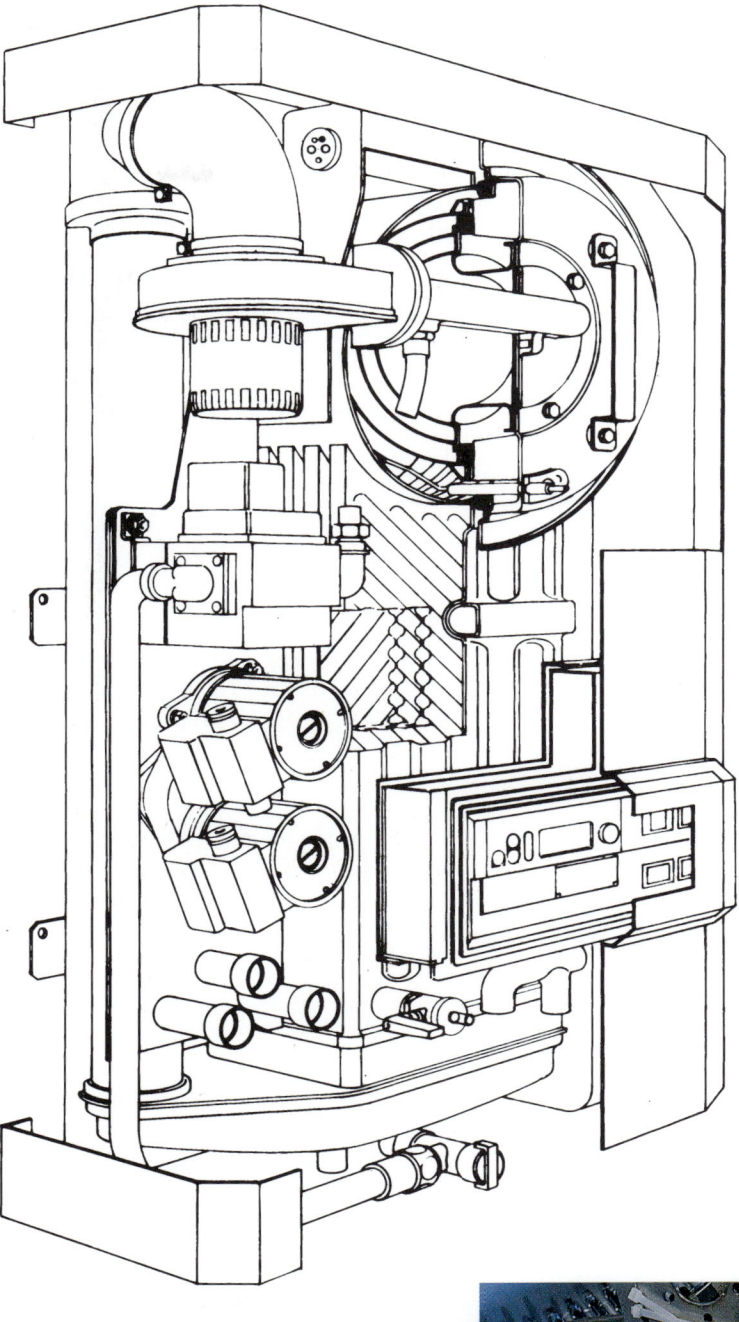

Bis zu 60% leichter als Gußgliederkessel gleicher Leistung sind Heizkessel aus Edelstahl.

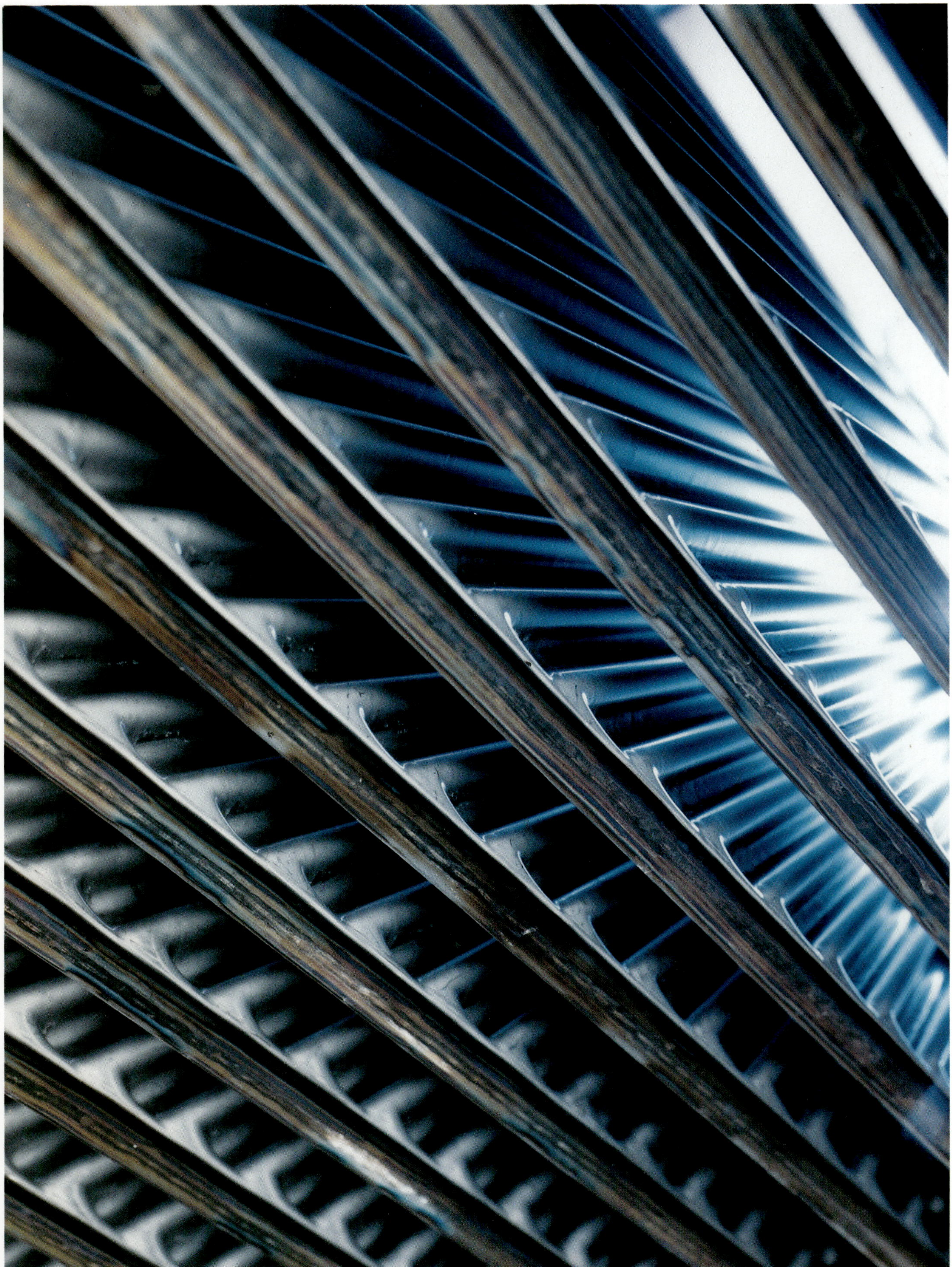

Auch für vorhandene Heizungen

Brennwertkessel eignen sich grundsätzlich für alle üblichen Warmwasser-Heizsysteme. Selbst bei Anlagen, die einst auf 90/70°C ausgelegt worden sind, bringt der Brennwertkessel dank gleitender Betriebsweise gute Ergebnisse. Viele der 90/70-Anlagen aus der Zeit vor der Energiekrise sind so bemessen, daß sie mit 75/60°C oder tiefer betrieben werden können. Außerdem wurden in den letzten Jahren viele Gebäude, zumindest in Teilbereichen, nachgedämmt. Oft läßt sich auch durch den Einbau einer regelbaren Pumpe die Spreizung eines Heizsystems, also die Abkühlung zwischen Vor- und Rücklauf, erhöhen. Der kühlere Rücklauf bewirkt eine stärkere Kondensation der Abgase. Rund 70 Prozent der jährlichen Heizarbeit liegen ohnehin bei Außentemperaturen zwischen +15°C und −1°C. Bis zu Außentemperaturen um +2°C, das entspricht 50°C Rücklauftemperatur, ist mit einer weitgehenden Kondensation des Wasserdampfes zu rechnen. Selbst bei Außentemperaturen zwischen +2 und −8 °C, das entspricht etwa 50 bis 58°C Rücklauftemperatur, findet noch eine Teilkondensation statt. Bezogen auf die Jahres-Heizarbeit ist bei einem 75/60°C-Heizsystem bei rund 90 Prozent des Heizbetriebs eine Brennwertnutzung möglich.

Bei allen Bemühungen um niedrige Rücklauftemperaturen darf der Einfluß der Luftzahl auf die Verbrennung nicht vernachlässigt werden. Gute Brennwertkessel zeichnen sich dadurch aus, daß sie nahe der Luftzahl 1, also fast stöchiometrisch verbrennen. Damit erreicht der CO_2-Gehalt im Abgas ein Optimum und somit auch einen hohen Wasserdampftaupunkt. Ist die Luftzahl zu hoch, wird das Abgas durch den Luftüberschuß »verdünnt«. Das Ergebnis: Die Wasserdampf-Taupunkttemperatur sinkt, die Kondensation setzt erst bei niedrigerer Rücklauftemperatur ein, der Jahres-Nutzungsgrad fällt.

Rund 70 Prozent der jährlichen Heizarbeit liegen bei Außentemperaturen zwischen +15°C und −1°C.

Abgasleitung statt Schornstein

Brennwertkessel benötigen für die Abführung der Abgase spezielle Einrichtungen (siehe auch Seite 80). Im Neubau reicht ein längsbelüfteter Schacht der Brandklasse F 90, in den ein geprüftes und bauaufsichtlich zugelassenes Abgassystem eingezogen wird. Solche preisgünstigen Systeme können den klassischen Schornstein ersetzen. Zugelassen ist aber in Abstimmung mit dem Hersteller auch der Anschluß an einen feuchtigkeitsunempfindlichen Schornstein nach DIN 4705. Allerdings muß in diesem Fall die Zustimmung des Schornsteinherstellers eingeholt bzw. ein rechnerischer Nachweis erbracht werden.

Brennwertkessel mit kleiner Leistung werden meist in Kombination mit einem geprüften und bauaufsichtlich zugelassenen Abgas/Zuluftsystem vom Heizkessel-Hersteller für Dach- und Außenwanddurchführung angeboten. Alle anderen Abgasanlagen müssen vom Hersteller berechnet und durch den Schornsteinfeger abgenommen werden.

Einfluß der Heizsystemtemperaturen auf die Kondensation

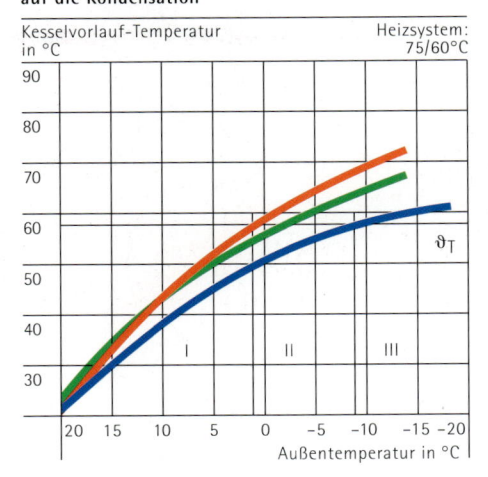

Kesselvorlauf-Temperatur in °C — Heizsystem: 75/60°C

— Kesselvorlauftemperatur
— Abgastemperatur
— Kesselrücklauftemperatur
ϑ_T = Taupunkttemperatur von Erdgas

I: weitgehende Kondensation
II: beginnende Kondensation
III: keine Kondensation

Details entscheiden

Die Palette an Brennwertkesseln hat sich in den letzten Jahren stark erweitert. Fast jeder Kesselhersteller bietet heute Brennwertkessel aus eigener oder fremder Produktion an. Die energetische Effizienz ist dabei recht unterschiedlich. Oft entscheiden Details über Wirkungsgradpunkte, Wartungsfreundlichkeit und Sicherheit. Wichtige Konstruktionsmerkmale sind glatte Heizflächen und eine Heizgasführung von oben nach unten. Damit kann das Kondenswasser ungehindert in Strömungsrichtung des Abgases abfließen. Ausschlaggebend für einen langfristigen, hohen Nutzungsgrad und Korrosionsfreiheit ist, daß das abfließende Kondenswasser nicht rückverdampft und abgasseitig eventuell Rückstände bildet. Vorteile bieten Heizflächen aus hochlegiertem Edelstahl, die aufgrund der glatten Oberfläche einen hohen Selbstreinigungseffekt durch das nach unten abfließende Kondenswasser aufweisen.

Bewährt haben sich Brennwertkessel mit großem Wasserinhalt. Damit lassen sich eine geringe Schalthäufigkeit und optimale Brennerlaufzeiten erreichen, ohne daß zusätzliche Maßnahmen getroffen werden müssen, wie z. B. der Einbau eines Pufferspeichers. Günstig auf die Kondensation und damit auf den Nutzungsgrad wirken sich bei Brennwertkesseln insbesondere modulierende Brenner aus.

Anteile der Heizarbeit in Abhängigkeit von der Außentemperatur

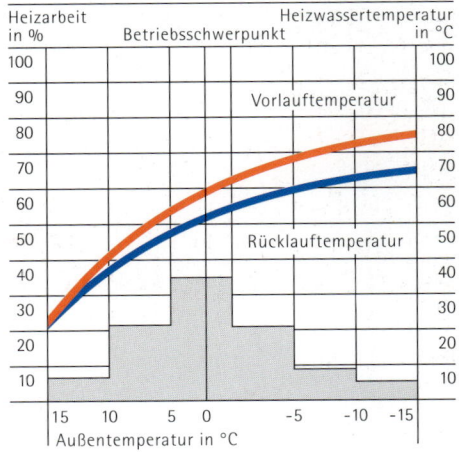

Heizarbeit in % — Heizwassertemperatur in °C — Betriebsschwerpunkt

— Vorlauftemperatur
— Rücklauftemperatur

Die meisten vorhandenen Heizsysteme eignen sich für die Brennwertnutzung. Bei 75/60°C-Auslegung ist bei Einsatz geeigneter Brennwertkessel – zu 90 Prozent des Heizbetriebs eine Brennwertnutzung möglich.

Modernste Fertigungstechnik und der Werkstoff Edelstahl ermöglichen besonders kompakte Heizkessel.

Kondenswasserfrage gelöst

Die ungeklärte Frage nach der Umweltrelevanz des anfallenden Brennwertkondenswassers galt lange Zeit als das Markthemmnis für Brennwertkessel. Zahlreiche Untersuchungen bestätigten letztendlich die Harmlosigkeit des leicht sauren Kondenswassers, das bei der Verbrennung von Erd- oder Flüssiggas einen ähnlichen pH-Wert aufweist wie Mineralwasser.

Orientierungspunkt für alle Fragen der Kondensateinleitung ist das ATV-Merkblatt M 251 »Einleiten von Kondensaten aus gas- und ölbetriebenen Feuerungsanlagen in öffentliche Abwasseranlagen und Kleinkläranlagen« (Bezug über Gesellschaft zur Förderung der Abwassertechnik e.V., Markt 71, 53757 St. Augustin). Die örtlichen Behörden können von dieser bundesweiten Empfehlung abweichen. Um sicher zu gehen, sollte man sich beim zuständigen Amt rückversichern.

Das ATV-Merkblatt beinhaltet verkürzt folgendes:
■ Bis 25 kW Nennwärmeleistung gibt es praktisch keine Restriktionen in der Kondensateinleitung. Das häusliche Abwassersystem sollte allerdings gegenüber saurem Kondenswasser beständig sein.
■ Bei Anlagen von 25 kW bis 200 kW Nennwärmeleistung kann auf eine Neutralisation verzichtet werden, wenn das Kondenswasser während der Nachtstunden gesammelt und tagsüber gemeinsam mit dem häuslichen Schmutzwasser eingeleitet wird. Die tägliche Säurefracht darf nicht höher sein als 100 mMol. Voraussetzung ist auch hier ein säurebeständiges häusliches Abwassernetz.
■ Anlagen über 200 kW sind grundsätzlich mit Neutralisationseinrichtungen auszustatten.

Manches Detail rund um den Brennwertkessel erscheint vielleicht kompliziert, ist es in der Regel aber nicht. Vielfach fehlt es einfach noch an der Routine im Umgang mit der Brennwerttechnik. Im Zweifelsfall helfen die Hersteller bzw. deren Niederlassungen weiter.

Vom Heizwert zum Brennwert

In Deutschland und in anderen europäischen Ländern wird der Energieinhalt von Brennstoffen immer auf den sogenannten unteren Heizwert (Hu) bezogen. Dieser Wert definiert die Wärmemenge, die bei vollständiger Verbrennung eines festen, flüssigen oder gasförmigen Brennstoffes frei wird. Das dabei entstehende Wasser muß dampfförmig bleiben. Die heute üblichen 94 Prozent Norm-Nutzungsgrad bei Niedertemperaturkesseln markieren quasi einen Sicherheitsbereich, der notwendig ist, die Abgase ohne Kondensation im Kessel oder Schornstein an die Atmosphäre abzuführen. Die »Restwärme« dient dazu, die Abgase durch natürlichen thermischen Auftrieb, also ohne die Unterstützung eines Ventilators, vom Heizkessel zum Schornsteinkopf zu transportieren.

Der obere Heizwert (H_o), auch Brennwert genannt, gibt den Energieinhalt eines Brennstoffes bei vollständiger Verbrennung einschließlich der Verdampfungswärme an, die im Wasserdampf der Heizgase enthalten ist. Der Unterschied zwischen Heizwert und Brennwert ist von Brennstoff zu Brennstoff verschieden. Bei Erdgas beträgt die Differenz 11 Prozent, bei Heizöl EL nur 6 Prozent.

Daher kommt es, daß Brennwertkessel Nutzungsgrade von über 100 Prozent erreichen – ein Kuriosum, das schon manchen Physiklehrer zu Protestschreiben an Kesselhersteller und Zeitungsredaktionen veranlaßte. Mit einem Perpetuum mobile hat der Brennwertkessel also nichts zu tun.

Die deutsche Kesselindustrie scheint mit dem auf den unteren Heizwert (H_u) bezogenen Norm-Nutzungsgrad von Heizkesseln ganz gut leben zu können, denn was verdeutlicht den Fortschritt bei den Wärmeerzeugern mehr als ein Wert über 100 Prozent.

Heizwert + Verdampfungswärme = Brennwert

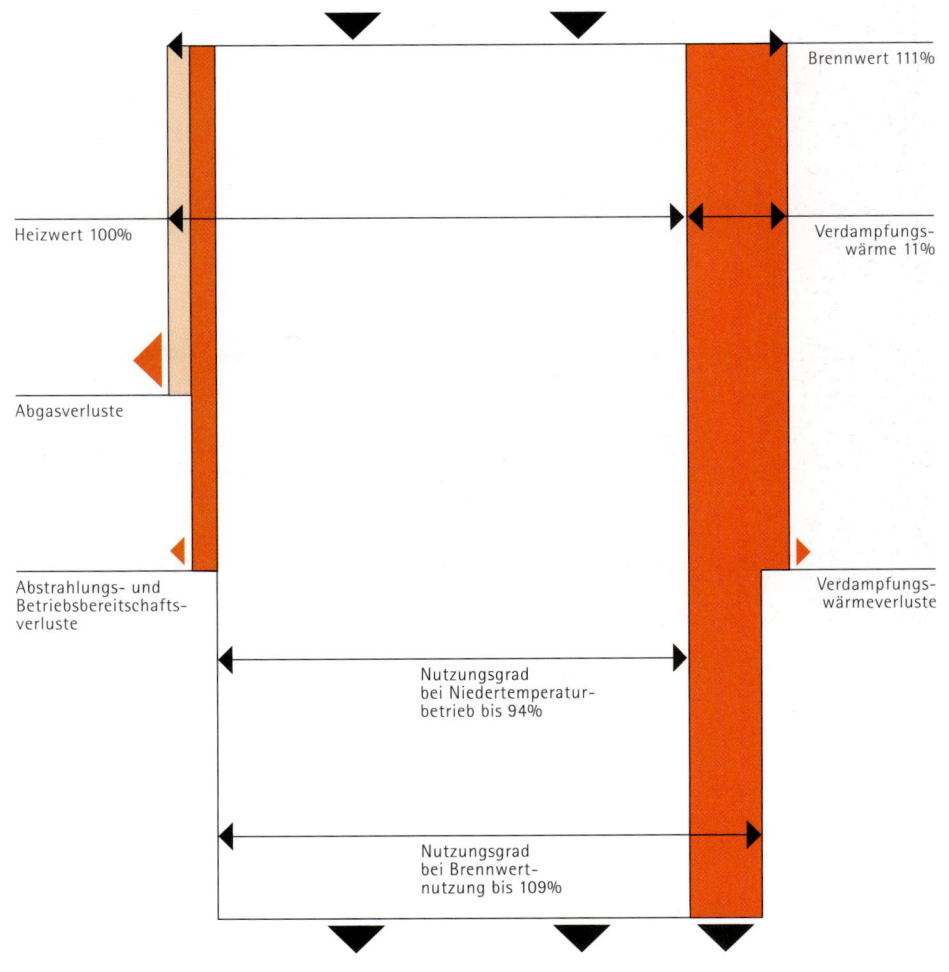

Brennwert 111%
Heizwert 100%
Verdampfungswärme 11%
Abgasverluste
Abstrahlungs- und Betriebsbereitschaftsverluste
Verdampfungswärmeverluste
Nutzungsgrad bei Niedertemperaturbetrieb bis 94%
Nutzungsgrad bei Brennwertnutzung bis 109%

Auf die richtige Größe kommt es an

Etwas mehr Leistung verbessert die Energieausnutzung von fortschrittlichen Heizkesseln

Konventionelle Heizkessel älterer Bauart sind dafür bekannt, bei Teillast nur noch sehr wenig Brennstoff in nutzbare Wärme umzuwandeln. Ein mittlerer Jahresnutzungsgrad von 60 Prozent ist keine Seltenheit. Energieberater und Behörden forderten deshalb bis in die jüngste Vergangenheit die Größe des Heizkessels exakt zu bestimmen und keine weiteren Zuschläge zu berücksichtigen.

Soll ein Niedrigenergiehaus, das gerade noch einen Wärmebedarf von 7 kW hat, mit einem Miniheizkessel ausgestattet werden, oder darf es auch etwas mehr an Leistung sein, so zwischen 15 und 18 kW?

Bei oberflächlicher Betrachtung von § 4 der Heizungsanlagen-Verordnung, »Einbau und Aufstellung von Wärmeerzeugern« könnte der Eindruck entstehen, daß jedwede Zuschläge vom Gesetzgeber verboten worden sind. Bei genauerer Betrachtung wird ersichtlich, daß diese Einschränkung nur für Standardkessel, nicht aber für die gleitend betriebenen Niedertemperatur- und Brennwertkessel gilt. Hintergrund dieser Bewertung ist das völlig unterschiedliche Betriebsverhalten von alten und modernen Heizkesseln, die mit gleitenden Kesseltemperaturen gefahren werden.

Konventionelle, bei gleichbleibend hohen Temperaturen betriebene ältere Heizkessel erreichen ihren optimalen Nutzungsgrad erst bei 100 Prozent Auslastung, also praktisch nur bei Außentemperaturen zwischen −12 bis −18°C. Bei einer Auslastung von etwa 20 Prozent setzt ein alter Heizkessel gerade noch 50 bis 60 Prozent der zugeführten Energie in nutzbare Wärme um. Der Rest sorgt im Heizraum für mollig warme Temperaturen oder geht zum Schornstein hinaus.

Verschiedene Untersuchungsreihen haben bestätigt, daß der Nutzungsgrad moderner Heizkessel bei einer Auslastung zwischen 10 und 30 Prozent am höchsten ist und erst unter 10 Prozent Auslastung abfällt.

Der Grund für die gute Energieausnutzung gleitend betriebener Wärmeerzeuger sind die sehr geringen Verluste durch Auskühlung und Abstrahlung. Auch die Abgastemperatur und damit der Abgasverlust liegt bei modernen Kesselkonstruktionen viel tiefer. So liegt die Abgastemperatur eines Brennwertkessels nur noch etwa 10 Grad über der Rücklauftemperatur des Heizsystems.

Konkret bedeutet diese Eigenschaft moderner Heizkessel, daß eine gewisse Überdimensionierung eine höhere Energieausnutzung als die exakte Auslegung nach dem Wärmebedarf ermöglicht.

Reserven für hohen Komfort

Was aber hat der Verbraucher außer einer gewissen Energieeinsparung von großzügig bemessenen Heizkesseln? Zunächst garantiert ihm ein etwas größerer Wärmeerzeuger eine komfortable Trinkwassererwärmung ohne Wartezeiten. Außerdem verkürzen sich die Anheizzeiten am Morgen ganz erheblich.

Der hohe Nutzungsgrad moderner Heizkessel bei Teillast soll aber kein Freibrief für »Pi-mal-Daumen-Rechnungen« sein. Er bietet gewisse Freiräume bei der Kesseldimensionierung, ohne daß dadurch mehr Energie verbraucht wird. Bei Verwendung von Gas sollte allerdings darauf geachtet werden, daß der Bauherr nicht in die Zwangslage kommt, wegen eines zu großzügig bemessenen Heizkessels höhere Grundgebühren für den Gasanschluß bezahlen zu müssen.

Fazit: Niedertemperatur- und Brennwertkessel dürfen laut Heizungsanlagen-Verordnung größer als der errechnete Wärmebedarf dimensioniert werden.

Nutzungsgradverlauf unterschiedlicher Heizkessel

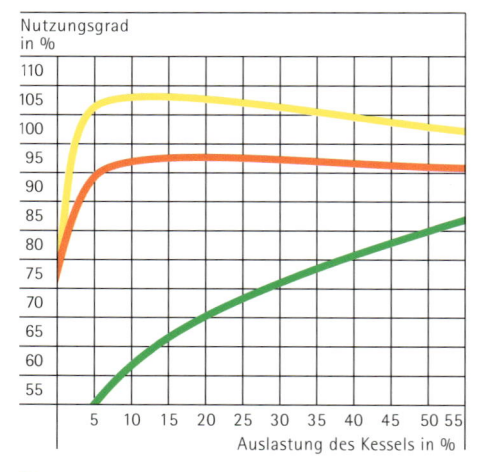

- Brennwertgerät
- Niedertemperaturwärmeerzeuger
- Konventioneller Wärmeerzeuger

Eine gewisse Überdimensionierung moderner Heizkessel ist für die Energieausnutzung eher von Vorteil. Bei älteren Kesselbauarten führt die großzügige Leistungsbemessung zu hohen Verlusten.

Die wechselnde thermische Belastung von Heizkesseln durch Aufheizen, Betrieb, Stillstand wird bei dieser zweischaligen Tempcon-Heizfläche durch die unterschiedliche Ausdehnung der Materialien Guß und Stahl von selbst reguliert.

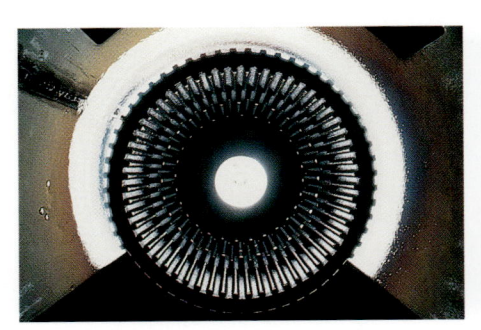

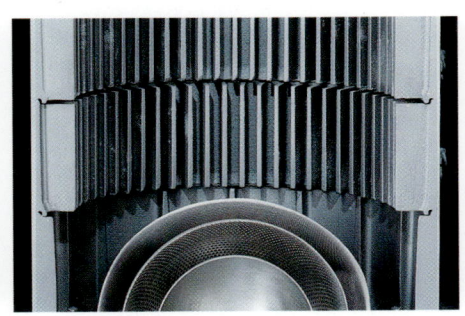

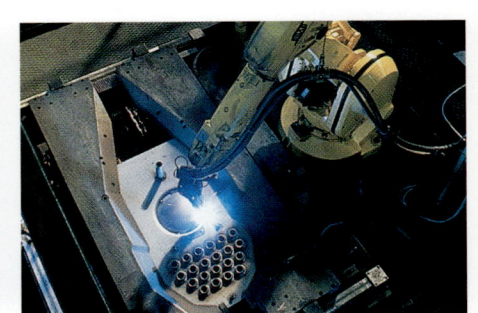

Welche Kesselwerkstoffe zum Einsatz kommen, hängt weitgehend von der Art der Wärmeübertragung ab. Bei Nieder- und Tieftemperaturheizkessel haben sich Guß und Stahl sowie Verbundwerkstoffe aus beiden bewährt.

Trinkwassererwärmung – komfortabel, hygienisch, energiesparend

Hohe Wirtschaftlichkeit durch verbesserten Jahres-Nutzungsgrad

Die Trinkwassererwärmung war lange Zeit das Stiefkind der Heizungstechnik. Großzügig bemessene Speicher und ebenso großzügig dimensionierte Heizkessel sorgten zwar für Warmwasser in Hülle und Fülle, nutzen aber nicht die heutigen Möglichkeiten der Energieeinsparung aus.

In den achtziger Jahren, als die Heizkesselindustrie den Energieverbrauch von Heizungsanlagen genauer analysierte, fand man heraus, daß Heizkessel mit indirekt beheizten Speichern im Sommer nur noch Nutzungsgrade von 30 Prozent und weniger erreichten. Fest eingestellte, schlecht isolierte Heizkessel, permanent laufende Zirkulationspumpen und nur unzureichend gedämmte Warmwasser- und Zirkulationsleitungen waren die Ursache.

Überzeugende Verbesserungen

Mit der Markteinführung von Niedertemperaturheizkesseln änderte sich das Bild. Die enormen Fortschritte in der Kesseltechnik, der Trend zu Niedertemperatur- und Brennwertkesseln sowie zu verbesserten Wärmedämmungen bei Speichern und Heizkesseln führte zur weiteren Verbreitung des indirekt beheizten Speicherwassererwärmers. Unter Berücksichtigung von Komfort, Wirtschaftlichkeit und der Option, auch solare Wärme einzuspeisen, ist die zentrale, durch den Heizkessel beheizte Trinkwassererwärmung heute das überzeugendste System auf dem Markt.

Wer den Nutzungsgrad vorhandener Trinkwassererwärmungsanlagen verbessern will, sollte neben dem Austausch von Heizkessel und Speicher die zugänglichen Warmwasserleitungen nach der Vorschrift der neuen Heizungsanlagen-Verordnung dämmen und die Zirkulationspumpe zeit- oder bedarfsabhängig zuschalten.

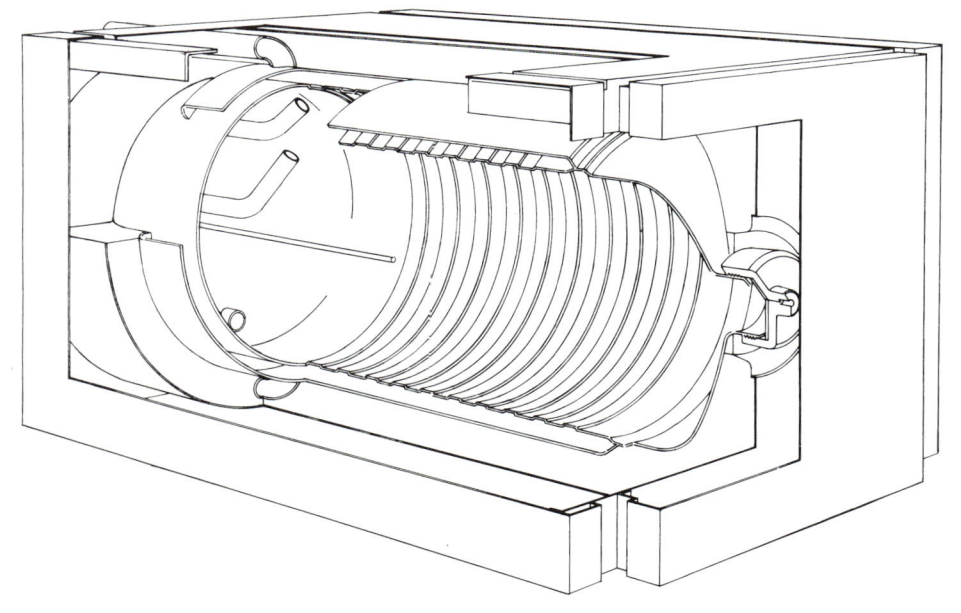

Parallel zu den Fortschritten in der Heizkesseltechnik hat die Heizungsindustrie auch die Trinkwassererwärmer verbessert. Ein wichtiges konstruktives Merkmal hygienisch einwandfreier Speicher-Warmwassererwärmer ist die Rundumerwärmung mittels Doppelmantel bzw. die Anordnung der Heizwendel bis zum Speicherboden. Damit werden kalte Zonen vermieden, in denen sich unter ungünstigen Voraussetzungen Bakterien bilden könnten.

Heizkessel auf die Warmwasserleistung auslegen

Die Bandbreite des Warmwasserverbrauchs pro Haushalt bzw. pro Person entspricht in etwa der Einkommensverteilung in der Bevölkerung. Nach einer seit 1977 von der Firma Techem fortgeschriebenen Statistik über Heizkostenabrechnungen von 220.000 Gebäuden liegt der durchschnittliche Warmwasserverbrauch heute in Mehrfamilienhäusern bei 25 m³ pro Jahr und Haushalt – Tendenz fallend.

Im Einfamilienhaus rechnet man je nach Komfortstufe mit 30 bis 70 Litern pro Person und Tag. Allerdings sagt dieser Verbrauch nichts aus über die Kesselleistung, die bereitgehalten werden muß, um z. B. die immer noch typischen deutschen Badetage – Samstag bzw. Sonntag – ohne Wartezeiten zu überbrücken.

Ausschlaggebend für die Bemessung der vom Heizkessel zu erbringenden Leistung ist DIN 4708 »Zentrale Brauchwasser-Erwärmungsanlagen«. Danach wird für die statistische Einheitswohnung mit 3,5 Personen (entspricht Bedarfskennzahl N=1) gefordert, daß das für ein Wannenbad entnommene Wasser (Zapfzeit 10 Minuten, Wasserdurchfluß 14,3 l/min) innerhalb von 19 Minuten wieder aufgeheizt ist. Dafür wird eine Leistung von 18 kW benötigt. Diese Anforderung, in diesem Falle die Leistungskennzahl $N_L = 1$, gilt daher als Leitwert für die Dimensionierung von Heizkesseln und Speicher-Wassererwärmern.

Architekten und Planer sollten sich deshalb vom geringen Heizwärmebedarf von Niedrigenergiehäusern – er liegt je nach Kubatur zwischen 6 bis 10 kW – nicht dazu verleiten lassen, den Kessel nur nach dem Heizwärmebedarf auszulegen. Wartezeiten im Bad und lange Aufheizzeiten am Morgen könnten die Folge sein. Die neue Heizungsanlagen-Verordnung läßt die Überdimensionierung von Niedertemperatur- und Brennwertkesseln ausdrücklich zu. Energetisch entstehen dadurch keine Nachteile.

In den Katalogen der Hersteller wird für die verschiedenen Speicher die jeweilige Leistungskennzahl N_L in Abhängigkeit der Speichertemperatur angegeben. Architekten und Planer sollten bei Ausschreibungen in Zukunft auf dieses Merkmal genauer achten.

Heiz- und Trinkwasserwärmebedarf eines Einfamilien-Wohnhauses
(150 m², 3 bis 4 Personen)

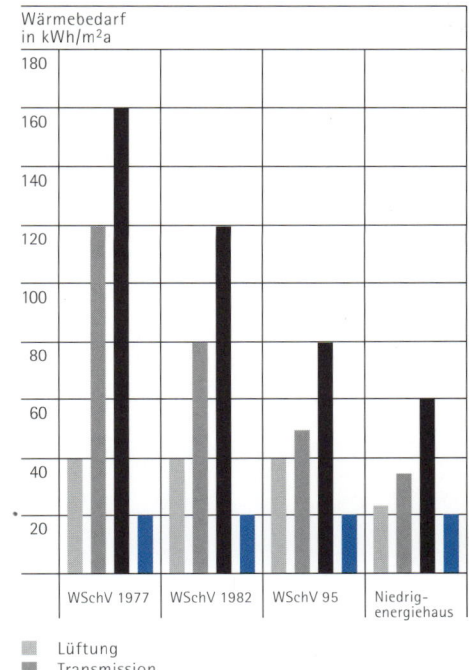

- Lüftung
- Transmission
- Heizwärmebedarf
- Trinkwassererwärmung

Hochlegierter Edelstahl rostfrei gilt als besonders hygienisch für den Einsatz in Trinkwassererwärmern.

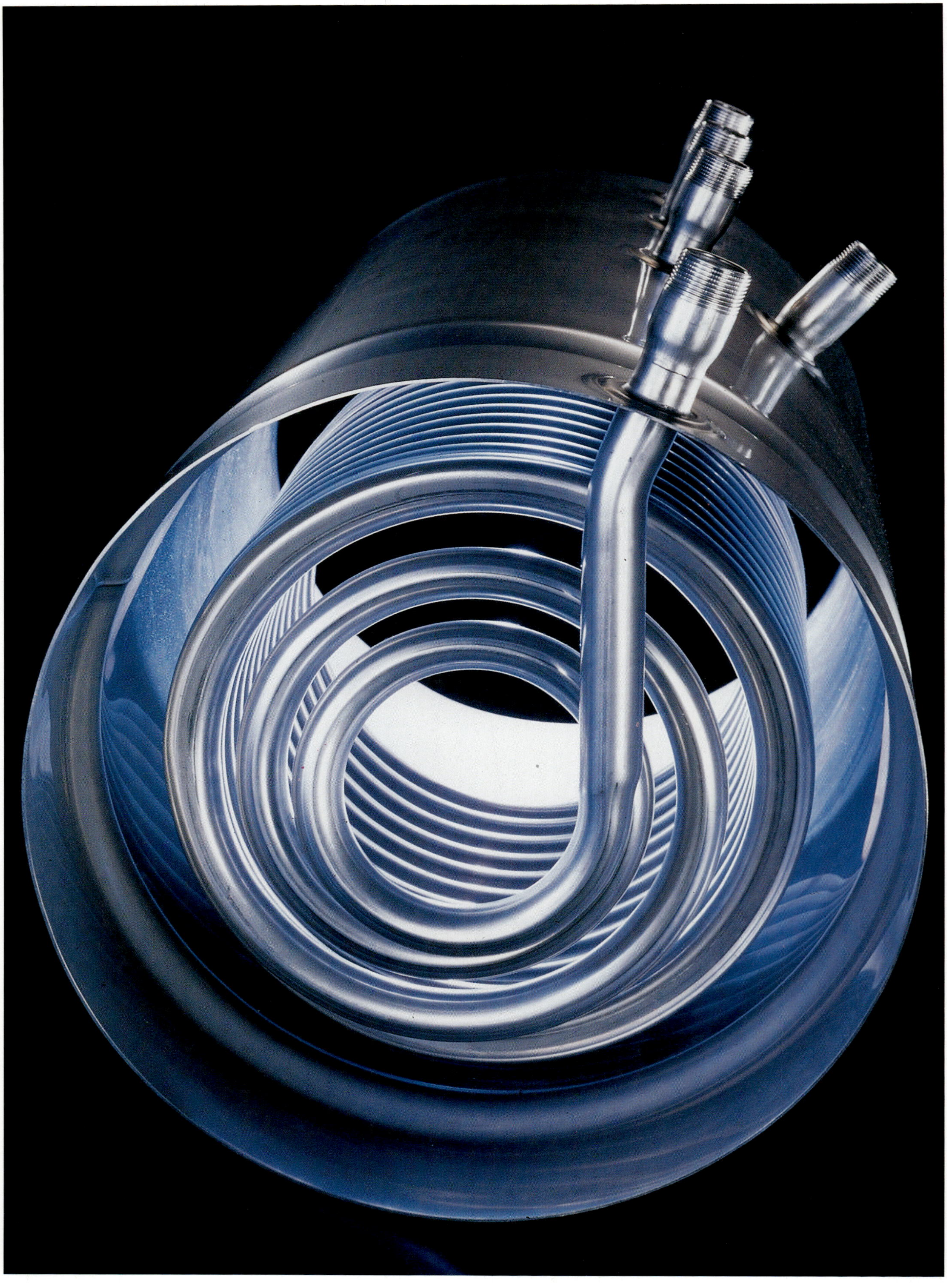

Kurze Wege sparen Energie

Wer ein Warmwassersystem besonders energiesparend anlegen will, vielleicht auch mit der Absicht, zusätzlich Sonnenenergie zur Trinkwassererwärmung zu nutzen, sollte das Warmwasserverteilnetz sorgfältig planen. Generell gilt: Kurze Wege und die kompakte Anordnung aller Warmwasserzapfstellen, möglichst an einem Strang, sparen am meisten Energie. Besser als die Verlegung in Mauerschlitzen ist die Vorwandinstallation, da dann die Leitungen problemlos nach den Vorschriften der Heizungsanlagen-Verordnung gedämmt werden können.

Zirkulationsverluste lassen sich am besten dadurch vermeiden, daß die Pumpe zeit- bzw. nutzungsabhängig geschaltet wird. In überschaubaren Warmwassersystemen kann sie auch mittels Tastschalter und Zeitrelais nach Bedarf in Betrieb gesetzt werden. Laut Heizungsanlagen-Verordnung ist in jedem Fall eine zeitliche Begrenzung der Einschaltdauer vorzusehen.

Generell gilt für Brauchwassernetze eine Normaltemperatur von 50 bis 60°C, die durch »selbsttätig wirkende Einrichtungen« bereitzuhalten ist, so die Heizungsanlagen-Verordnung.

Der Warmwasserverbrauch pro Person bzw. pro Haushalt hängt stark vom Einkommen ab. In Mehrfamilienhäusern variiert er zwischen 10 und 100 Liter pro Tag. In Einfamilienhäusern rechnet man mit einem Pro-Kopf-Verbrauch von 20 bis 70 Liter.

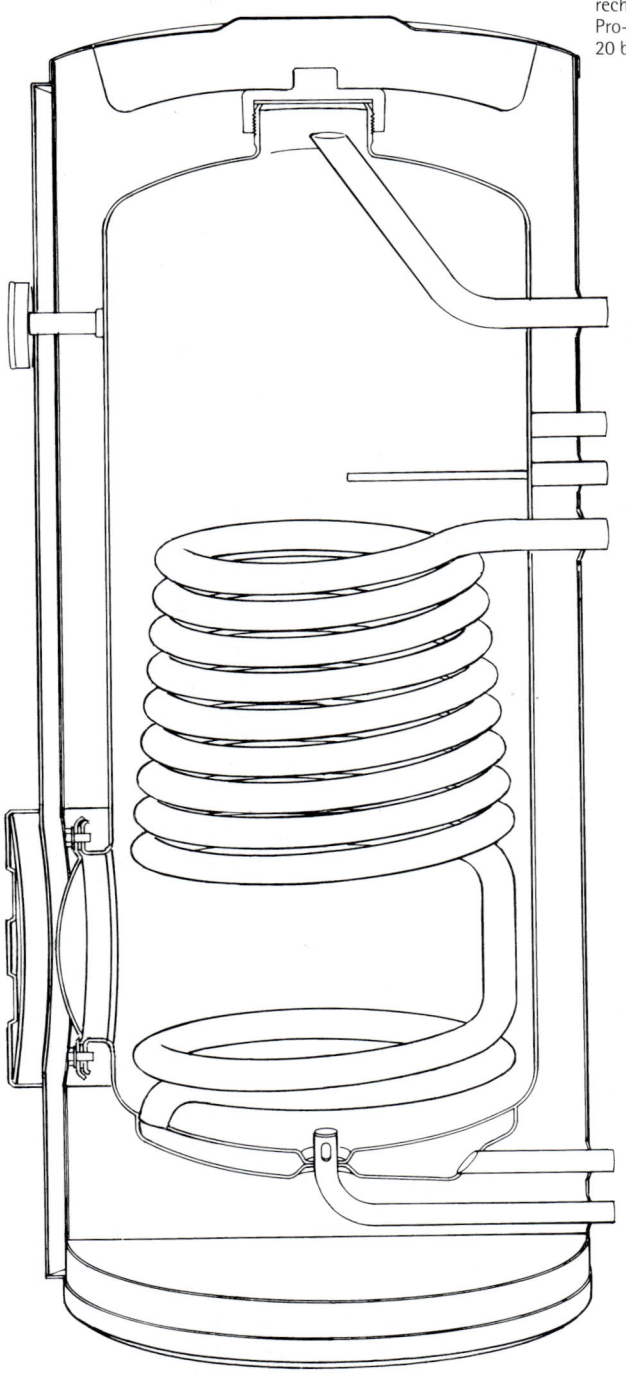

In Niedrigenergiehäusern wird die Wärmeleistung für die Trinkwassererwärmung zur maßgeblichen Größe bei der Auslegung der Heizkesselleistung. Der 18 kW-Heizkessel für das Einfamilienhaus gilt als Mindestgröße, um den üblichen Warmwasserkomfort zu garantieren, auch wenn der Heizwärmebedarf nur bei etwa 10 kW liegt.

Von der Heizungsregelung zum digitalen Komfortmanagement

Einfache Bedienerführung eröffnet weitere Energieeinsparung

Regelungen sind heute integraler Bestandteil von Heizkesseln bzw. von Mehrkesselanlagen. Die exakte Abstimmung von beiden bringt höchste Jahres-Nutzungsgrade, optimalen Komfort und Optionen zur Diagnose und Fernüberwachung. Mit der Entwicklung von der Analog- hin zur Digitaltechnik eröffnen sich neue Möglichkeiten, die weit über die bisher bekannten Regelaufgaben hinausgehen. Die Heizkesselregelung, die bei Störungen oder Sollwertabweichungen eigenständig das beauftragte Serviceunternehmen informiert und eine Störung meldet, noch bevor der Nutzer etwas merkt, ist heute bereits Realität. Auch die Aufschaltung von individuellen Heizkesselregelungen auf eine übergeordnete Gebäudeleittechnik zur Fernüberwachung durch eine Liegenschaftsverwaltung oder die Serviceleitzentrale eines Heizungsbetriebes gilt inzwischen als Stand der Technik. Für die Übertragung genügt das öffentliche Telefonnetz. Durch diese Art des Fernüberwachens bieten sich zusätzliche Möglichkeiten, Energie zu sparen, die Umwelt zu schonen sowie die Betriebssicherheit weiter zu erhöhen.

Bedarfsgerechte Temperaturregelung

Der Einbau moderner digitaler Heizungsregelungen gilt als die effektivste und wirtschaftlichste Maßnahme, um Energie einzusparen. Dies sieht auch der Gesetzgeber so und schreibt den Einsatz von Heizungsregelungen verbindlich vor.

Mehr noch: Auch die »raumweise selbsttätige Regelung« wird per Verordnung zur Pflicht. Thermostatventile oder elektronische Einzelraumregler werden demnach Standard bzw. müssen nach Fristenplan nachgerüstet werden. Dies gilt auch für Fußbodenheizungen, für die bislang einfache Absperrventile ausreichten.

Von dieser Maßnahme verspricht sich der Gesetzgeber eine bessere Nutzung der im Haus anfallenden Wärme sowie der über Fenster eingestrahlten Sonnenenergie. Die Armaturenindustrie hat für bestehende Anlagen praxisgerechte Umrüstsets entwickelt, bei denen das alte Ventilgehäuse, sofern es gewisse Bedingungen, wie T-Kennzeichnung, Anschlußgewinde u. a. erfüllt, durch den Austausch des Ventiloberteils – ohne Entleerung der Heizungsanlage – auf Thermostatbetrieb umgerüstet werden kann.

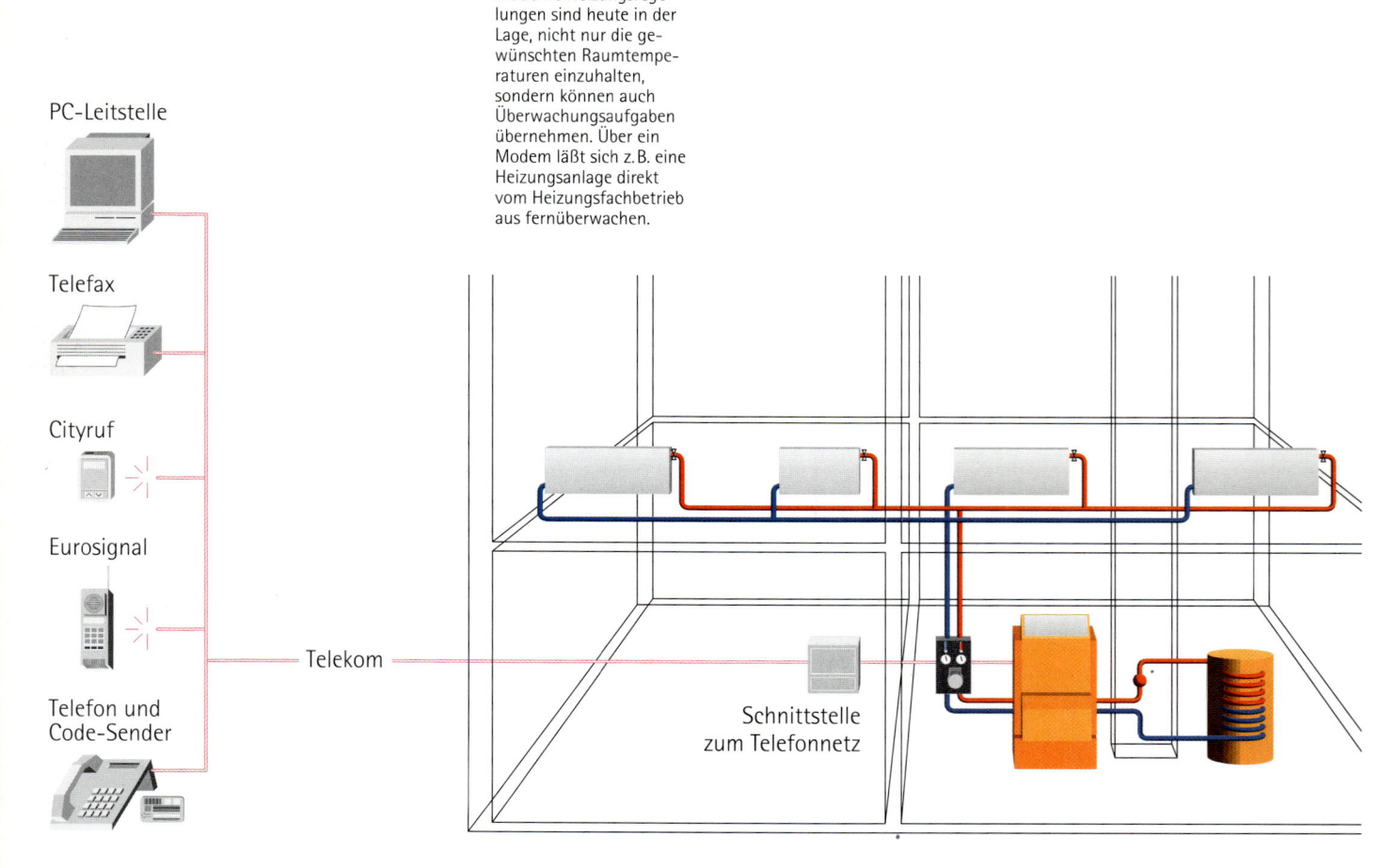

Moderne Heizungsregelungen sind heute in der Lage, nicht nur die gewünschten Raumtemperaturen einzuhalten, sondern können auch Überwachungsaufgaben übernehmen. Über ein Modem läßt sich z. B. eine Heizungsanlage direkt vom Heizungsfachbetrieb aus fernüberwachen.

PC-Leitstelle

Telefax

Cityruf

Eurosignal

Telefon und Code-Sender

Telekom

Schnittstelle zum Telefonnetz

Die Mikroelektronik bietet immer ausgefeiltere Optionen zur Überwachung und Regelung von Heizungsanlagen. Regler mit Fuzzy Logik kommen z. B. ohne Außenfühler aus.

Variable Pumpendrehzahl

Die in der Heizungsanlagen-Verordnung festgelegte Frist, wonach ab 1. Januar 1996 bei Anlagenleistungen ab 50 kW selbsttätig regelbare Umwälzpumpen eingebaut werden müssen, darf als Signal für eine stärkere Einbindung der Umwälzpumpe in eine Regelstrategie gewertet werden. So läßt sich zum Beispiel der Brennwerteffekt eines Kessels erhöhen, wenn die Heizkreispumpe immer nur den jeweils notwendigen Volumenstrom fördert und dadurch für eine möglichst niedrige Rücklauftemperatur sorgt.

Heizungsfachleute gehen davon aus, daß die Drehzahl-Regelung der Umwälzpumpe in Zukunft integraler Bestandteil einer Heizungsregelung sein wird.

Unabhängig von der Einsparung von Betriebsstrom und der Erhöhung des Nutzungsgrades des Heizkessels spart die variable Pumpendrehzahl auch »Nerven«, denn Pfeifgeräusche in den Thermostatventilen gehören damit der Vergangenheit an.

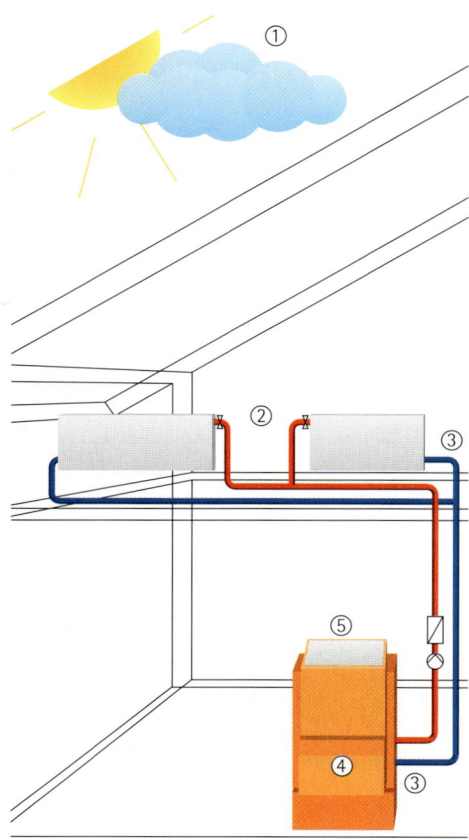

Funktionsweise Fuzzy-Logik am Beispiel »Änderung der Raumtemperatur durch Schwankungen der Außentemperatur«

① Schwankung der Außentemperatur
② Ansprechen der Thermostatventile.
③ Änderung der Heizungsrücklauftemperatur.
④ Änderung der Kesselwassertemperatur.
⑤ Meldung des Kesselwassertemperatur-Sensors an den Regler.

»Unscharfe« Regelstrategien

Für die Fachwelt steht fest, daß der Heizenergieverbrauch eines Gebäudes in Zukunft in noch stärkerem Maße von flink reagierenden Regelsystemen abhängig sein wird. Die witterungsgeführte Regelung kann dieser Forderung jedoch nur bedingt nachkommen. Innere Wärmequellen, Sonneneinstrahlung und ein an den Nutzergewohnheiten orientierter Heizbetrieb lassen sich mit dem traditionellen Außenfühler nicht mehr erfassen.

Um zumindest die Sonneneinstrahlung stärker in das Regelkonzept einzubinden, neigt der Regelspezialist bei stark solarausgerichteter Architektur dazu, den Außenfühler statt auf der Nordseite auf der Südseite anzubringen. Allerdings müssen dabei eventuelle Nachteile für Nord- oder Untergeschoßräume in Kauf genommen werden, sofern nicht andere Lösungen zur Umverteilung der Wärme von der Süd- zur Nordseite getroffen werden, z. B. durch eine Wohnungslüftung.

Um die anspruchsvolle Aufgabe der Regelung von Niedrigenergiehäusern zu lösen, hat die Heizungsindustrie eine lernfähige Regelung auf der Basis eines Fuzzy-Logik-Reglers entwickelt. Diese Regelstrategie entspricht mehr der unscharfen Logik menschlichen Denkens und kann – im Gegensatz zu konventionellen Reglern – auch »jein«-Entscheidungen treffen.

Statt die Heizungsvorlauftemperatur in Abhängigkeit der Außentemperatur zu führen, zieht der Fuzzy-Logik-Regler Schlußfolgerungen aus dem Verlauf der Wärmeabnahme. Eingangsgrößen für die »unscharfe« Regelstrategie sind z. B. die Wärmeabnahme am Vortag, der aktuelle Wärmebedarf, der witterungsbedingte Temperaturverlauf sowie Kurzzeiteinflüsse durch Lüften, Sonneneinstrahlung oder andere große innere Laständerungen. Damit orientiert sich dieser Regler am aktuellen Wärmebedarf und nicht mehr nur an der Außentemperatur.

Zum Beispiel »erkennt« der Fuzzy-Logik-Regler Raumtemperaturabsenkungen durch geöffnete Fenster, reagiert aber darauf nicht mit mehr Energiezufuhr, sondern mit »Abwarten«. Aufgrund seiner »Erfahrungen« mit den Nutzergewohnheiten »weiß« der Regler, daß es sich nur um eine vorübergehende »Störung« handelt.

Neben einer besseren Regelcharakteristik hat die Fuzzy-Logik-Regelung den Vorteil, daß sie ohne Außenfühler auskommt und daß es – außer einem einzigen Drehknopf für »wärmer« bzw. »kälter« – keine weiteren Einstellparameter gibt, auch keine Heizkennlinie. Die einfache Montage und der Wegfall des Außenfühlers machen das System auch preislich interessant.

Menügesteuerte Bedienung

Jede Regelung ist nur so effektiv wie ihre Bedienbarkeit. Das trifft besonders auf die digitale Regelung zu. Die komplexen, numerischen Displays der ersten Regler-Generation fanden beim Anlagenbetreiber wenig Anklang. Die Optimierung der Mensch-Maschine-Schnittstelle, im Fall der Heizungsregelung also der Bedieneinheit, gilt in der Regelungs- und Heizungsbranche als der Schlüssel zu einer höheren Nutzerakzeptanz und damit zur Erschließung bislang ungenutzter Energiesparpotentiale bei gleichzeitiger Verbesserung des Komforts und der Sicherheit. An der Spitze dieser Entwicklung steht die menügeführte Bedieneinheit, bei der auch technische Laien anhand eines leicht verständlichen Bildschirmdialogs über Klartext zu der gewünschten Funktion geführt werden.

Dabei wird die Informationsmenge knapp gehalten, um den Bediener nicht zu überfordern. Zusätzliche Hinweise können meist über separate Informationstasten abgerufen werden. Die für den Bediener wichtigen Grundfunktionen, wie wärmer/kälter, Nachtabsenkung, Sommer-/Winterschaltung, lassen sich leicht über Drehknöpfe einstellen. Die Uhr übernimmt die automatische Umstellung von der Winter- zur Sommerzeit und umgekehrt.

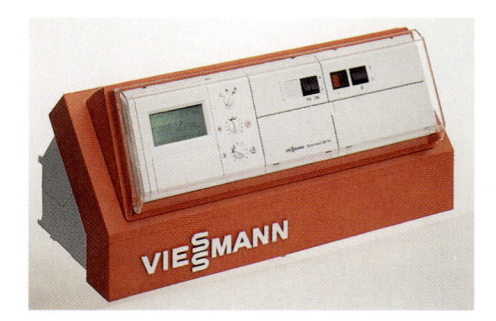

Dialog statt schwerverständlicher Betriebsanweisungen. Die Information wird knapp gehalten, um den Bediener nicht zu überfordern.

Heizungsregler arbeiten nach der Grundeinstellung durch den Heizungsfachmann automatisch. Die täglichen Veränderungen wie Temperaturwahl, Schaltzeitenüberbrückung (Partytaste) oder eine frühzeitigere Temperaturabsenkung (Spartaste) kann der Benutzer mittels Drehknöpfen und Tasten selbst vornehmen.

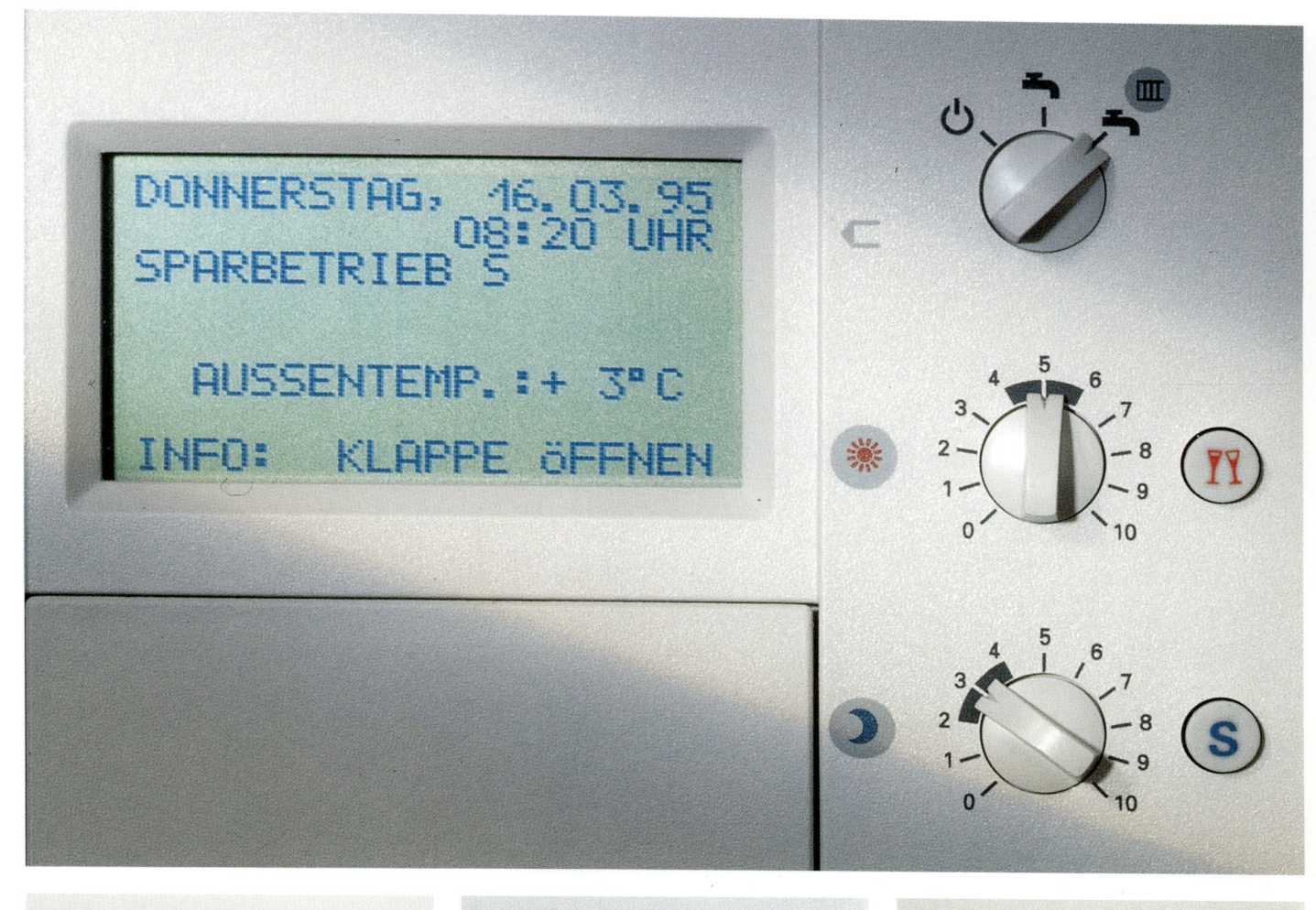

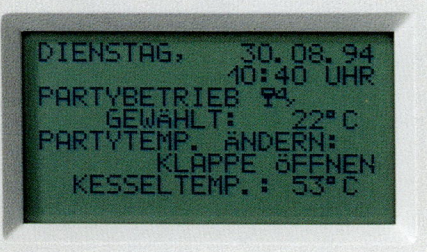

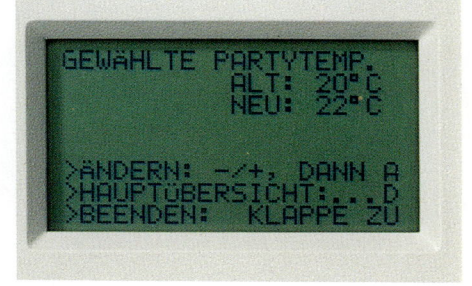

Heizkörper für Niedertemperaturheizungen

Mehr Spielraum bei der Anordnung

Die Plazierung und Auslegung von Heizkörpern hat sehr viel mit unserer Heizungstradition zu tun. Einige Planungsgewohnheiten stammen aus Zeiten, als die Heizung noch bauphysikalische Schwachpunkte, wie einfache Fenster, kaum gedämmte Außenwände und fußkalte Erdgeschoßwohnungen, kompensieren mußte.

Für die Bemessung von Heizkörpern ist auch heute noch die klassische 90/70°C-Pumpen-Warmwasserheizung Orientierungspunkt, selbst wenn 75/60°C-Anlagen längst als Stand der Technik gelten.

Die neue Wärmeschutzverordnung indessen wird von der Heizkörperindustrie als Möglichkeit angesehen, die Systemtemperaturen weiter abzusenken.

So werden für Gebäude mit niedrigem Wärmebedarf (Niedrigenergiehaus) Heiztemperaturen von 55°C Vorlauf und 45°C Rücklauf empfohlen. Gegenüber einer 90/70°C-Anlage fallen die Heizkörper dann um den Faktor 2,46 und größer aus. Da aber der Wärmebedarf von Niedrigenergiehäusern gegenüber der Nachkriegsbauweise um einen ähnlichen Faktor zurückgegangen ist, behalten die Heizkörper durch den gesunkenen Wärmebedarf und die niedrigeren Systemtemperaturen weitgehend ihre gleiche Größe.

Die Temperaturabsenkung auf 55/45°C ist mit einer Verbesserung der Behaglichkeit und des Nutzungsgrades von Niedertemperatur- und Brennwertkesseln verbunden. Eine höhere Behaglichkeit stellt sich deshalb ein, weil bei gleichen Heizkörperabmessungen, aber tieferen Auslegungstemperaturen, der Anteil der Strahlungswärme ansteigt, der konvektive Anteil aber zurückgeht. Dadurch verringert sich die Luftbewegung im Raum und damit auch die Staubaufwirbelung.

Etwas weniger schadet nicht

Trotz verbessertem Wärmeschutz bei Außenwänden und Fenstern bleibt die Heizkörperindustrie bei ihren Empfehlungen, auch in Niedrigenergiehäusern unter jedem Fenster einen Radiator anzuordnen. Begründet wird dies mit Kaltluftabfall am Fenster durch niedrige Scheibenoberflächentemperaturen. Ein fehlender oder verkleinerter Radiator könne zu Einschränkungen im Komfort führen.

Praxiserfahrene Planer mit bauphysikalischer Orientierung stimmen diesen Empfehlungen nur zum Teil zu. So könne bei Einsatz von Wärmeschutzgläsern mit k-Zahlen von 1,3 und besser durchaus auf den einen oder anderen Heizkörper unter dem Fenster verzichtet werden. Von Fall zu Fall genüge auch die Anordnung des Heizkörpers an einer Innenwand. Je nach Grundriß könne auf manche Heizkörper sogar ganz verzichtet werden, z.B. in WCs, Fluren oder in kleinen Küchen.

Zweifelsohne bietet ein Niedrigenergiehaus einen größeren Spielraum bei der Plazierung von Heizkörpern. Bis auf die Vorschrift des Strahlungsschirms bei Heizkörpern vor Glasflächen gibt es weder in der Heizungsanlagen-Verordnung noch in der Wärmeschutzverordnung Vorgaben über die Anzahl oder die Anordnung von Heizkörpern.

Die Niedrigenergiebauweise bietet mehr Spielraum bei der Anordnung von Heizkörpern. Wer an den wenigen sehr kalten Tagen im Jahr einen etwas geringeren Komfort akzeptiert, kann Heizkörper auch an der Innenwand aufstellen.

Vorteile bei eingeschränktem Betrieb

Die Niedertemperatur-Radiatorenheizung hat gegenüber einer Fußbodenheizung dann Vorteile, wenn die Aufheizzeiten kurz sein sollen und die Heizintervalle ganz unterschiedlich und nicht voraussehbar sind. Typisch für einen solchen eingeschränkten Heizbetrieb sind die Anforderungen, die Berufstätige an ein Heizsystem stellen. Auch bei Wohnungen und Häusern mit großen, nach Süden orientierten Fenstern bietet die Radiatorenheizung gegenüber der Fußbodenheizung gewisse Vorzüge. Bei Sonneneinstrahlung oder größeren inneren Wärmequellen, z. B. durch Kochen oder Beleuchtung, schalten die thermostatisch geregelten Niedertemperaturheizkörper ab und ermöglichen damit eine unmittelbare Nutzung dieses Energieangebots. Dieser Effekt ist um so größer, je schneller das Heizsystem reagiert, je geringer der Wasserinhalt eines Heizkörpers und je schwerer die Bauart von Wänden und Fußböden ist.

Zur Unterstützung flinker Heizsysteme sowie bei starker Südexposition des gesamten Gebäudes kann es sinnvoll sein, den Außenfühler der witterungsgeführten Regelung auf der Südseite zu montieren.

Vorsicht bei großen Spreizungen

Um Kosten bei den Heizkörpern zu sparen, gleichzeitig aber günstige Voraussetzungen für den Anschluß an einen Brennwertkessel zu schaffen, werden von einzelnen Planern neuerdings 70/40°C-Anlagen vorgeschlagen.

In Verbindung mit Brennwertkesseln ergibt sich durch diese hohe Temperaturspreizung bzw. wegen der niedrigen Rücklauftemperatur ein höherer Nutzungsgrad im Vergleich zu einem 70/50°C-System. Allerdings müssen Wärmeverteilung, Heizkörperventile und Heizkörper für diese Art der Auslegung geeignet sein.

Grundsätzlich erfordert die immer kleiner werdende Wärmeleistung bzw. Wassermenge pro Heizkörper einen exakten hydraulischen Abgleich. Voreingestellte Heizkörperregulierventile oder einstellbare Rücklaufverschraubungen, wie sie verschiedene Ventilhersteller anbieten, helfen, die geringer werdenden Wassermengen genauer zu verteilen.

Je kleiner die Wärmeleistung bzw. Wassermenge pro Heizkörper, desto wichtiger wird der hydraulische Abgleich des Heizsystems. Voreingestellte Thermostatventile helfen, die geringer werdenden Wassermengen genauer zu verteilen.

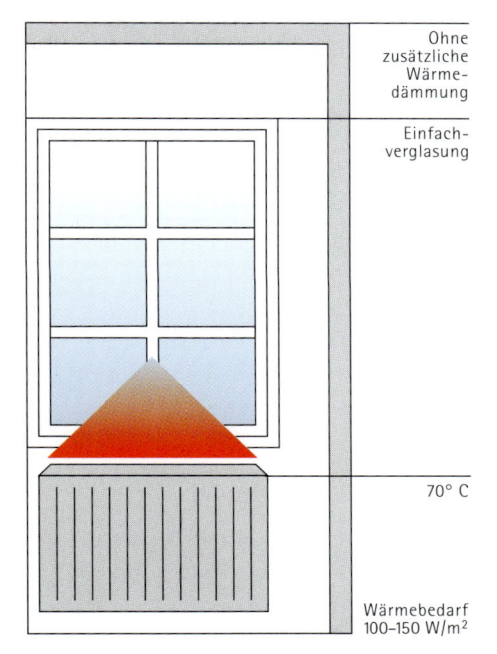

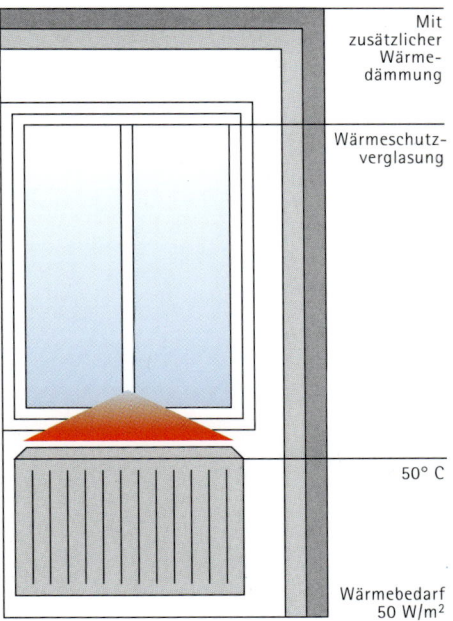

Die Heizkörper sind trotz sinkendem Wärmebedarf in ihrer Größe fast gleich geblieben. Während die mittlere Heizkörpertemperatur früher bei 80°C lag, werden Heizkörper heute auf eine mittlere Temperatur von 60°C, in Zukunft sogar auf 50°C ausgelegt.

Da mit niedrigeren Vorlauftemperaturen die Wärmeabgabe der Heizkörper sinkt, muß mehr Heizfläche installiert werden. Der Vorteil: Höherer thermischer Komfort und durch die tiefere Rücklauftemperatur eine bessere Nutzung des Brennwerteffekts.

Ohne zusätzliche Wärmedämmung
Einfachverglasung
70° C
Wärmebedarf 100–150 W/m²

Mit zusätzlicher Wärmedämmung
Wärmeschutzverglasung
50° C
Wärmebedarf 50 W/m²

Auslegung von Fußbodenheizungen

Nutzergewohnheiten und Architektur beeinflussen Systementscheidung

Warmwasser-Fußbodenheizungen hatten von jeher Befürworter und Gegner. Ganze Jahrgänge von Fachzeitschriften beschreiben die Vor- und Nachteile des warmen Fußbodens. Daß hier neben technischen und medizinischen Argumenten auch handfeste Marktinteressen die Diskussion beherrschen, ist nur allzu verständlich.

Mit Beginn der Niedrigenergiehaus-Ära ist das Für und Wider um die Fußbodenheizung neu entfacht. Pro-Argumenten, wie z. B. niedrige Systemtemperaturen von 40/30°C als ideale Voraussetzung für die Kombination mit Brennwertkesseln und Wärmepumpen, steht die Regelträgheit der im Estrich verlegten Heizschlangen gegenüber.

Praktische Erfahrungen mit Fußbodenheizungen in Niedrigenergiehäusern deuten darauf hin, daß in Zukunft bei der Auswahl des Heizsystems die voraussichtlichen Nutzergewohnheiten stärker in den Entscheidungsprozeß einbezogen werden sollten. So wird eine Familie mit Kindern eine Fußbodenheizung anders beurteilen als Berufstätige ohne Kinder. Für Häuser oder Wohnungen, die schnell aufgeheizt und auch nur wenige Stunden pro Tag genutzt werden, scheinen sich aufgrund der Regelträgheit konventioneller Fußbodenheizungen Radiatorenheizungen eher zu eignen. Das gilt auch für Häuser, deren Architektur auf einen maximalen solaren Energiegewinn ausgerichtet ist.

Speicherwirkung beachten

Einige Bauphysiker weisen darauf hin, daß zur Nutzung von Sonnenenergie und inneren Wärmequellen, z. B. durch Personen, Beleuchtung und elektrische Geräte, große Speichermassen notwendig seien. Dem von der Sonne beschienenen Fußboden komme dabei eine wichtige Rolle als Energiepuffer zu. Ist dieses Bauteil bereits erwärmt, könne die eingestrahlte Energie zur unkomfortablen Erhöhung der Raumtemperatur führen. Leichtbauhäuser neigen dabei zu stärkeren Temperaturschwankungen als solche massiver Bauart.

Schon vor der Novellierung der Wärmeschutzverordnung tendierten deshalb erfahrene Heizungsbauer zur Kombination von Fußbodenheizung mit Radiatoren. Je nach Komfortanspruch und Lebensgewohnheit der Nutzer bieten sich dafür zwei Auslegungsvarianten an:

1. Die Fußbodenheizung deckt den größten Teil des Wärmebedarfs (bis etwa 18°C Raumtemperatur). Der Restwärmebedarf wird über Radiatoren nachgeheizt.

2. Die Fußbodenheizung dient zum Temperieren des Fußbodens und deckt nur einen geringen Teil des Wärmebedarfs. Die eigentliche Beheizung des Raumes übernehmen Radiatoren.

An Brennwertkessel werden Fußbodenheizungen über einen 3-Wege-Mischer, an Niedertemperaturkessel über einen 4-Wege-Mischer angeschlossen.

Große Fensterfronten und eine leichte Bauweise des Gebäudes können sich ungünstig auf das Regelverhalten von Fußbodenheizungen in Niedrigenergiehäusern auswirken.

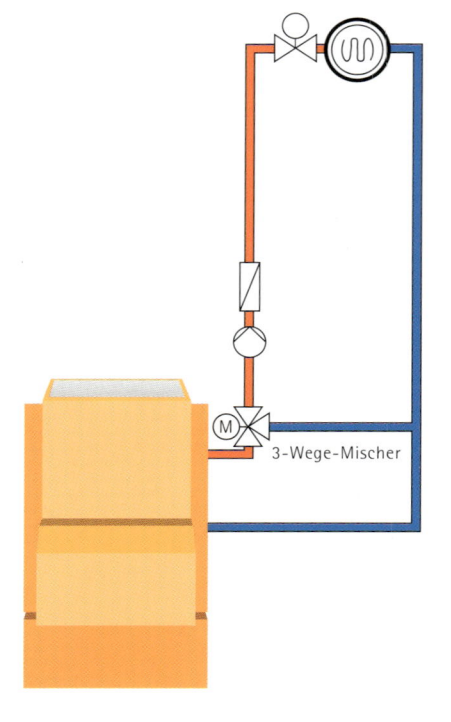

3-Wege-Mischer

Flinke Regler nutzen solare Wärme

Je niedriger der spezifische Wärmeleistungsbedarf von Niedrigenergiehäusern liegt, desto sorgfältiger muß die Regelung ausgewählt werden.

Für die Fußbodenvollheizung und »Teil«-Fußbodenheizung eignet sich am besten eine witterungsgeführte Regelung. Für die Temperaturabsenkung des »Teil«-Fußbodenheizkreises gegenüber dem Radiatorenheizkreis ist ein Mischer notwendig.

Beim Einsatz von Brennwertkesseln sollte man Fußbodenvollheizungen über einen 3-Wege-Mischer am Kessel anschließen. Die niedrige Rücklauftemperatur bewirkt eine Vollkondensation der Abgase während des gesamten Heizjahres. Anders ist es dagegen bei Fußbodenheizungen in Verbindung mit Niedertemperaturheizkesseln. Hier ist der Einbau von 4-Wege-Mischern vorzusehen.

Eine Möglichkeit, die Trägheit der witterungsgeführten Regelung bei sonnigem Wetter zu überlisten, ist die Plazierung des Außenfühlers auf der Südseite. Dies gilt besonders für solargewinnoptimierte Häuser.

Ungeeignet für konventionelle Fußbodenheizsysteme sind raumtemperaturabhängige Heizkreisregelungen. Sie führen aufgrund ihrer Regelcharakteristik leicht zu Wärmeüberschuß bzw. Wärmemangel. Ausschlaggebend für die große Temperaturschwankungsbreite ist die Fußbodenmasse. Deshalb sollte man auf die Möglichkeit der Raumtemperaturaufschaltung bei witterungsgeführten Regelungen verzichten.

Mit der Einführung flinkerer Fußbodenheizsysteme, die speziell auf die Bedürfnisse von Niedrigenergiehäusern ausgerichtet sind, könnte sich die Zurückhaltung gegenüber der Fußbodenheizung ändern.

Flinke Systeme zeichnen sich durch niedrigen Fußbodenaufbau, kleineren Wasserinhalt und Estrich mit verbesserter Wärmeleitfähigkeit aus. Aufgrund des geringen Wärmebedarfs im Niedrigenergiehaus kann die Vorlauftemperatur weiter abgesenkt werden, so daß der Temperaturunterschied zwischen Fußbodenfläche und Raumluft nur noch 2 bis 3 K beträgt. Damit wird der Selbstregeleffekt der Fußbodenheizung bei Sonneneinstrahlung verstärkt, das heißt, bei steigenden Raumtemperaturen nimmt die Wärmeabgabe des Fußbodens ab.

Die neue Heizungsanlagen-Verordnung schreibt jetzt auch für Fußbodenheizungen die raumweise selbsttätige Regelung vor. Ideal hierfür sind elektronische Einzelraumregler oder spezielle Thermostatventile.

Merkblätter beachten

Unabhängig von den spezifischen Anforderungen eines Niedrigenergiehauses muß beim Einbau von Kunststoffrohr-Fußbodenheizungen eine Reihe von Regeln beachtet werden, die mit dem Problem der Sauerstoffdiffusion zusammenhängen. Der Bundesverband Flächenheizungen e.V., Reutlingen, und der Bundesverband der Deutschen Heizungsindustrie e.V., Düsseldorf, informieren in ihren Merkblättern ausführlich über den Stand der Technik bei der Planung und Ausführung von Kunststoffrohr-Fußbodenheizungen.

Reine Fußbodenheizungen sind heute selten geworden. Die Kombination mit Radiatoren führt zu flinkeren Systemen und zu mehr Komfort. Bei gemischten Systemen muß die Fußbodenheizung separat von der Radiatorenheizung geregelt werden.

4-Wege-Mischer

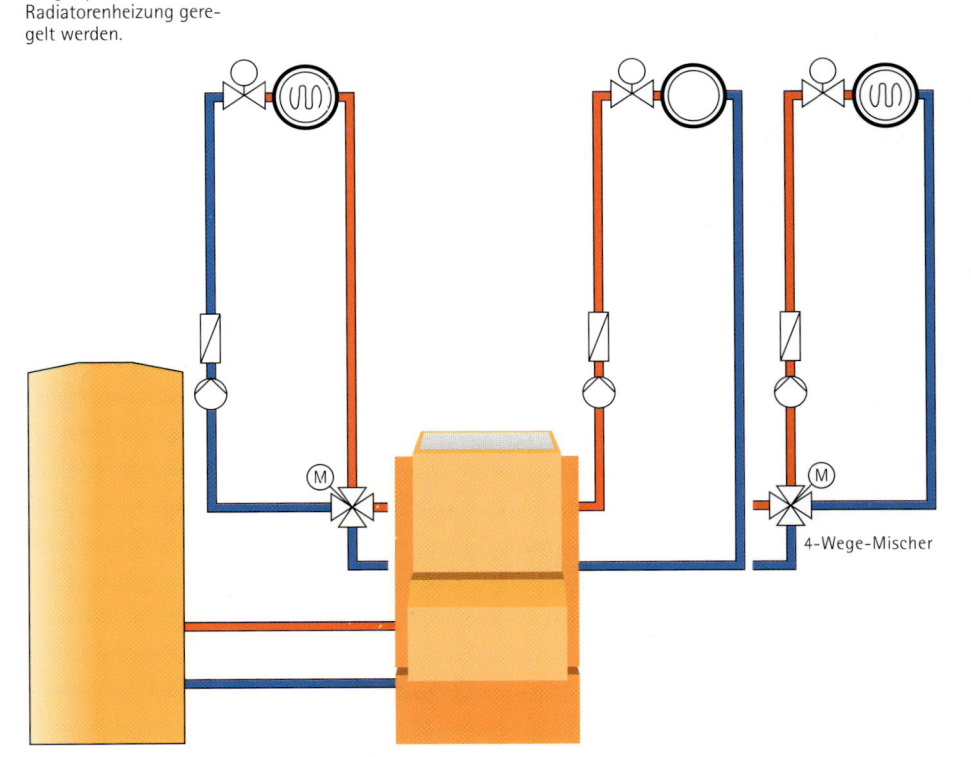

Ermittlung des Norm-Nutzungsgrades nach DIN 4702, Teil 8

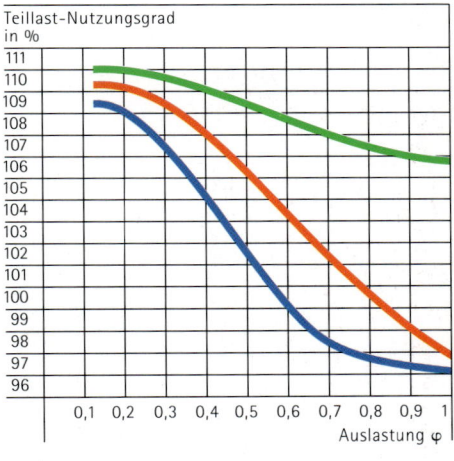

- $\vartheta_V=40°C$, $\vartheta_R=30°C$
- $\vartheta_V=75°C$, $\vartheta_R=60°C$
- $\vartheta_V=90°C$, $\vartheta_R=70°C$

Norm-Nutzungsgrad bei unterschiedlichen Auslegungstemperaturen. Basis dieser Kurven sind 5 Tages- bzw. Teillast-Nutzungsgrade für normativ festgelegte Betriebspunkte. Die Fußbodenheizung, üblicherweise auf Systemtemperaturen von 40°C/30°C ausgelegt, bietet eine der besten Voraussetzungen zur Brennwertnutzung.

Energieeinsparung, Umweltschonung und Wartung gehören zusammen

Heizungsanlagen brauchen Wartung

Für Pkw-Besitzer ist es eine Selbstverständlichkeit, das Auto regelmäßig zur Inspektion zu bringen. Wartungsintervalle von 15.000 km und mehr sind hier die Regel.

Vergleicht man die jährliche Betriebszeit einer Heizungsanlage mit der eines Autos, so entspricht allein die Brennerlaufzeit eines Heizkessels einer Fahrleistung von rund 100.000 km pro Jahr. Kein vernünftiger Fahrzeughalter käme auf die Idee, diese Strecke ohne Kundendienst zurückzulegen.

Bei Heizungsanlagen scheint Wartungsabstinenz leider noch die Regel zu sein. Nach einer Umfrage des Zentralverbandes Sanitär-Heizung-Klima (ZVSHK), St. Augustin, werden nur etwa 17 Prozent der Heizungsanlagen in Deutschland regelmäßig »per Vertrag« gewartet.

Zur gleichen Zeit meldet das Schornsteinfegerhandwerk eine zunehmende Überschreitung von Grenzwerten. Allein durch die Verschärfung der Abgasverlust-Grenzwerte ab 1. Oktober 1993 haben sich die Beanstandungen bei Ölkesseln von 4,8 auf 8,8 Prozent und bei Gaskesseln von 5,4 Prozent auf 8,1 Prozent erhöht. Die Verantwortlichen der »Schwarzen Zunft« errechneten, daß allein durch richtig eingestellte Feuerungsanlagen jährlich rund 115 Millionen Liter Heizöl und 60 Millionen Kubikmeter Erdgas eingespart werden könnten. Mit dieser Energiemenge ließen sich 85.000 Einfamilienhäuser ein Jahr lang beheizen.

Energieverschwendung durch Verschmutzung

Auch bei modernen Heizkesseln sind Verbrennungsrückstände an den Kesselheizflächen zu finden, verschlissene Brennerdüsen bei Ölkesseln oder Schmutzablagerungen an Laufrädern von Ölbrennergebläsen kommen ebenfalls vor. Bei Gasspezialheizkesseln können sich die Öffnungen für die Verbrennungsluftzufuhr mit Verunreinigungen (Flusen) zusetzen.

Messungen haben gezeigt, daß Ablagerungen von Verbrennungsrückständen auf der Kesselheizfläche von nur einem Millimeter Dicke den Energieverbrauch um ca. 3 Prozent ansteigen läßt. Dabei muß es nicht immer Ruß sein, der den Wärmeübergang beeinträchtigt.

Der hohe Stellenwert der Wartung zeigt sich einerseits in der Entwicklung wartungs- und servicefreundlicher Heizkessel, andererseits im umfangreichen Angebot der Heizkesselhersteller an Servicekonzepten und Fortbildungsveranstaltungen für Heizungsfachleute. Die meisten Heizungsfachfirmen bieten heute Wartungsverträge an.

Einfluß der Rußdicke und Ablagerungen auf den Ölverbrauch

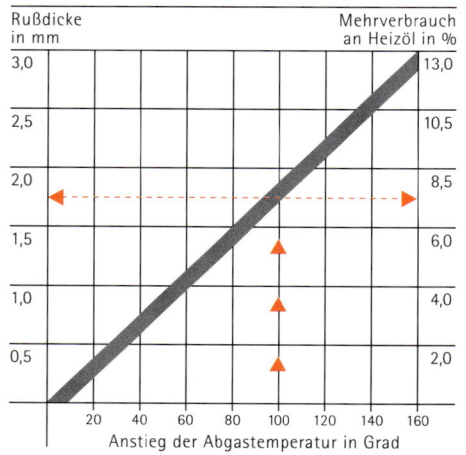

Beispiel: Die Abgastemperatur ist um ca. 100 Grad gestiegen.
Frage: a) Wie hoch ist der Mehrverbrauch an Heizöl?
b) Wieviel mm Rußdicke hat sich im Heizkessel angesetzt?
Antwort: a) Der Mehrverbrauch an Heizöl beträgt ca. 7–7,5%.
b) Die Rußdicke ist etwa 1,5–2,0 mm.

Fernüberwachung per Telefon

Ein Meilenstein in der Systematisierung der Wartung ist die Fernüberwachung von Heizungsanlagen. Über ein Modem kann der Servicemonteur wichtige Betriebsparameter der Heizungsanlage abfragen, um vorbeugend eingreifen zu können. Störungen werden, noch bevor der Nutzer etwas bemerkt, über Telefax oder Cityruf an den Wartungsdienst weitergeleitet.

Damit kann die Betriebssicherheit einer Heizungsanlage nochmals gesteigert werden. Auch wenn dieses System zunächst nur für mittlere und größere Anlagen in Betracht kommt, sollte der Architekt bzw. Fachplaner zumindest schon einmal ein Leerrohr für das Verbindungskabel vom Heizkessel zum Hausanschluß des Telefons vorsehen. Bei dem rasanten Fortschritt in der Telekommunikation kann man davon ausgehen, daß schon mittelfristig preiswerte Bausteine, auch zur Fernüberwachung von kleinen Heizungsanlagen am Markt erhältlich sein werden.

Fernüberwachte Heizungsanlagen melden Störungen über Telefax oder Cityruf an die Wartungsfirmen, oft noch bevor der Nutzer etwas davon merkt.

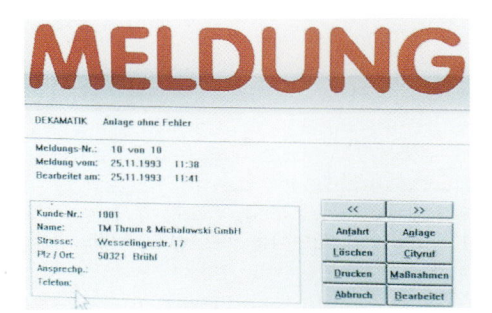

Eine periodische und sachgemäße Wartung sorgt für einen einwandfreien Betrieb der Heizungsanlage. Nur so wird die eingesetzte Energie optimal genutzt und schadstoffarm verbrannt.

Die Wartung eines Heizkessels ist genauso wichtig wie die eines Autos. So entspricht die jährliche Brennerlaufzeit eines Heizkessels der Fahrleistung von rund 100 000 Autokilometer pro Jahr.

Strom sparen bei Heizungsanlagen

Moderne Heizsysteme müssen keine Stromfresser sein

Energiesparend heizen ist nicht immer gleichbedeutend mit Strom sparen. Oft ist sogar das Gegenteil der Fall: Fast alle Pioniere der Niedrigenergiehaus-Ära staunen – so paradox das klingen mag – über höhere Stromrechnungen.

Nicht umsonst schreibt der Gesetzgeber in der Wärmeschutzverordnung vor, daß zur Rückgewinnung von Wärme aus der Abluft von Lüftungsanlagen je kWh aufgewendete elektrische Arbeit mindestens 5,0 kWh nutzbare Wärme zurückgewonnen werden müssen. Luft-Luft-Wärmepumpen werden je kWh elektrischer Arbeit 4 kWh nutzbare Wärme zugestanden.

Vergleicht man ein einfaches konventionelles Heizsystem mit der etwas aufwendigeren Heizungs-, Lüftungs- und Solartechnik für ein Niedrigenergiehaus, dann fallen folgende mögliche Stromverbraucher auf:
- Abgasventilator für Brennwertkessel
- evtl. Ladepumpe für Schichtspeicher
- evtl. Umwälzpumpe für Pufferspeicher
- stärkere Heizungsumwälzpumpe bei konventionellen Wandheizgeräten
- Abluftventilator für Wohnungslüftung
- 2 Ventilatoren bei Zentrallüftung mit Wärmerückgewinnung
- Wärmepumpe bei zusätzlicher Wärmerückgewinnung aus der Abluft
- evtl. elektrisches Nachheizregister zur Vorwärmung von Zuluft bei Wohnungslüftungsanlagen
- Umwälzpumpe für solare Wassererwärmung
- ggf. Evakuierpumpe für Vakuumflachkollektoren
- ggf. zusätzliche Pumpe für Wintergartenbeheizung bzw. Ventilatoren oder Klimagerät zur Kühlung im Sommer.

Je nach Geräte- und Anlagenausführung kann auf einen Großteil der Stromverbraucher verzichtet werden.

Wer alle Möglichkeiten der Energiespartechnik nutzen will, muß sehr genau auf den zusätzlichen Bedarf an Strom achten.

Stromsparende Geräte im Angebot

Verantwortungsvolle Hersteller haben diese Diskrepanz zwischen Energieeinsparung und Strommehrverbrauch erkannt und ihr Systemangebot konsequent den neuen Bedingungen unterworfen. So kann zum Beispiel durch die Wahl eines Wandheizkessels mit großem Wasservolumen auf einen separaten Pufferspeicher und die dazu notwendige Ladepumpe verzichtet werden – beide sind unnötige Energie- bzw. Stromverbraucher. Kennzeichen vieler kompakter Wandheizgeräte ist eine leistungsstarke Pumpe mit hohem Stromverbrauch.

Bei der Auslegung des Heizsystems für Niedrigenergiehäuser ist der Planer oder Heizungsfachmann gefordert, das Wärmeverteilnetz und die Umwälzpumpe den stark reduzierten Wassermengen anzupassen. Untersuchungen haben ergeben, daß die meisten Heizungsumwälzpumpen um den Faktor 2 bis 5(!) zu groß ausgelegt sind.

Grundsätzlich sollte automatisch regelbaren Pumpen der Vorzug gegeben werden, auch wenn der Gesetzgeber diese erst ab 50 kW Nennwärmeleistung vorschreibt. Die Mehrkosten amortisieren sich meist innerhalb kurzer Zeit.

Als Faustwert für die Dimensionierung von Heizungsumwälzpumpen für Niedrigenergiehäuser gilt etwa 0,2 Watt Anschlußwert je m^2 Wohnfläche. Eine 30-Watt-Pumpe reicht also bei exakt ausgelegter Wärmeverteilung in den meisten Fällen für ein Niedrigenergie-Einfamilienhaus aus. Planer und Heizungsfachleute sollten aber auch mal den Mut haben, in Grenzfällen die kleinere Pumpe zu wählen.

Sinngemäß gilt das auch für die Wohnungslüftung, indem die Luftmenge über mehrstufige Ventilatoren dem Bedarf angepaßt wird.

Nur durch eine ganzheitliche Betrachtung sämtlicher Energieverbraucher und die unterschiedliche Bewertung der Umweltrelevanz von Strom bzw. Erdgas und Heizöl können die Bemühungen, Energie und CO_2 einzusparen, zum Erfolg führen. Die Produktion von einer Kilowattstunde Strom verursacht eben immer noch durchschnittlich 2,6 mal mehr Kohlendioxid als die Verbrennung einer entsprechenden Menge Erdgas.

Pumpen knapp auslegen.
Elektronik hilft gegen Pfeifgeräusche. Heizungsanlagen ab 50 kW müssen laut Heizungsanlagen-Verordnung mit automatisch regelbaren Umwälzpumpen ausgestattet sein. Die meisten Heizungsumwälzpumpen sind um den Faktor 2 bis 5 zu groß ausgelegt, so eine Untersuchung.

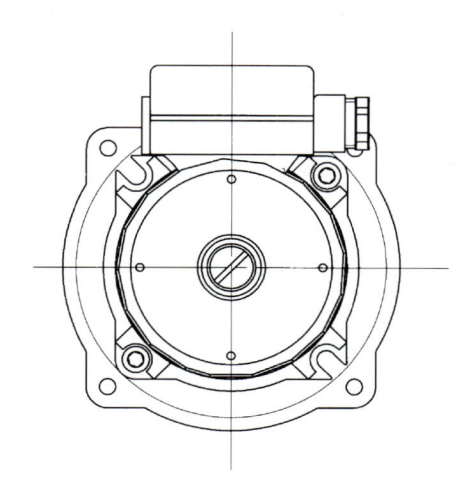

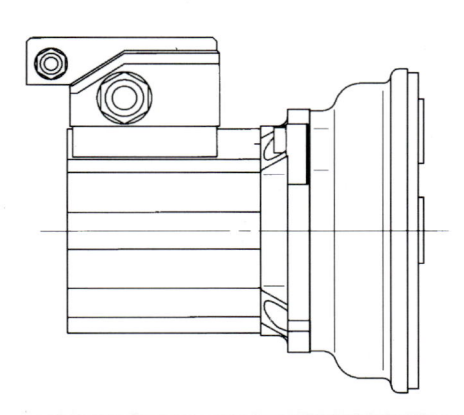

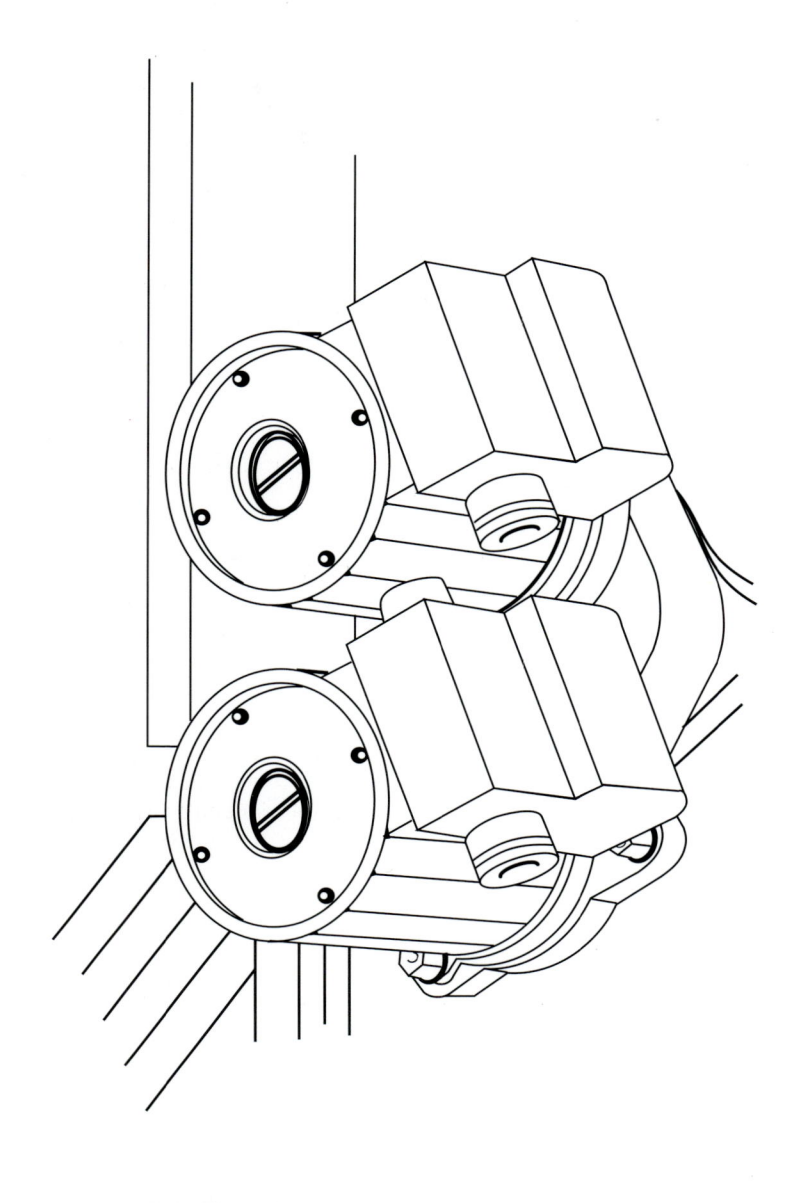

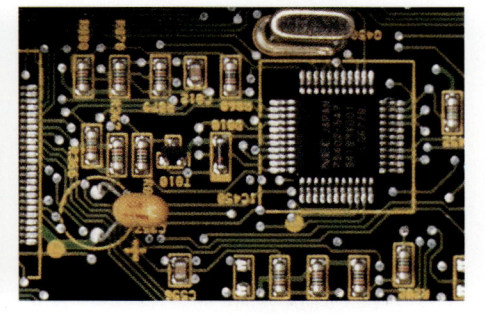

Elektronisch geregelte Umwälzpumpen brauchen nicht nur weniger Strom, sondern verhindern auch Strömungsgeräusche und pfeifende Ventile.

Preiswerte Heizsysteme

Architekt und Fachplaner müssen frühzeitig zusammenarbeiten

Die 2. novellierte Wärmeschutzverordnung macht das Bauen teurer. Je nach Bauweise dürfte der Mehrpreis nach den bisherigen Erfahrungen bei drei bis sechs Prozent liegen. Ein Teil dieser Kosten läßt sich durch abgespeckte Heizungs- und Warmwassersysteme kompensieren, sofern sich Architekt, Planer, Heizungsbauer und die Bauleute auf eine schlanke Technik einigen können. Der höhere Dämmstandard von Niedrigenergiehäusern und die daraus resultierenden höheren Oberflächentemperaturen der Raumumfassungsflächen bieten dazu einen gewissen Spielraum.

Voraussetzung für preisgünstige und trotzdem energiesparende Heizungsanlagen ist eine kompakte Gebäudeform. Je kompakter das Haus, desto kleiner werden die Wärmeverteilsysteme. Für das Einfamilienhaus ist zu überlegen, ob der Wärmeerzeuger statt im Keller auch im Wohnbereich aufgestellt werden kann. Moderne Gas-Heizkessel sind kompakt und arbeiten sehr leise. Ein sogenannter Luft-Abgas-Schornstein bzw. ein Abgas-Zuluft-System sorgt für die notwendige Verbrennungsluft über den Ringspalt.

Wer einen weiteren Schritt bei der Kosteneinsparung gehen will, plaziert den Kleinkessel in den Dachraum und spart somit den Schornstein. Ein kurzes Abgasrohr genügt.

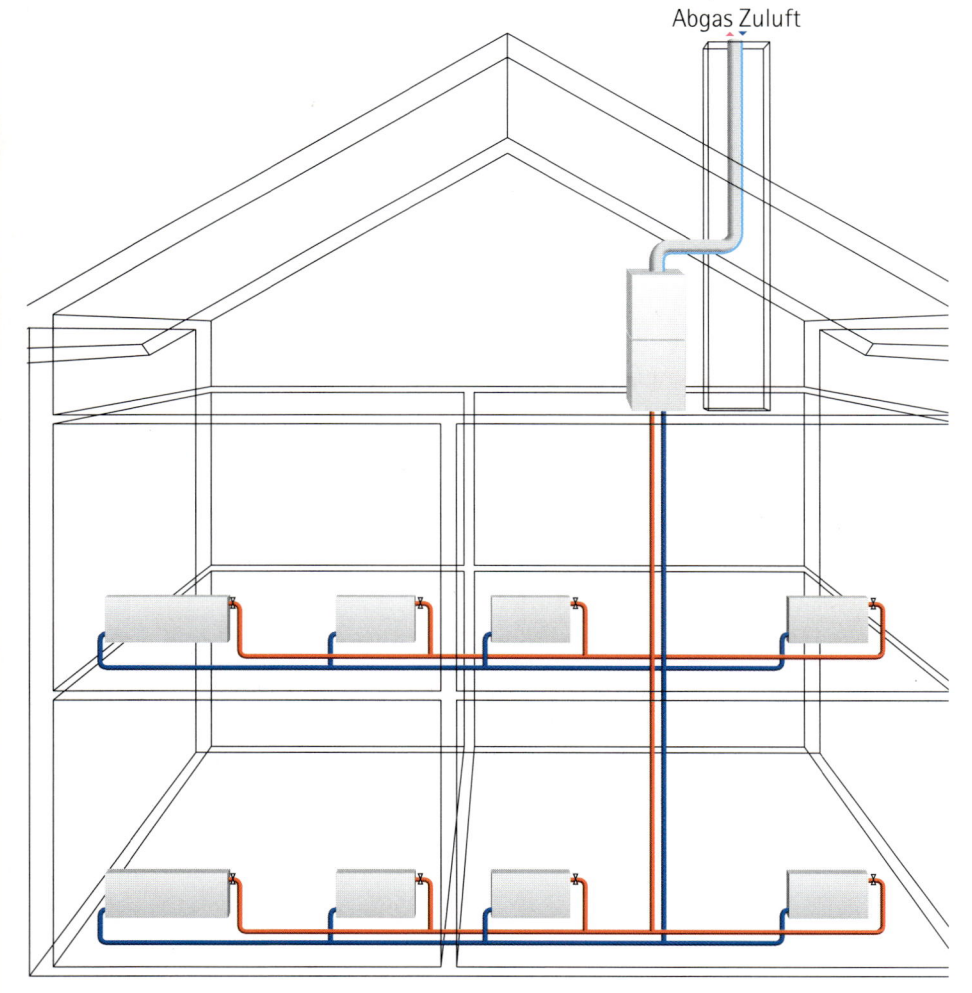

Weniger Heizkörper

Preiswerte Heizungsanlagen kommen dadurch zustande, daß man ein möglichst kleines Wärmeverteilnetz wählt. Bei der Niedrigenergiebauweise genügt oft ein Heizkörper pro Raum, der auch nicht zwangsläufig unter dem Fenster angebracht sein muß. Je nach Wärmeschutzqualität der Fenster sowie ihrer Anordnung und Größe kann es allerdings von Fall zu Fall zu gewissen Komforteinbußen kommen. Dieser Nachteil tritt aber nur an den wenigen sehr kalten Tagen im Jahr auf. Rolläden und Vorhänge wirken zusätzlich wärmedämmend und verbessern das thermische Umfeld von Fenstern bei tiefen Außentemperaturen.

Eine weitere Möglichkeit, Heizkörper einzusparen, ist die sinnvolle Gruppierung der Wohnräume. Dadurch kann sogar auf den einen oder anderen Heizkörper ganz verzichtet werden. Dies gilt insbesondere für die Küche, aber auch für WCs und Flure. Mit einer ausgefeilten Luftführung lassen sich diese Räume bei Einbau einer Wohnungslüftung sozusagen mit der warmen »Abluft« der Wohnräume beheizen. Günstig für solche Lösungen sind zentrale Abluftanlagen oder Zu-/Abluftsysteme mit Wärmerückgewinnung.

Wer mit schmalem Geldbeutel baut, sollte sich auch überlegen, ob er nicht beim 70/50°C-Heizungssystem bleibt und statt eines Brennwertkessels einen Niedertemperaturkessel einbaut. Die Heizkörper werden dadurch gegenüber dem neuerdings propagierten 55/45°C-System etwas kleiner und natürlich auch billiger. Wem die Kosteneinsparung wichtiger ist als die Ästhetik, der kann die Heizungsleitungen auch sichtbar auf Putz oder als Sockelleistensystem verlegen. Sofern diese Leitungen durch beheizte Räume führen oder durch Räume, die beheizte Räume miteinander verbinden, müssen sie laut Heizungsanlagen-Verordnung nicht wärmegedämmt werden.

Bei richtiger und frühzeitiger Planung läßt sich in Niedrigenergiehäusern ein Teil der Mehrkosten für die zusätzliche Wärmedämmung durch ein schlankeres Heizsystem einsparen. Die Aufstellung des Wärmeerzeugers auf dem Dachboden erspart z. B. den Schornstein.

Kurze Warmwasserleitungen – Verzicht auf Zirkulation

Diese Sparempfehlungen lassen sich sinngemäß auch auf Warmwassersysteme übertragen. Ein kurzer Weg vom Warmwasserspeicher zu den möglichst nahe liegenden Entnahmestellen spart Kosten und vermindert Energieverluste.

Wer bereit ist, gewisse Komforteinschränkungen bei der Warmwasserversorgung zu akzeptieren, kann auf ein Zirkulationssystem verzichten. Dann sollte der Querschnitt der Warmwasserleitungen entsprechend den DIN-Vorschriften so knapp wie möglich ausgelegt werden, um die Kaltwassermenge beim Zapfvorgang zu begrenzen.

Die Möglichkeiten zur Kosteneinsparung im Niedrigenergiehaus sind vielfältig und beschränken sich nicht allein auf das Heizungs- und Warmwassersystem. Je früher sich Architekt, Fachplaner und Bauleute auf einen schlanken Ausbau verständigen, desto größer sind die Möglichkeiten, Kosten durch Synergien einzusparen.

Knappe Preiskalkulationen und die Beschränkung auf einfache Heizsysteme sind Kennzeichen vieler Bauträgerhäuser. Niedertemperatur-Öl-/Gas-Heizkessel gibt es wahlweise mit Fuzzy Logik-Regelung, d. h. der Kessel kommt ohne Außenfühler aus.

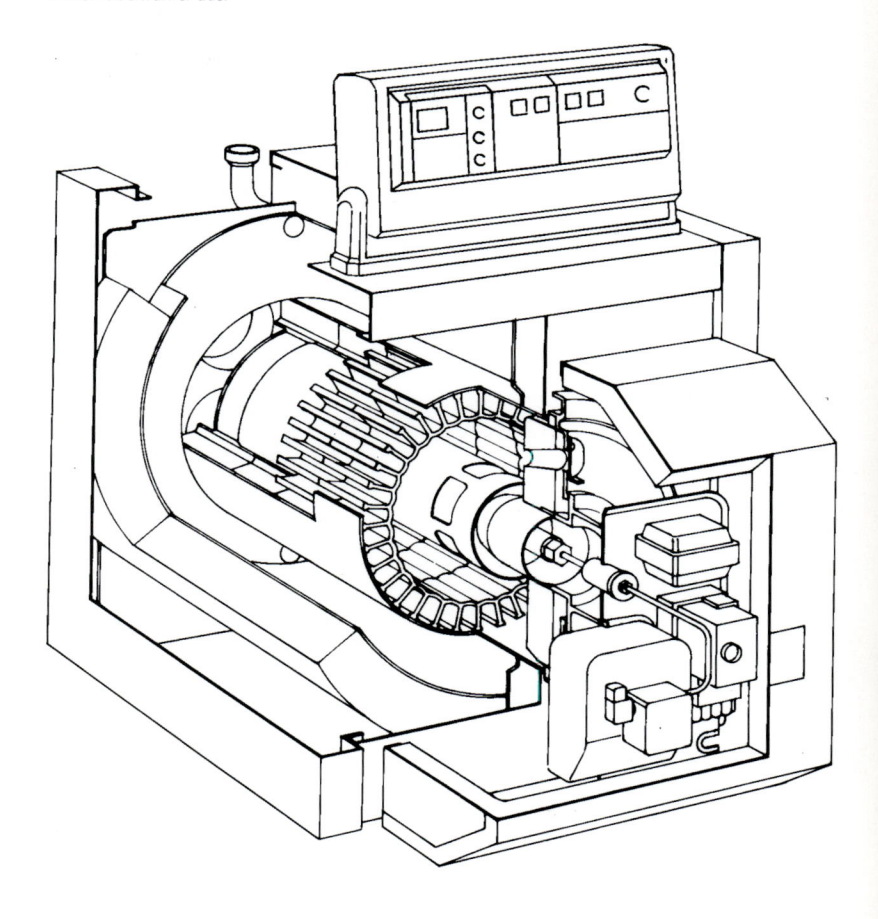

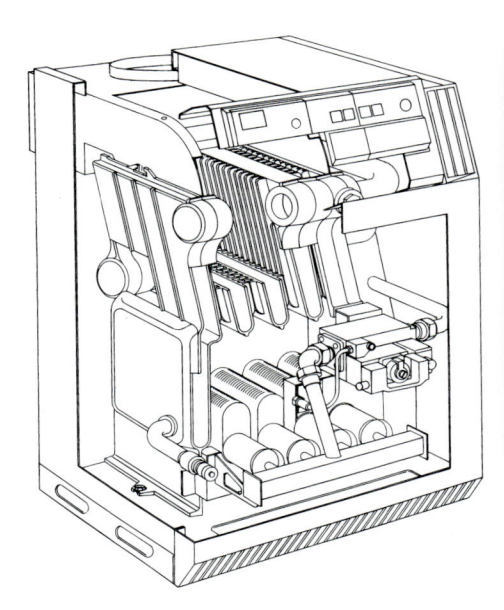

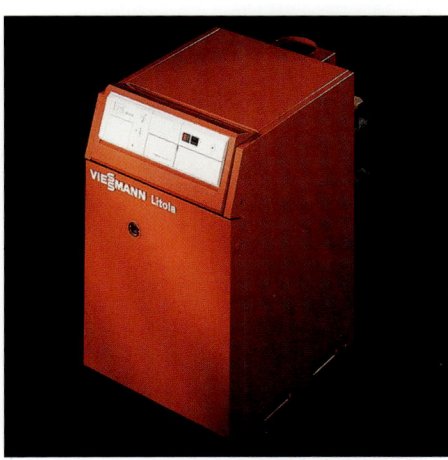

Je teurer der Wohnraum, desto knapper fallen die Nebenflächen eines Hauses aus. Dieser Heizkessel kommt dem Wunsch vieler Bauleute und Bauträger nach einem kompakten und preiswerten Wärmeerzeuger entgegen.

Warmes Wasser von der Sonne

Systemtechnik steigert Effizienz

Die Nutzung der Sonne zur Trinkwassererwärmung oder zur Teilbeheizung von Niedrigenergiehäusern ist heute für viele Hausbesitzer weniger eine Frage der Wirtschaftlichkeit als eine der inneren Einstellung zur Umwelt.

Das steigende Interesse an Solaranlagen zeigt deutlich, daß nicht nur Privatleute, sondern zunehmend auch die Wohnungswirtschaft bei Energiesparmaßnahmen von der reinen Aufwand/Nutzen-Denkweise abkommen.

Solaranlagen werden heute weniger gebaut, um kurzfristig Energiekosten zu sparen, sondern um einen persönlichen Beitrag zur Schadstoffentlastung der Umwelt zu leisten. Oft spielt auch der Prestigegewinn, den das solare Energiesammeln mit sich bringt, eine Rolle. Zu einem richtigen Öko- bzw. Niedrigenergiehaus gehört nun mal der Kollektor auf dem Dach.

Ökologie vor Ökonomie
Die steigende Nachfrage nach Solaranlagen sind ein Indiz für das wachsende Umweltbewußtsein der Bevölkerung. Wichtig ist die exakte Dimensionierung der Anlage und aufeinander abgestimmte Systemkomponenten.

30 Prozent der Heizenergie für warmes Wasser

Durch die verbesserte Wärmedämmung der Gebäudehülle verschiebt sich das prozentuale Verhältnis der einzelnen Energieverbraucher im Haus. Im Niedrigenergiehaus beträgt der Anteil der Trinkwassererwärmung am Gesamtheizenergieverbrauch heute bereits 30 Prozent, mit weiter steigender Tendenz. Es lohnt sich also, den Energieaufwand für Warmwasser genauer unter die Lupe zu nehmen und auch versteckte Warmwasserstellen, wie z. B. die bislang elektrisch beheizten Waschmaschinen und Geschirrspüler, in die Überlegungen miteinzubeziehen. Durch den Anschluß dieser Geräte an ein solar versorgtes Warmwassernetz kann ein 4-Personen-Haushalt pro Jahr über 100 DM zusätzlich an Stromkosten einsparen.

Wichtigste Voraussetzung für eine gut funktionierende und ertragreiche Solaranlage ist neben einer ausgereiften Systemtechnik ihre exakte Dimensionierung. Die meisten Installationen werden so bemessen, daß der Energieverbrauch für Warmwasser außerhalb der Heizperiode weitgehend ohne Heizkesselunterstützung gedeckt werden kann.

Rechenprogramme der Hersteller ermitteln die genauen Auslegungsdaten in Abhängigkeit der Dachausrichtung, Dachneigung, des Warmwasserbedarfs und der gewünschten jährlichen Deckungsrate. Diese sollte bei kleineren Solaranlagen etwa 50 bis 60 Prozent, bei Solaranlagen für Mehrfamilienhäuser etwa 40 bis 50 Prozent betragen. Profis dimensionieren die Kollektoren relativ knapp, sind dafür aber bei der Auslegung des Speichers etwas großzügiger. Überdimensionierungen der Kollektorfläche sollten vermieden werden. Sie führen zu einem nicht nutzbaren Energieangebot und unnötigen Baukosten.

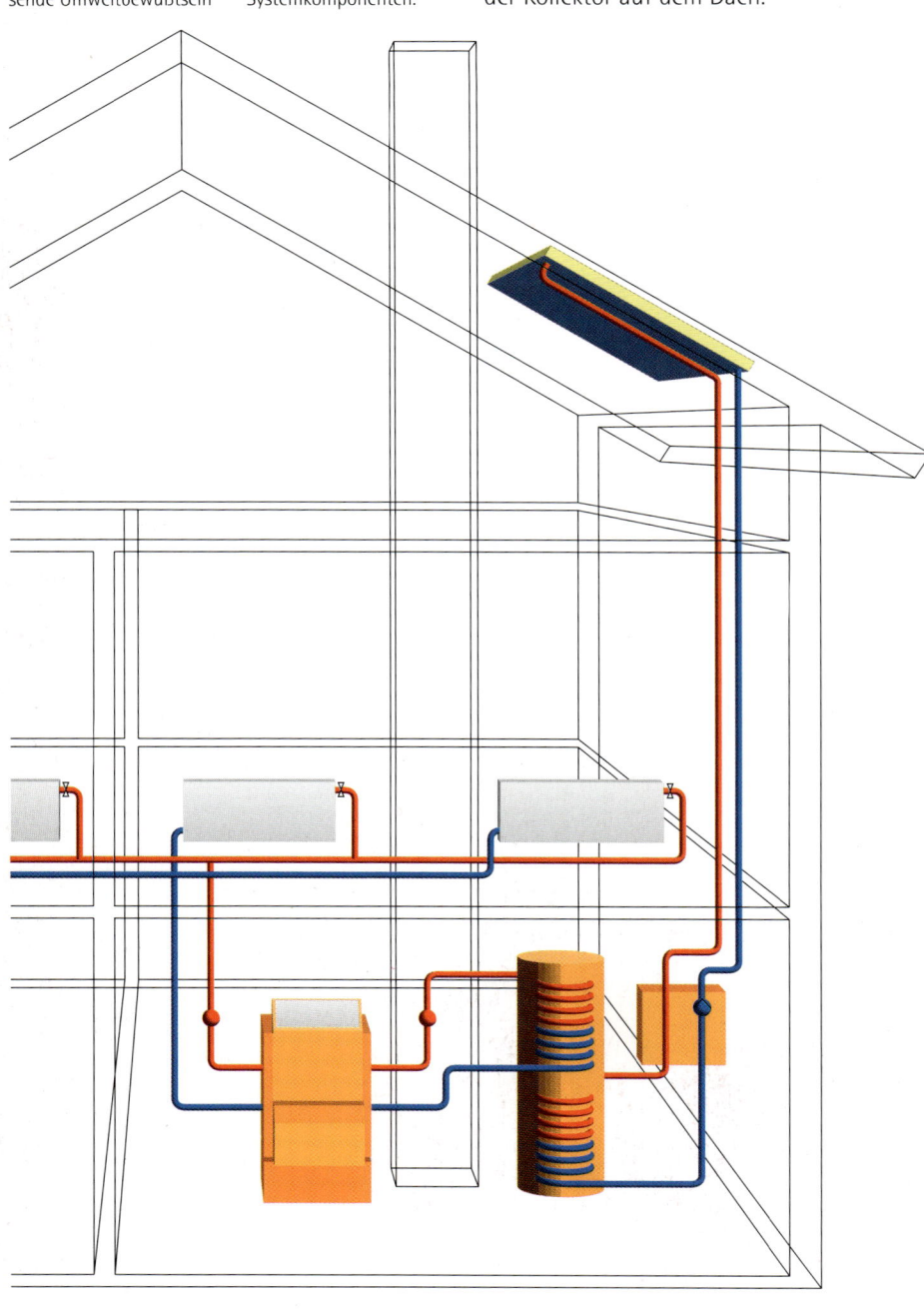

Sonnenkollektoren werden mittlerweile auch als gestalterisches Element in der modernen Architektur eingesetzt.

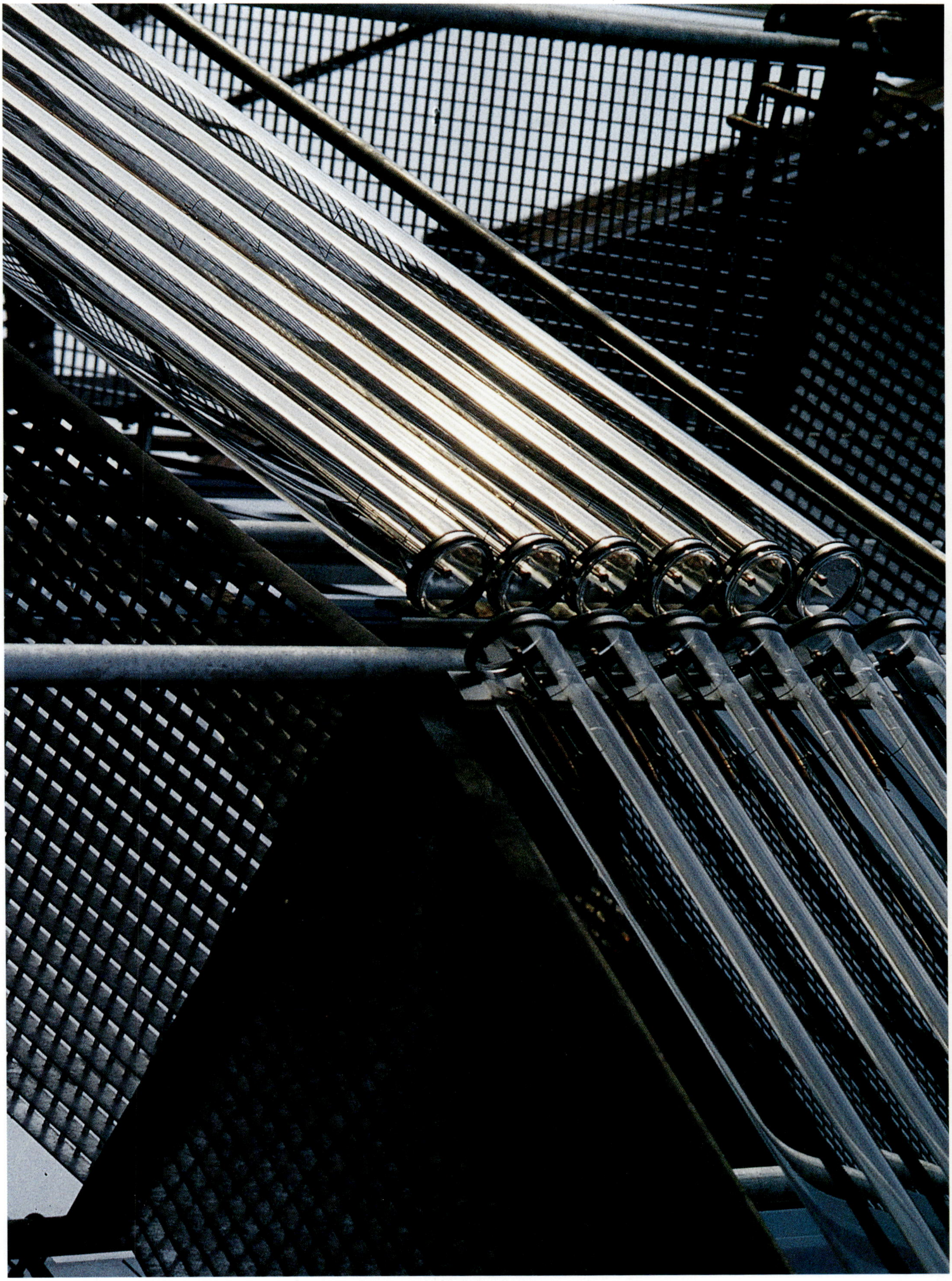

Einfach, robust, wetterfest und leicht zu installieren müssen Solarkollektoren sein. Eine besondere Oberflächenbehandlung des Absorbers gewährleistet eine hohe Absorption der einfallenden Sonnenstrahlen.

Absorberröhren lassen sich individuell nach der Sonne ausrichten. Dieser Vorteil spielt insbesondere bei Flachdachaufstellung oder Fassadenmontage eine Rolle. Damit können eventuelle Nachteile, die sich aus der Abweichung von der üblichen Südausrichtung ergeben, kompensiert werden.

Individuell zusammengestellte Solarkomponenten passen nicht immer zusammen. Effizienzverluste sind dann die Folge. Bei dieser montagefertigen Pumpstation sind alle Komponenten aufeinander abgestimmt und anschlußfertig verdrahtet bzw. verrohrt. Die Verpackung aus Recycling-Dämmstoff übernimmt die Funktion einer formschlüssigen Wärmedämmung.

Solare Wasservorwärmung für Mehrfamilienhäuser

Lange Zeit dachte man, Solaranlagen seien hauptsächlich für Einfamilienhäuser geeignet. Inzwischen weiß man aus unterschiedlichen Pilotprojekten, daß die solare Warmwasserbereitung gerade im Mehrfamilienhaus wirtschaftliche Vorteile bietet. Dies hängt damit zusammen, daß die Kosten für Speicher, Wärmetauscher, Verrohrung und Armaturen bei kleinen Anlagen stärker ins Gewicht fallen als bei großen. Hinzu kommt im Mehrfamilienhaus quasi eine »Abnahmegarantie« für die solare Wärme, weil auch in den sonnenreichen Ferienmonaten immer Bewohner da sind, die Warmwasser entnehmen.

Solaranlagen für Mehrfamilienhäuser sollten auf mindestens 40, besser 50 Prozent jährliche Deckungsrate ausgelegt werden. Allerdings scheint bei größeren Wohngebäuden oder Gebäuden mit großem Warmwasserverbrauch eine knappere Dimensionierung wirtschaftlicher zu sein. Anlagen mit etwa 25 bis 40 Prozent Deckungsrate arbeiten weitgehend als Vorerwärmung für nachgeschaltete konventionelle Wassererwärmer. Dieser Niedertemperaturbetrieb des Solarkreislaufes bewirkt, daß pro Quadratmeter rund 50 Prozent mehr Sonnenenergie auf Niedrigtemperaturniveau gewonnen werden können. Damit erreichen solare Vorwärmanlagen eine wirtschaftlich interessante Zone.

Abgestimmte Technik

Die Erfahrungen von fast 20 Jahren Solartechnik in Deutschland zeigen, daß ein Solarsystem nur so gut ist wie seine schwächste Komponente. Probleme in Solaranlagen treten meistens deshalb auf, weil billige, nicht aufeinander abgestimmte Einzelkomponenten zusammengesetzt werden. Wichtig ist die richtige Plazierung des Entlüfters, die Anordnung des Sicherheitsventils und die Dimensionierung des Ausdehnungsgefäßes.

Mindestens genauso wichtig wie das reibungslose Zusammenwirken der einzelnen Komponenten ist die Auslegung des Rohrnetzes zwischen Speicher und Kollektoren sowie die Wärmedämmung der Rohrleitungen. Aus früheren Untersuchungen ist bekannt, daß bis über 50 Prozent der vom Kollektor aufgenommenen Solarenergie über ein falsch dimensioniertes und schlecht isoliertes Rohrnetz verlorengehen. Kurze Wege sowie die Wärmedämmung sämtlicher Armaturen, Pumpen und Verbindungsleitungen sind Voraussetzung für einen hohen Erntefaktor.

Ob sich für eine Solaranlage besser ein Flachkollektor oder ein Röhrenkollektor eignet, hängt vom jeweiligen Einzelfall ab. Flachkollektoren gelten als robust und zuverlässig. Vakuum-Röhrenkollektoren haben eine auf die Fläche bezogene höhere Energieausnutzung, auch bei diffuser Sonneneinstrahlung. Ihr eigentlicher Vorteil aber ist die Möglichkeit, bei nicht ganz optimalem Standort durch Verdrehen der einzelnen Röhren vor Ort den Sonneneinfall zu optimieren. Verwendet man direkt durchströmte Vakuum-Röhrenkollektoren, so ist man außerdem freier bei der Montage, d. h. der Kollektor kann sowohl waagrecht als auch senkrecht angebracht werden.

Zuschüsse rechtzeitig beantragen

Fast alle Bundesländer haben Förderprogramme für thermische Solaranlagen aufgelegt. Die Höhe der Zuschüsse variiert zwischen 20 und 65 Prozent der Anlagekosten. Oft sind Maximalförderbeträge festgelegt. Vielfach sind nur begrenzt Mittel vorhanden, die nach dem Windhundverfahren vergeben werden. Manche Länder fördern neuerdings bevorzugt Solaranlagen für Mehrfamilienhäuser. Auch Städte und Gemeinden unterstützen den Einbau von Solaranlagen durch eigene Förderprogramme. Wegen der wechselnden Förderpolitik und oft frühzeitiger Antragsstops haben Übersichten über Förderprogramme nur temporäre Bedeutung.

Wer eine Solaranlage plant und Fördermittel in Anspruch nehmen möchte, sollte sich frühzeitig bei seiner örtlichen Baubehörde erkundigen.

Auskünfte geben auch die Verbraucherzentralen, die Stiftung Warentest, das Öko-Institut Freiburg und die Hersteller von Solaranlagen bzw. deren Niederlassungen.

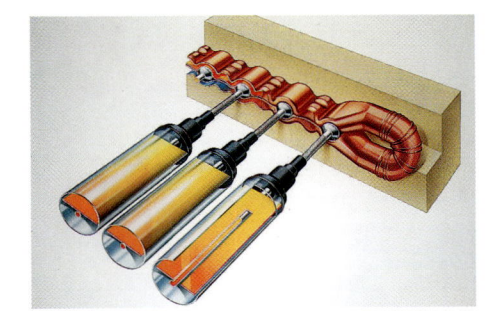

Sogenannte Heatpipes bilden eine Sonderbauart unter den Solarkollektoren. Ihr Vorteil: Kurze Montagezeit durch Trockenanbindung. In der Röhre zirkuliert ein Alkoholgemisch, das bei Erwärmung verdampft und seine Wärmeenergie im Doppelrohr-Wärmetauscher an einen Wasserkreislauf abgibt.

Vakuum-Röhrenkollektoren haben eine auf die Fläche bezogene, höhere Energienutzung als Flachkollektoren. Auch diffuse Strahlung läßt sich besser nutzen.

Kontrolliert lüften im Niedrigenergiehaus

Hygiene kommt vor Wirtschaftlichkeit

Das Problem ist bekannt, stellt sich aber mit Inkrafttreten der novellierten Wärmeschutzverordnung von neuem: Wie löst man das Lüftungsproblem in einem immer dichter werdenden Gebäude? Spätestens seit den Fensteraustauschprogrammen in den siebziger und achtziger Jahren wissen Eigenheimbesitzer, die Wohnungswirtschaft und Mietervereine, was es heißt, vormals luftdurchlässige Fenster und Türen durch dichte Konstruktionen zu ersetzen. Schimmelbildung hinter Schlafzimmerschränken, in Badezimmern und Küchen dokumentieren diese Entwicklung. Die auffällige Häufung gekippter Fenster in fenstersanierten Wohnungen zeigt, daß die Probleme bis heute nicht gelöst sind. Kostbare Energie wird zum Fenster hinaus geheizt, oft mehr, als vorher durch die Ritzen der alten Fenster verloren ging.

Der Erfolg energiesparenden Bauens wird in Zukunft mehr als bisher von unseren Lüftungsgewohnheiten und von der eingebauten Lüftungstechnik abhängen. Auch wenn die neue Wärmeschutzverordnung nur einen optionalen, also freiwilligen Einsatz von mechanischen Lüftungsanlagen vorsieht, führt nach Ansicht von Bauphysikern, Hygienikern und Energiefachleuten im Niedrigenergiehaus kein Weg an der mechanischen Wohnungslüftung vorbei. Denn oft wird vergessen, daß in einem 4-Personen-Haushalt tagtäglich rund acht bis 14 Liter Wasser in Form von Wasserdampf anfallen. Kochdünste und Pflanzen tragen ebenso dazu bei wie das Baden und Duschen. Vor allem aber geben die Bewohner über die Atmung ständig Wasserdampf ab.

Wohnungslüftung – Zwickmühle oder Chance

Modellberechnungen und praktische Erfahrungen mit Häusern, die bereits vor Inkrafttreten den Vorgaben der novellierten Wärmeschutzverordnung entsprachen, haben gezeigt, daß mit der Verbesserung des Wärmeschutzes der Gebäudehülle die Transmissionswärmeverluste über die Außenhülle etwa dem Lüftungswärmebedarf gleichkommen. Damit erreichen die Lüftungswärmeverluste in der Energiebilanz eines Gebäudes eine Dimension, die neue Lüftungsstrategien nach sich zieht.

Welche Größenordnung die jährlichen Lüftungswärmeverluste nach der neuen Wärmeschutzverordnung annehmen, läßt sich leicht anhand eines festen Wertes berechnen. Pro Kubikmeter beheiztem Raum werden 16,45 kWh/a angesetzt. In diesem Wert ist die Teilbeheizung bereits berücksichtigt; die Luftwechselzahl ist auf 0,8 pro Stunde festgelegt. Der Nutzer muß also eine gewisse Disziplin beim Lüften per Fenster aufbringen, um mit dem vorgegebenen »Lüftungsbudget« auszukommen.

Im Niedrigenergiehaus führt ein »Zuviel« an freier Fensterlüftung leicht zur Raumabkühlung, die eine längere Aufheizzeit nach sich ziehen kann.

Damit der Einsatz der Wohnungslüftung auch zu der erwarteten Energieeinsparung führt, müssen die Gebäude eine entsprechende Dichtheit aufweisen. Diese wird mit dem international anerkannten »Blower-Door-Verfahren« ermittelt. Bei einem Differenzdruck von 50 Pa zwischen Gebäude und Außenluft sollte der stündliche Luftwechsel bei Anlagen mit Wärmerückgewinnung weniger als 1 und bei Anlagen mit zentralen Abluftsystemen bei kleiner 3 liegen.

Je nach Hygiene- und Kochgewohnheiten fallen in einem 4-Personen-Haushalt tagtäglich etwa 8 bis 14 Liter Wasser in Form von Wasserdampf an. Will man Feuchteschäden vermeiden, muß diese feuchte Luft gezielt und »kontrolliert« abgeführt werden.

Feuchtigkeitsabgabe an die Raumluft

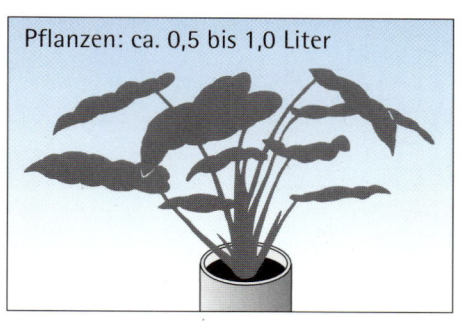

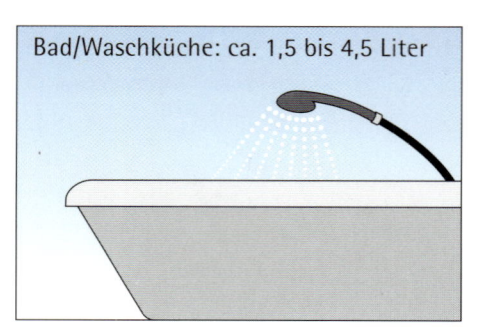

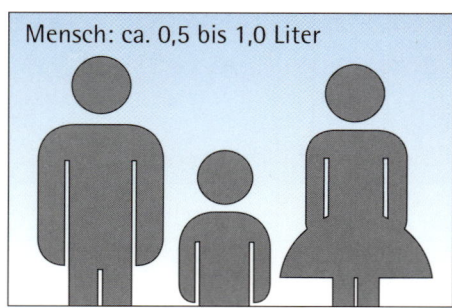

Küche: ca. 0,5 bis 1,0 Liter

Bad/Waschküche: ca. 1,5 bis 4,5 Liter

Pflanzen: ca. 0,5 bis 1,0 Liter

Mensch: ca. 0,5 bis 1,0 Liter

Niedrigenergiehäuser reagieren sensibel auf ein »Zuviel« oder »Zuwenig« an Lüftung. Bei zu langer Fensterlüftung kühlen die Räume sehr stark aus. Wer zu wenig lüftet, muß mit Feuchteschäden rechnen.

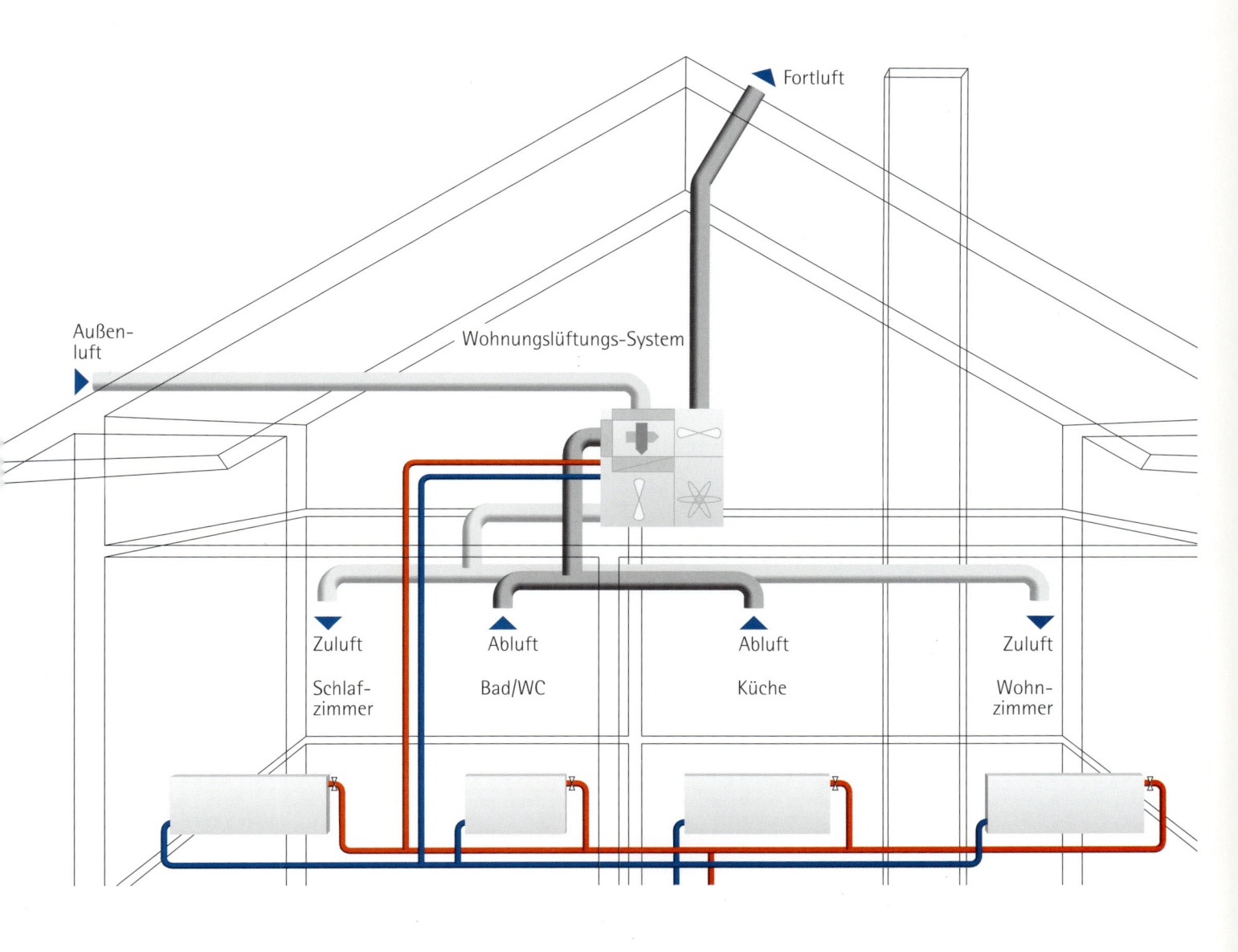

▼ Fortluft

Außenluft ▶

Wohnungslüftungs-System

▼ Zuluft — Schlafzimmer
▲ Abluft — Bad/WC
▲ Abluft — Küche
▼ Zuluft — Wohnzimmer

Die neue Wärmeschutzverordnung schreibt keine Wohnungslüftung vor, räumt aber bei Einbau eines Wärmerückgewinners einen Energiebonus von bis zu 20 Prozent auf die Lüftungswärmeverluste ein.

Option Lüftung ersetzt Wärmedämmung

Die neue Wärmeschutzverordnung läßt mehrere Möglichkeiten der Wohnungslüftung zu.

Wer statt einer Fensterlüftung eine mechanische Wohnungslüftung vorsieht, kann die dadurch eingesparte Energie in den Jahres-Heizwärmebedarf als Bonus einbringen. Mit dieser Option ist es z. B. möglich, eine weniger aufwendige Bauweise mit etwas geringeren Wärmedämmwerten zu wählen.

Allerdings stellt der Gesetzgeber gewisse Anforderungen an Lüftungssysteme und insbesondere an solche mit Wärmerückgewinnung. So muß der Wirkungsgrad der Wärmerückgewinnung bei mindestens 60 Prozent liegen, um einen Bonus von 20 Prozent auf die Lüftungswärmeverluste zu bekommen. Voraussetzung ist, daß dieses Ziel mit einem begrenzten Stromeinsatz erreicht wird, das heißt, das Verhältnis von aufgewendetem Strom zu zurückgewonnener Wärme darf einen in der Verordnung festgelegten Wert nicht unterschreiten. Einen Bonus von fünf Prozent räumt die WSchV bei Einbau selbsttätig regelnder Abluftanlagen ein. Vorgabe ist, daß sich der Luftwechsel zwischen 0,3 und 0,8 pro Stunde einstellen läßt.

Die Mindestanforderungen an Wärmerückgewinner, Stromeinsatz und Luftwechsel gelten nur dann, wenn der Lüftungsbonus beim Wärmeschutznachweis bilanziert werden soll. Verzichtet man auf diese Gutschrift, können auch Lüftungssysteme eingebaut werden, die den geforderten Mindestwirkungsgrad nicht erreichen.

Breites Angebot an Lüftungssystemen

Die Zeiten, in denen Architekten und Planer über ein lückenhaftes Angebot an Wohnungslüftungssystemen klagten, scheinen vorbei zu sein. Das Spektrum ist heute vielfältig, oftmals schon unübersichtlich. Superlativen – was die Energieeinsparung betrifft – sollte man skeptisch gegenüberstehen. Hohe Rückgewinngrade werden oft durch einen unwirtschaftlich hohen Stromeinsatz erkauft. Messungen an konkret ausgeführten und bewohnten Niedrigenergiehäusern mahnen zur Vorsicht gegenüber allzu großen Energiesparversprechen. Zum Zeitpunkt des Inkrafttretens der WSchV fehlt es vielen Architekten, Planern und Installateuren an ausreichender Erfahrung im Umgang mit der neuen Lüftungstechnik.

Die oft gepriesenen skandinavischen Lüftungssysteme lassen sich nicht immer in unseren, von Bautraditionen geprägten Wohnungsbau integrieren. Auch wird der Stromverbrauch solcher Systeme bei uns wegen der höheren Stromtarife anders bewertet als z. B. in Schweden.

Viele Bewohner von Niedrigenergiehäusern der ersten Generation klagten über den hohen Stromverbrauch ihrer Wohnungslüftung. Trotzdem möchten die meisten Nutzer von mechanischen Wohnungslüftungen diesen Komfort nicht mehr missen. Deshalb ist es auch nicht verwunderlich, daß sich die Argumente für den Einbau einer Wohnungslüftung gewandelt haben.

Vielfach hat heute nicht mehr die Energieeinsparung erste Priorität, sondern die Lufthygiene und der Komfort. Erstmals besteht auch in Wohnungen die Möglichkeit, bei Einbau einer Be- und Entlüftungsanlage die Zuluft zu filtern. Besonders Allergiker und an Heuschnupfen Leidende stehen deshalb dieser Technik positiv gegenüber.

Ein zusätzlicher, nicht zu unterschätzender Aspekt ist die erhöhte Einbruchsicherheit beim Lüften mit geschlossenen Fenstern.

Luft nach Bedarf

Moderne Wohnungslüftungen arbeiten heute nicht mehr mit starren Luftwechseln, sondern lassen gewisse Bandbreiten zu. Bei Abwesenheit der Bewohner reicht oft ein 0,3facher Luftwechsel für die Grundlüftung aus.

Im Normalfall wird die Wohnungslüftung auf einen Luftwechsel von 0,4 bis 0,5 pro Stunde ausgelegt. Zusammen mit den Undichtigkeiten des Baukörpers und den normalen Nutzungsgewohnheiten (Öffnen und Schließen von Wohnungstüren und Fenstern) stellt sich ein Gesamtluftwechsel von rund 0,8 pro Stunde ein. Diese Luftmenge reicht aus, um die im Haushalt anfallende Wasserdampfmenge und die sogenannten »anthropogenen« Emissionen, das heißt vom Menschen abgegebene Schadstoffe, abzuführen. Bei Raucherhaushalten kann es sinnvoll sein, den Luftwechsel zeitweise noch etwas zu erhöhen. Gleichzeitig werden auch andere Schad- und Geruchsstoffe gezielt abgeführt, z. B. von Möbeln, Teppichen und Reinigungsmitteln. In einigen Regionen Deutschlands kann es auch sinnvoll sein, die geologisch bedingte natürliche Radonkonzentration im Haus durch eine gezielte Be- und Entlüftung zu senken.

Vier Möglichkeiten zur Minderung des Lüftungswärmebedarfs nach der neuen Wärmeschutzverordnung

Wer eine Wohnungslüftung einbaut bekommt laut neuer WSchV einen Bonus. Die Höhe richtet sich nach der Art der Anlage bzw. nach der Effizienz der Wärmerückgewinnung.

Art und Bemessung der Lüftungsanlage	Strom-/Wärme-Verhältnis	Rückgewinnungsgrad η_w	Multiplikator für Q_L
1. mit Wärmerückgewinnung, ohne Wärmepumpe Auslegungsluftwechsel $0{,}5 \leq \beta \leq 1{,}0$	$\leq 1:5$	$\geq 60\%$	0,8
2. wie vor, jedoch mit Wärmepumpe	$\leq 1:4$	$\geq 60\%$	0,8
3. wie vor, mit (bescheinigtem) erhöhtem Rückgewinnungsgrad	$\leq 1:5$ bzw. $\leq 1:4$	$\geq 65\%$	0,8 $(65/\eta_w)$
4. selbsttätig regelnde Abluftanlage, Regelbereich $0{,}3 \leq \beta \leq 0{,}8$	–	–	0,95

Die Qual der Wahl

Welches Lüftungssystem eignet sich für das Niedrigenergiehaus am besten? Diese oft gestellte Frage läßt sich genausowenig beantworten wie die, welches Auto das beste sei, um von A nach B zu kommen.

Der erfahrene Niedrigenergiehausspezialist würde sagen, »es kommt darauf an« – auf die Erfahrung des Architekten, des Planers, der Fachfirma und nicht zuletzt auf die Bereitschaft des späteren Nutzers, sich mit der Wohnungslüftung auseinanderzusetzen. Wichtig für aufwendigere Anlagen, also z. B. eines zentralen Zu- und Abluftsystems mit Wärmerückgewinnung, ist die Einbeziehung des Lüftungskonzeptes bereits in die Gebäudeplanung. Kurze Kanalwege, möglichst im beheizten Bereich des Hauses, sind von Vorteil. Küche, Bad und WC sollten nahe beieinanderliegen. Das eigentliche Lüftungsgerät muß gut zugänglich angeordnet sein, so daß die notwendigen Wartungsarbeiten, z. B. Filteraustausch, ohne Zusatzaufwand ausgeführt werden können. Sinnvoll sind Geräte mit einer automatischen Anzeige für den Filterwechsel. Abgehängte Decken, z. B. im Flur, eignen sich aus energetischer Sicht besser für die Aufnahme der Luftkanäle als unbeheizte Dach- oder Kellerräume. Ausgedehnte Lüftungssysteme in unbeheizten Räumen verbrauchen nicht nur zusätzlich Energie, sondern mindern auch den Wirkungsgrad der Wärmerückgewinnung ganz erheblich.

Die Anlagen müssen sorgfältig geplant und ausgeführt werden, damit sie das halten, was sie versprechen. Das hängt oft weniger vom eigentlichen System ab, sondern von den vielen Randbedingungen, die es zu beachten gilt. Wichtig für den Architekten, Planer oder Heizungsfachmann ist deshalb, besonders die ersten Anlagen mit Bedacht auszuführen, um selbst Erfahrungen zu sammeln.

Einfache Systeme haben Vorteile

Viele Hersteller von Wohnungslüftungen haben dieses Problem erkannt und empfehlen zunächst den Einbau von zentralen Abluftsystemen mit dezentraler Luftnachströmung. Da sich die Luftqualität oft synchron mit dem Feuchtegehalt der Raumluft verschlechtert (Kochen, Essen, Baden/Duschen) sollten diese Anlagen mit feuchtegeregelten Zu- und Abluftöffnungen kombiniert werden.

Wesentlichster Vorteil dieses einfach aufgebauten Lüftungssystems ist der Wegfall von Zuluftkanälen. Die Luft wird dezentral über feuchtegeregelte Zuluftöffnungen in Fenstern oder in der Außenwand zugeführt und über ebenfalls feuchtegeregelte Abluftventile in feuchtebelasteten Räumen, wie Küche, Bad und WC, durch ein zentrales Abluftgerät abgeführt. Durch diese doppelte Feuchteüberwachung ist es möglich, den Volumenstrom und damit die Leistungsaufnahme des Ventilators dem tatsächlichen Bedarf anzupassen. Wichtig bei allen Arten von Wohnungslüftungen ist die getrennte Anordnung der Küchenabzugshaube. Die Einbindung in eine mechanische Wohnungslüftung hat sich wegen des Fett- und Kondensatanfalls als problematisch erwiesen.

Die Erfahrungen in Skandinavien mit Wohnungslüftungen haben gezeigt, daß die Systeme nur so lange zur Zufriedenheit der Nutzer funktionieren, wie sie auch gewartet werden. Dies sollte der Architekt bereits bei der Planung der Anlagen berücksichtigen und vorsorglich Revisionsöffnungen an leicht zugehbaren Stellen vorsehen.

Bei der Entscheidung zum Einbau einer mechanischen Wohnungslüftung sollen sich Architekt und Bauleute also weniger von wirtschaftlichen Argumenten leiten lassen, sondern von der hygienischen Notwendigkeit.

Lüftungswärmeverluste gewinnen an Bedeutung

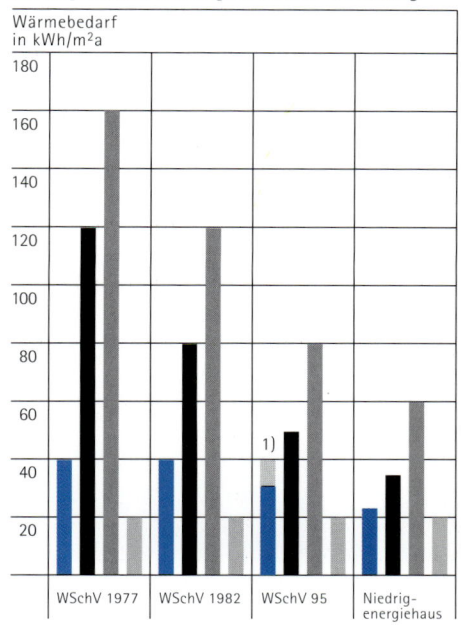

Wärmebedarf in kWh/m²a

- Lüftung
- Transmission
- Heizwärmebedarf
- Trinkwassererwärmung

1) Unterschiede ergeben sich durch den Einsatz der Wohnungslüftung mit Wärmerückgewinnung

Mit der Verschärfung des Wärmeschutzes haben sich die Relationen zwischen Transmissions- und Lüftungswärmebedarf stark verändert. (Beispiel: Einfamilien-Wohnhauses, 150 m², 3 bis 4 Personen)

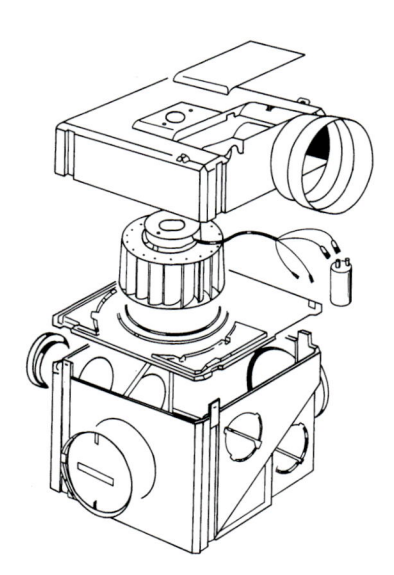

Einfache, feuchtegeregelte Wohnungslüftungssysteme lassen sich ohne großen Installationsaufwand einbauen. Abgesaugt wird in Räumen mit hohem Wasserdampfanfall, also in Küche, Bad und WC.

Vom Schornstein zur Abgasanlage

Neue Heizkesseltechnik beeinflußt Abgasführung

Die Entwicklung moderner Heizkessel mit hoher Energieausnutzung hat zu einer völligen Neuordnung in der Schornsteintechnik geführt. War früher der gemauerte Massivschornstein die Regel, so haben heute der Architekt bzw. die Bauleute die Qual der Wahl. Je nach Bauart des Heizkessels, seiner Abgastemperatur und dem Aufstellungsort des Wärmeerzeugers stehen für Neubau bzw. Altbausanierung eine Fülle von Abgasanlagen aus den unterschiedlichsten Materialien zur Verfügung.

Äußeres Zeichen für den raschen Wandel der »Schornsteintechnik« ist die neue Begriffsbestimmung. Künftig gilt die »Abgasanlage« als Überbegriff für alle baulichen Anlagen zur Abgasführung, ob mit Über- oder Unterdruck, ob feucht oder trocken. Auch Rohrsysteme zur Querschnittsanpassung in bestehenden Schornsteinen fallen künftig unter diesen Begriff.

Unter »Schornstein« verstehen Fachleute im Sinne der neuen Verordnungen nur noch Abgasanlagen für höhere feuerungstechnische Anforderungen, z. B. für feste Brennstoffe oder wenn Rußbrände einkalkuliert werden müssen.

Neue Begriffe

Eine »Abgasanlage« nach der neuen Definition besteht aus Teilen, wie Verbindungsstücken, Abgasleitung, Schornstein oder feuerbeständigen Schächten.

Der Begriff »Abgasleitung« kennzeichnet nach dem neuen Baurecht alle Leitungen, die frei in Schächten, Kanälen oder Schornsteinen als Teile von Abgasanlagen verlegt sind. Voraussetzung ist, daß für die Bauteile eigene Nachweise der Brauchbarkeit durch Norm oder bauaufsichtliche Zulassung vorliegen. Die ursprüngliche Definition der »Abgasleitung« als dichte, abgas- und kondenswasserbeständige Leitung für Brennwertfeuerungen gilt also nicht mehr exklusiv für diesen Anwendungsfall.

Den Begriff »Schornstein mit begrenzter Temperaturbeständigkeit« wird es in Zukunft nicht mehr geben. Vielmehr versteht man zukünftig darunter sogenannte »Neue Bauarten«, z. B. Abgasanlagen aus Fiber-Silikat- oder Faser-Calzium-Platten, für die eine allgemeine bauaufsichtliche Zulassung vom Deutschen Institut für Bautechnik, Berlin, vorliegen muß. Solche leichten, feuerbeständigen Ummantelungen erfüllen heute, zusammen mit entsprechend zugelassenen Abgasleitungen, alle Voraussetzungen zum Anschluß sogenannter Regelfeuerstätten für trockenen oder kondensierenden Betrieb.

Der Temperaturunterschied zwischen Abgas und umgebender Luft bewirkt den Auftrieb der Abgase in konventionellen Heizkesseln. Mit sinkenden Abgastemperaturen wird dieser »Motor« schwächer. Bei Brennwertkesseln wird der Auftrieb durch einen Ventilator unterstützt.

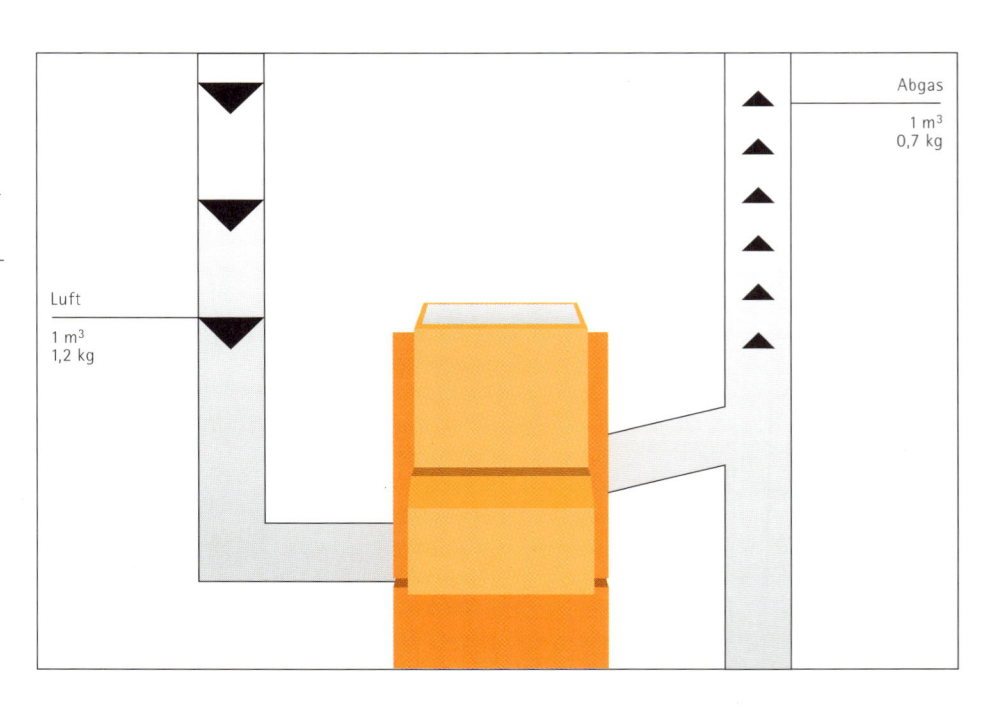

Luft
1 m³
1,2 kg

Abgas
1 m³
0,7 kg

Anteil feuchteunempfindlicher Abgasanlagen wächst

Der klassische »Schornstein« muß trocken betrieben werden, da er feuchteempfindlich ist und ein ständiger Kondensatanfall zur Versottung führen würde. Fachleute gehen davon aus, daß durch den Trend zu Niedertemperatur- und Brennwertkesseln mit besonders niedrigen Abgastemperaturen der Anteil feuchteunempfindlicher Abgasanlagen weiter zunehmen wird.

Im Hinblick auf eine immer breiter werdende Akzeptanz neuer Kesselbauarten stellt sich ohnehin die Frage, ob man den Bauleuten nicht von vornherein zu einer feuchteunempfindlichen Abgasanlage raten soll, auch wenn zunächst »nur« ein Niedertemperaturkessel eingebaut wird. Der Kostenunterschied zwischen Normalschornstein und feuchteunempfindlicher Abgasanlage ist ohnehin minimal. Damit wäre die Abgasanlage zukunftssicher, z. B. für den späteren Einbau von Brennwertgeräten.

Bei der Sanierung vorhandener Schornsteine spielen oft Kleinigkeiten eine Rolle, um eine Querschnittsverminderung schnell und preiswert durchzuführen. Die Kombination von starren und biegsamen Rohren erleichtert die optimale Anpassung an die meist schwierigen baulichen Gegebenheiten.

Feuchteunempfindliche Abgasanlagen gibt es heute in vielfältiger Art. Neben traditionellen Bauformen spielen »leichtere« Systeme, wie z. B. aus Edelstahl, eine zunehmend größere Rolle.

Aufstellen von Wärmeerzeugern

Neue Heiztechnik schafft mehr Platz zum Wohnen

Heizkessel wurden bisher traditionell in eigens dafür vorgesehenen Räumen aufgestellt, meistens im Keller. Bei Nennleistung des Heizkessels bis zu 50 kW reicht ein sogenannter »Aufstellraum« aus. Bei Kesselleistungen über 50 kW ist ein »Heizraum« im Sinne der Bauordnung vorgeschrieben. Als »Aufstellraum« für Wärmeerzeuger sind aber auch Wohnungen oder vergleichbare Nutzungseinheiten zugelassen, das heißt, Wärmeerzeuger können unter bestimmten Bedingungen auch im Wohnbereich aufgestellt werden.

In einem »Aufstellraum« muß mindestens eine Tür oder ein zu öffnendes Fenster ins Freie führen. Außerdem ist ein Rauminhalt von mindestens 4 m³ je kW Nennwärmeleistung einzuhalten, wobei dieser auch durch Luftverbund mit anderen Räumen, die Verbindung ins Freie haben, erreicht werden kann. Alternativ sind Verbrennungsluftöffnungen von mindestens 150 cm² bzw. zwei Öffnungen von mindestens je 75 cm² oder eine entsprechende Verbrennungsluftleitung von der Feuerstelle ins Freie vorzusehen. Die Größenanforderung an den Aufstellraum entfällt, wenn eine motorisch betätigte Verbrennungsluftklappe eingebaut wird, die so mit dem Wärmeerzeuger geschaltet ist, daß dieser nur bei geöffneter Klappe in Betrieb gehen kann.

Bei Gasfeuerstätten mit Brennern ohne Gebläse (sogenannte atmosphärische Brenner) ist ein Mindestraumvolumen von 1 m³ je kW Nennwärmeleistung erforderlich. Kann diese Vorgabe nicht eingehalten werden, so muß die Verbrennungsluftzufuhr im Aufstellraum durch nicht verschließbare obere und untere Luftöffnungen von je 150 cm² sichergestellt werden.

Dichte Gebäude erfordern neue Konzepte

Die Vorgabe der neuen Wärmeschutzverordnung nach dichter Bauweise zur Minimierung der Lüftungswärmeverluste läßt Zweifel aufkommen, ob die alten Luftverbundkonzepte in den neuen Wohnhäusern noch funktionieren bzw. ob sie noch sinnvoll sind. Hinzu kommt der Trend zur mechanischen Wohnungslüftung. Feuerstätten innerhalb von Aufenthaltsräumen mit Luftverbund und der Einbau von Wohnungslüftungssystemen schließen sich aber aus sicherheitstechnischen Gründen aus.

Die Heizungsindustrie erweiterte deshalb in den letzten Jahren ihr Angebot an raumluftunabhängigen Feuerstätten in Form von wandhängenden Heizkesseln und Brennwertgeräten, vornehmlich für den Einsatz von Gas als Energieträger. Solche, durch Luft-Abgas-Systeme bzw. Abgas-Zuluft-Systeme mit Verbrennungsluft versorgte Wärmeerzeuger, können im Sinne der Bauordnung praktisch auch in »Aufenthaltsräumen« aufgestellt werden. Konkret heißt das, der Aufstellung von Heizgeräten in Küchen, Bädern, Fluren oder Hauswirtschaftsräumen steht keine Verordnung mehr im Wege.

Umgekehrt können vorhandene Heizräume durch den nachträglichen Umbau des konventionellen Schornsteins in einen sogenannten Luft-Abgas-Schornstein (LAS) und durch den Einbau eines entsprechenden Niedertemperatur- bzw. Brennwertheizkessels zu »Aufenthaltsräumen« aufgewertet werden. Voraussetzung dafür ist, daß die Wärmeerzeuger über eine geschlossene Brennkammer verfügen. Baurechtlich handelt es sich hierbei um sogenannte Bestands-Luft-Abgas-Schornsteine, die im Sinne des Baurechts als »neue Bauarten« gelten. Sie bedürfen des »Nachweises der Brauchbarkeit«, z. B. durch eine bauaufsichtliche Zulassung.

Düstere Heizräume sind »out«. Moderne Heizgeräte lassen sich leicht in Bäder, Küchen oder Hauswirtschaftsraum integrieren.

Definierte Luftzufuhr

Mit solchen LAS-Systemen werden meist gleich mehrere Probleme auf einmal gelöst. Der Wärmeerzeuger erhält vorgewärmte Zuluft direkt aus dem Freien. Eventuelle Luftverunreinigungen, wie Lösungsmittel oder Halogene aus Sprühdosen, mit denen oft in den zu Hobbyräumen umfunktionierten Heizräumen hantiert wird, gelangen nicht mehr in die Verbrennungsluft. In der Vergangenheit führten solche Luftverunreinigungen häufig zu Schäden an Heizkesseln.

Die gezielte Zuführung von Luft in den Brennraum von Heizgeräten schafft außerdem günstige Voraussetzungen für eine sparsame und gut funktionierende Wohnungslüftung. Gegenseitige Verriegelungen von in Aufenthaltsräumen aufgestellten Wärmeerzeugern und Küchenabzugshauben bzw. Abluftanlagen sind somit nicht mehr erforderlich.

Neue Muster-Feuerungsverordnung verabschiedet

Die Dynamik in der Heizungstechnik sowie die Angleichung bislang nationaler Gesetze und Verordnungen innerhalb der Europäischen Union hat zu einer Fülle an Überarbeitungen von Normen und Verordnungen geführt. Betroffen davon sind auch die Muster-Bauordnung (MBO) und die Muster-Feuerungsverordnung (MFeuVo) mit entsprechenden Auswirkungen auf die Landesbauordnungen. Fachleute beurteilen die neue »MFeuVo« als »grundlegend neu«.

Bei Drucklegung dieses Buches war noch nicht abzusehen, wie schnell und mit welchen Änderungen die Musterfassung der Feuerungsverordnung in die entsprechenden Landes-Feuerungsverordnungen übernommen wird.

Die Entwicklungen in der Heizungstechnik und nachfolgend auch bei Schornsteinen und Abgasanlagen haben bereits zu einer vorgezogenen Anwendung der neuen Feuerungsverordnung geführt. Sachverständige gehen davon aus, daß die neue Verordnung noch im Jahr 1995 in den Ländern eingeführt wird.

Grundsätzliche Neuerungen sind:
- Besondere Anforderungen an den »Aufstellraum« werden erst ab 50 kW Nennwärmeleistung gestellt
- Die Mehrfachbelegung von Schornsteinen bzw. Abgasanlagen wird Stand der Technik
- Luft-Abgas-Systeme und Abgas-Zuluft-Systeme ermöglichen die Aufstellung von Feuerstätten im Wohnbereich
- Der Umbau herkömmlicher Schornsteine zu sogenannten Bestands-Luft-Abgas-Schornsteinen eröffnet – bei Austausch des herkömmlichen Heizkessels gegen einen Wärmeerzeuger für raumluftunabhängigen Betrieb – die Nutzung ehemaliger Heizräume als Aufenthaltsräume
- Für die Lagerung bis zu 5000 Liter Heizöl ist kein besonderer Brennstofflagerraum erforderlich.

Der Text der Musterfassung der neuen Feuerungsverordnung befindet sich im Anhang.

Erst ab 50 kW Heizleistung werden besondere Anforderungen an einen »Aufstellungsraum« gestellt.

Der Trend zum Luft-Abgas-System begünstigt die Aufstellung von Heizgeräten in Wohn- bzw. Aufenthaltsräumen. Die Verbrennungsluft wird dabei direkt aus dem Schornstein zugeführt.

Heizkesselerneuerung ohne Schornsteinsanierung

Nebenluft senkt Taupunkttemperatur

Zu den Pflichten des Auftragnehmers, also z. B. des Heizungsfachmanns, gehört es nach VOB, Teil C, und DIN 18 380, Ziffer 3.1.6, vor der Modernisierung des Heizkessels den Schornstein auf seine Eignung für die neuen Betriebsverhältnisse zu prüfen. Das muß bei Einbau eines Niedertemperaturheizkessels nicht zwangsläufig zu einer Querschnittsverminderung des Schornsteins führen. Um Kondensation im zu groß bemessenen Schornstein zu verhindern, gibt es eine ganze Reihe preisgünstiger und bewährter Maßnahmen.

In jedem Fall sollte der neue Heizkessel so nah wie möglich am vorhandenen Schornstein aufgestellt werden. Zusätzlich besteht die Möglichkeit, das Verbindungsstück zwischen Wärmeerzeuger und Schornstein mit einer nicht brennbaren Wärmedämmung von mindestens 25 mm Dicke zu versehen. Dadurch läßt sich eine unnötige Abkühlung der Abgase im Verbindungsstück verhindern.

Grundsätzlich sollte in Heizräumen keine Wäsche getrocknet, aber auch keine Verbrennungsluft aus Räumen mit hoher Luftfeuchtigkeit angesaugt werden. Der hohe Wassergehalt der Luft erhöht die Taupunkttemperatur des Abgases, Flusen und Gewebestaub verschmutzen Brenner und Wärmeübertragungsflächen im Heizkessel.

Ein weiterer Schritt zur Verminderung der Kondensationsgefahr ist die äußere Wärmedämmung des Schornsteins in Kalträumen, z. B. in nicht ausgebauten Dachgeschossen. Diese Dämmung aus mineralischen, nicht brennbaren Baustoffen darf nicht diffusionsdicht, also nicht mit Aluminium oder einer anderen Sperrschicht ummantelt sein.

Nebenluft senkt Taupunkt

Reichen diese Maßnahmen nicht aus, so empfiehlt sich der Einbau einer kombinierten Nebenluftvorrichtung, entweder im Verbindungsstück zwischen Feuerstätte und Schornstein oder direkt in den Schornstein.

Diese motorisch gesteuerte Vorrichtung mischt den Abgasen zusätzlich Luft aus dem Heizraum bei und erhöht dadurch die Abgasgeschwindigkeit. Gleichzeitig wird der Taupunkt des im Abgas vorhandenen Wasserdampfes gesenkt, d. h. die Kondensation erfolgt erst bei tieferen Abgastemperaturen. Der Taupunkt von Abgasen aus Heizölfeuerungen liegt bei ca. 48°C, Erdgas kondensiert bei etwa 58°C. Zusätzlich bewirkt die Nebenluftvorrichtung eine gezielte Belüftung des Schornsteins bei Brennerstillstand; der Schornstein kann dadurch besser austrocknen.

Die praktische Erfahrung zeigt, daß beim Einsatz einer »kombinierten Nebenluftvorrichtung« bei der überwiegenden Anzahl der Heizkesselmodernisierung auf eine Schornsteinsanierung verzichtet werden kann.

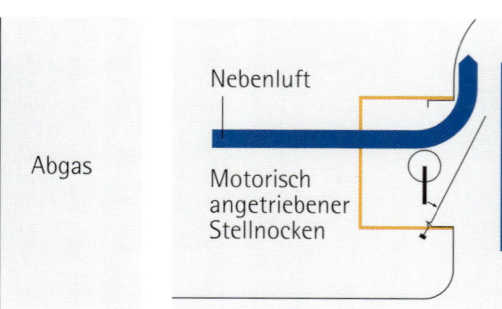

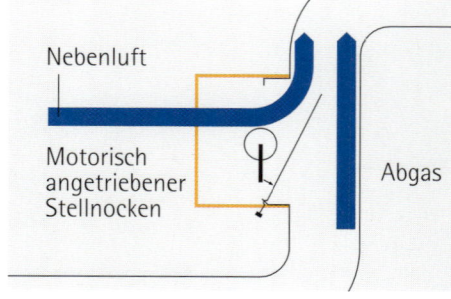

Der Einbau einer kombinierten Nebenluftvorrichtung bewirkt die Absenkung der Taupunkttemperatur der Abgase und eine Erhöhung der Abgasgeschwindigkeit. Bei Brennerstillstand trocknet durchströmende Luft den Schornstein. Möglichen Feuchteschäden wird damit vorgebeugt.

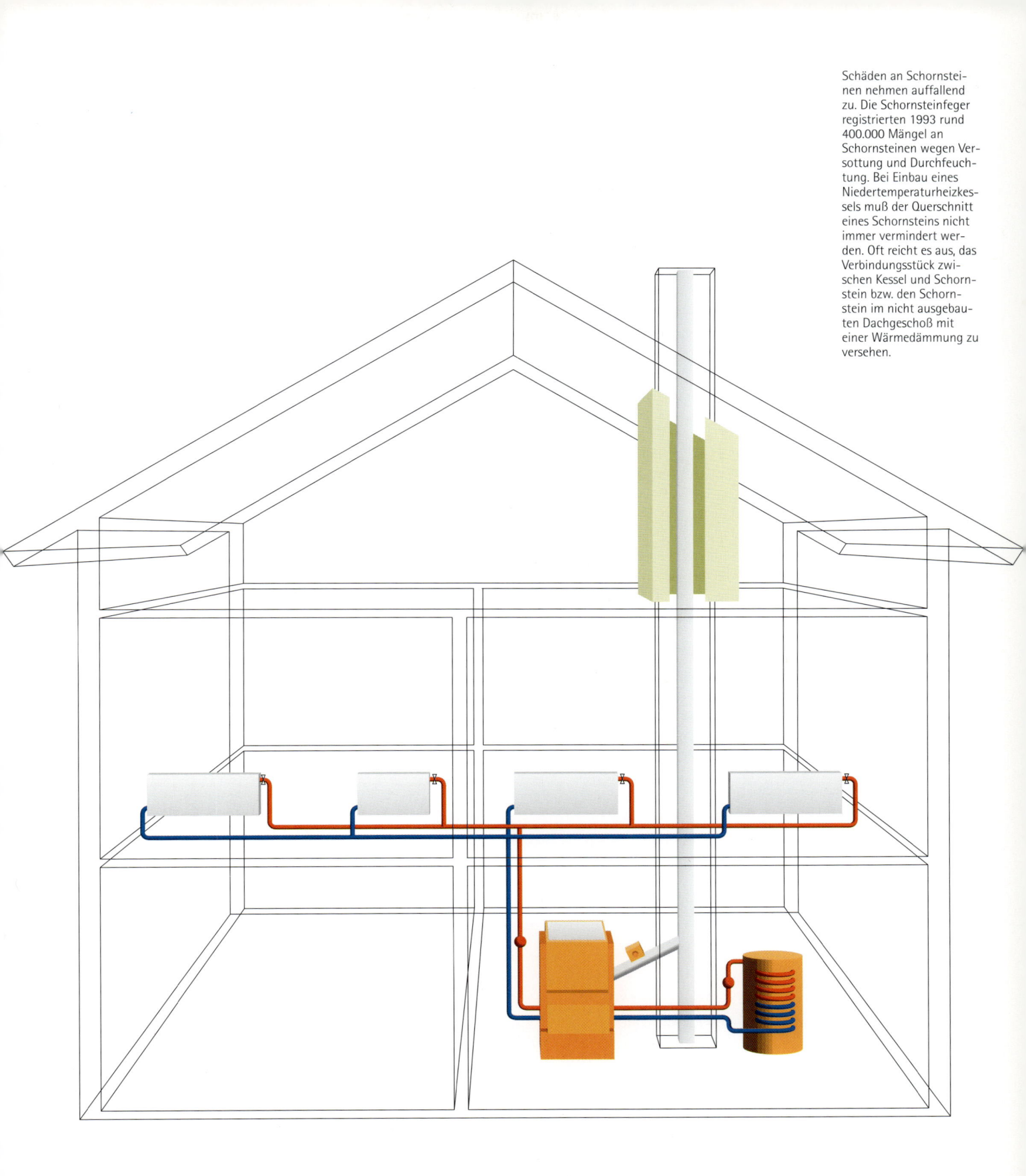

Schäden an Schornsteinen nehmen auffallend zu. Die Schornsteinfeger registrierten 1993 rund 400.000 Mängel an Schornsteinen wegen Versottung und Durchfeuchtung. Bei Einbau eines Niedertemperaturheizkessels muß der Querschnitt eines Schornsteins nicht immer vermindert werden. Oft reicht es aus, das Verbindungsstück zwischen Kessel und Schornstein bzw. den Schornstein im nicht ausgebauten Dachgeschoß mit einer Wärmedämmung zu versehen.

Schornsteinanpassung bei Heizanlagenmodernisierung

Neuer Querschnitt durch geringeres Abgasvolumen

Schornsteine sind – ähnlich wie Heizkessel – auf maximale Leistungen ausgelegt. Vorhandene Schornsteine entsprechen deshalb den Anforderungen, die zum Zeitpunkt des Ersteinbaus eines Heizkessels an sie gestellt wurden. Damals waren Wärmeerzeuger, vor allem, wenn es sich um sogenannte Wechselbrand- oder Umstellkessel handelte, um bis zu 300 Prozent überdimensioniert. Entsprechend großzügig sind deshalb auch die Querschnitte der zugehörigen Schornsteine bemessen. Meistens wurden diese sogar auf das im Verhältnis zu Heizöl oder Erdgas höhere spezifische Abgasvolumen von festen Brennstoffen ausgelegt.

Durch die heute angebotenen Heizkessel haben sich die Auslegungsdaten für vorhandene Schornsteine ganz wesentlich verändert. Typisch für die heutige Einbausituation ist:

- reduzierte Leistung des neuen Wärmeerzeugers, dadurch ein verringerter Abgasmassenstrom
- höherer feuerungstechnischer Wirkungsgrad, dadurch niedrigere Abgastemperaturen und eine geringere Abgasmenge
- geringerer Luftüberschuß, dadurch nochmals verringerter Abgasmassenstrom bei gleichzeitiger Erhöhung der Taupunkttemperatur des im Abgas enthaltenen Wasserdampfes. Ergo: Gefahr der Kondensation im vorhandenen Schornstein.

Feuchteschäden nehmen zu

In der Vergangenheit wurde die Abstimmung des neuen Heizkessels an den vorhandenen Schornstein nicht genügend beachtet. Das hatte zur Folge, daß vermehrt Schäden durch Kondensation der Abgase im Schornstein (Versottung) aufgetreten sind. Nicht zufällig meldeten die Schornsteinfeger in ihrer allgemeinen Mängelstatistik eine deutliche Zunahme an Durchfeuchtungsschäden. So stieg die Zahl der Beanstandungen in den Jahren 1980 bis 1993 von 130.000 auf 400.000.

In den meisten Fällen hilft der Einbau einer »kombinierten Nebenluftvorrichtung« (siehe Seite 76). Reicht diese Maßnahme nicht aus, so ist eine Querschnittsanpassung des Schornsteins erforderlich.

Entscheidend ist die Beurteilung durch den Schornsteinfeger. Er muß in jedem Fall vor Beginn jeglicher Vorhaben am Schornstein herangezogen werden. Zusammen mit dem Heizungsfachmann und der Fachfirma für Schornsteinsanierungen wird der neue Querschnitt für das Abgassystem festgelegt.

Architekten bzw. Bauleuten steht heute eine Vielzahl von unterschiedlichen Systemen zur Querschnittsanpassung zur Verfügung. Bewährt haben sich Werkstoffe, die sich schnell aufheizen und den Abgasen möglichst wenig Wärme entziehen. Dazu zählen Edelstahl und Glas, aber auch leichte Keramikrohre. Systeme für Brennwertkessel s. Seite 80.

Die meisten Schornsteine im Gebäudebestand sind überdimensioniert. Oft hilft nur noch eine Querschnittsverminderung.

Als günstig erweisen sich Abgassysteme, die auf das Heizkesselfabrikat abgestimmt sind. Auch bei Querschnittsanpassungen hat sich der Einsatz von Nebenluftvorrichtungen zum Ausgleich unterschiedlicher Zugverhältnisse bewährt. Da heute Querschnittsanpassungen auch von Heizungsfachfirmen durchgeführt werden, vermindert sich der Koordinationsaufwand.

Systeme zur Querschnittsverminderung dürfen auch von einer Heizungsfachfirma eingebaut werden. Hochlegierte Edelstahlrohre sind für den Einsatz in Heizöl-befeuerten Anlagen besonders geeignet.

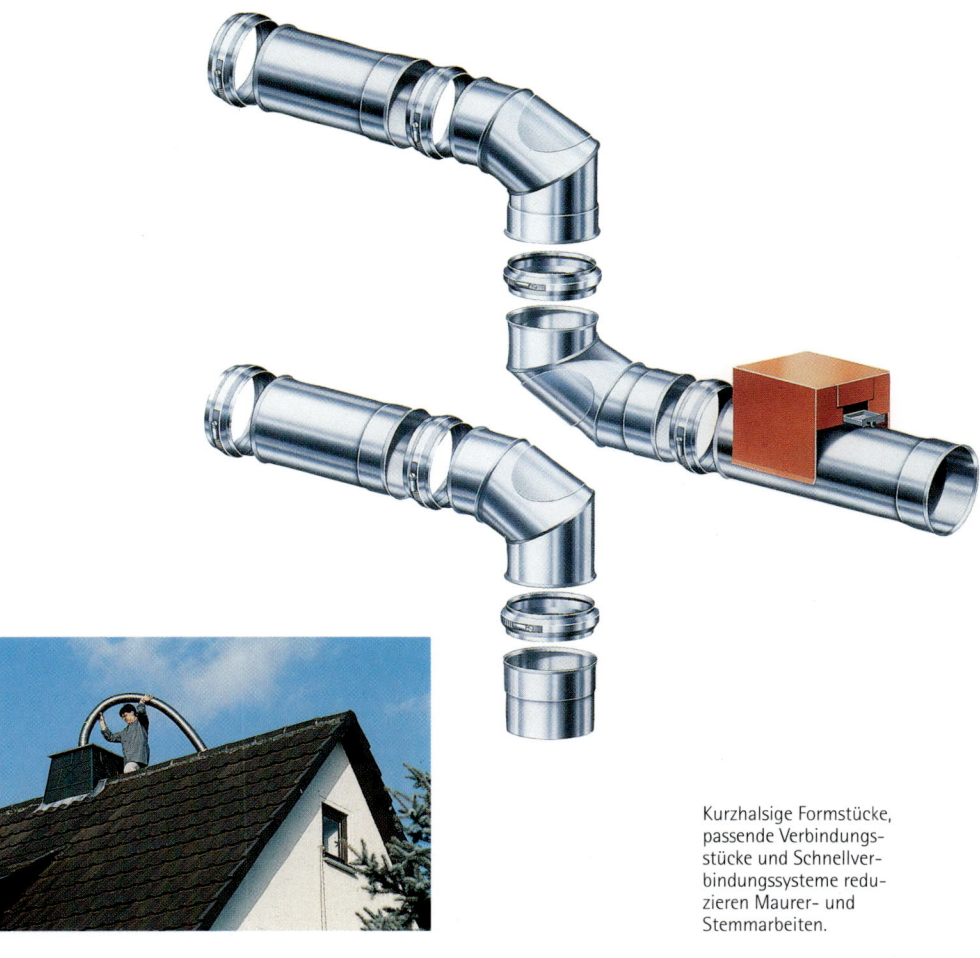

Kurzhalsige Formstücke, passende Verbindungsstücke und Schnellverbindungssysteme reduzieren Maurer- und Stemmarbeiten.

Die Qual der Wahl eines Schornsteinsanierungssystems entfällt, wenn man auf das Systemangebot des Heizkesselherstellers zurückgreift.

Abgasanlagen für Brennwertkessel

Bauaufsichtliche Zulassung erspart individuelle Genehmigung

Brennwertgeräte benötigen spezielle Abgasanlagen, die sich von denen für Standard- bzw. Niedertemperatur-Heizkessel in einigen Details unterscheiden. Da bei den meisten Brennwertgeräten die abgekühlten Abgase mit mechanischer Unterstützung abgeleitet werden, ist in der Regel eine druckdichte Abgasleitung notwendig. Wegen der »nassen« Abgasführung kommen für Brennwertkessel nur feuchteunempfindliche Abgasanlagen in Frage.

Abgasleitungen für Brennwertgeräte werden in verschiedenen Materialien angeboten, z. B. in Edelstahl, Keramik, Glas, Aluminium, Kunststoff und neuerdings auch in Verbundmaterialien aus Edelstahl und Kunststoff. Wichtig ist, daß das gesamte System, einschließlich aller Formteile und Dichtungen, bauaufsichtlich zugelassen ist.

Zur Zeit werden für Abgasleitungen von Brennwertkesseln drei Abgastemperaturklassen unterschieden:
bis 80°C: Typ A
bis 120°C: Typ B
bis 160°C: Typ C.

Bei Verwendung von Abgasleitungen aus oder mit brennbaren Wertstoffen (z. B. Silikondichtungen) muß die der jeweiligen Abgastemperaturklasse zugehörige maximale Abgastemperatur abgesichert werden
- entweder durch Einbau eines nach DIN 3440 geprüften und gekennzeichneten Sicherheitstemperaturbegrenzers hinter dem Wärmeerzeuger im Abgasweg
- oder durch Bestätigung einer neutralen Prüfstelle, daß aufgrund der »physikalischen Absicherung« des Wärmeerzeugers die maximale Abgastemperatur nicht erreicht werden kann.

Sobald Abgasleitungen Geschoßdecken durchstoßen, müssen sie entweder in Schornsteinen oder in feuerbeständigen Schächten verlegt werden. Bei raumluftunabhängigem Betrieb reicht ein feuerbeständiger Schacht der Qualität F 90. Als feuerbeständig im Sinne der DIN 4102 gelten Materialien, die 90 Minuten dem Feuer widerstehen. Dazu gehören Schächte aus
- Mauerwerk (Hochlochziegel A nach DIN 105), mindestens 11,5 cm Wandstärke
- Gasbeton nach DIN 4264, mindestens 10 cm Wandstärke
- Brandschutzplatten (zugelassen) in geprüfter Versetzart, mindestens 4 cm Wandstärke.

Wenn Abgasleitungen unter Überdruck betrieben werden, und das ist bei vielen Brennwertgeräten der Fall, muß der Schacht entweder im Gleichstromprinzip (Feuerstätte zu Schachtmündung) oder im Gegenstromprinzip (Schachtmündung zu Feuerstätte) hinterlüftet sein. Werden Abgasleitungen außerhalb von Gebäuden verlegt, sind bestimmte Abstände zu brennbaren Baustoffen und zu Fenstern einzuhalten. Näheres regelt die jeweilige Feuerungsverordnung.

Wichtig für den Betrieb von Abgasleitungen außerhalb von Gebäuden ist die Einhaltung der nach DIN 4705, Teil 1 geforderten Grenztemperatur von 0°C an der Innenwandseite der Abgasmündung. Damit soll die Vereisung bei Temperaturen unter dem Gefrierpunkt verhindert werden. Einwandige, außenliegende Abgasleitungen sind deshalb nur bis zu bestimmten Gebäudehöhen einsetzbar.

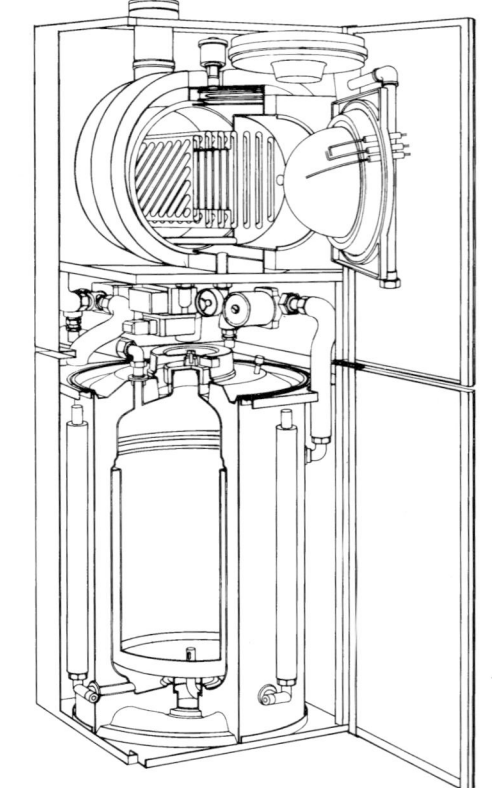

Brennwertkessel benötigen wegen ihrer »nassen« Abgasführung spezielle Abgasanlagen.

Mehr Wohnraum durch LAS-Systeme

Eine Besonderheit unter den Abgasanlagen bilden Luft-Abgas-Schornsteine (LAS) für den Anschluß von einem oder mehreren Wärmeerzeugern pro LAS-Schornstein. Für in Dachräumen angeordnete Feuerstätten eignet sich das Abgas-Zuluft-System (AZ) mit senkrechter Dachführung. Bei diesen Systemen wird die Verbrennungsluft entweder über den Ringspalt zwischen Innenrohr und dem Schacht, durch einen nebenliegenden Schacht oder über eine konzentrisch um das Abgasrohr angeordnete Zuluftleitung (z. B. beim AZ-System) zugeführt (Stummelschornstein). Diese Art der Luftzuführung ermöglicht die Aufstellung des Wärmeerzeugers, z. B. eines Brennwertgerätes, in Wohnräumen oder die Nutzung des bisherigen Heizraumes für andere Zwecke, z. B. als Bad, Hauswirtschafts- oder Hobbyraum. Der sonst bei Aufstellung von Feuerstätten in Wohnräumen vorgeschriebene Luftverbund entfällt dadurch.

Abgas-Zuluft-Systeme (AZ) gelten als »neue Bauarten« im Sinne des Baurechts und bedürfen deshalb, zusammen mit den Wärmeerzeugern, einer besonderen, möglichst gemeinsamen bauaufsichtlichen Zulassung.

Für den Anschluß des Wärmeerzeugers werden spezielle konzentrische Anschlußformstücke benötigt, die entweder vom Hersteller des Wärmeerzeugers oder vom Hersteller der Abgasanlage geliefert werden.

Es besteht auch die Möglichkeit, Abgasleitungen durch bestehende Schornsteine zu führen. Eine Sonderform ist das »Altbau-LAS«, bei denm Luft und Abgas durch separate Schächte geführt werden kann.

Feuchteunempfindliche Schornsteine

Auch an klassische Schornsteine nach DIN 4705 dürfen Brennwertkessel angeschlossen werden. Voraussetzung ist, daß es sich um einen feuchteunempfindlichen Schornstein handelt, der als solcher vom deutschen Institut für Bautechnik, Berlin, baurechtlich zugelassen ist. Dabei ist zu berücksichtigen, daß diese Schornsteinbauart nur mit Unterdruck betrieben werden darf. Das Verbindungsstück muß baurechtlich zugelassen sein, d. h. der Schonsteinhersteller muß die Eignung seines Schornsteins inklusiv Verbindungsstück für Brennwertbetrieb nachweisen.

Gerätehersteller fragen

Die Planung von Abgasanlagen für Brennwertgeräte bedarf einer gewissen Sorgfalt, besonders dann, wenn Wärmeerzeuger und Abgasanlage von verschiedenen Herstellern stammen. Einfacher ist der Einbau eines Abgassystems vom Hersteller des Brennwertgerätes. Hier kann der Architekt sicher sein, daß alle Teile zueinander passen, d. h. gemeinsam bauaufsichtlich zugelassen sind. Bezieht man Wärmeerzeuger und Abgasanlage von unterschiedlichen Herstellern, muß man klären, ob das Brennwertgerät auf der Abgasseite mit Überdruck oder Unterdruck arbeitet.

Generell gilt: Abgas-Zuluft-Systeme für in Dachräumen aufgestellte Wärmeerzeuger arbeiten mit Überdruck und sind Teil des Wärmeerzeugers. Luft-Abgas-Schornsteine arbeiten in der Regel im Unterdruckbereich, das heißt, der in Brennwertgeräten meist eingebaute Abgasventilator erzeugt keinen Überdruck, sondern dient nur zur Überwindung des Gerätewiderstandes. Solche Luft-Abgas-Systeme müssen speziell auf ihre Dichtigkeit geprüft werden.

Der Innovationsschub bei Brennwertgeräten und Abgassystemen macht es erforderlich, sich in Fragen der Planung von Abgasanlagen mit dem Schornsteinfeger frühzeitig abzustimmen.

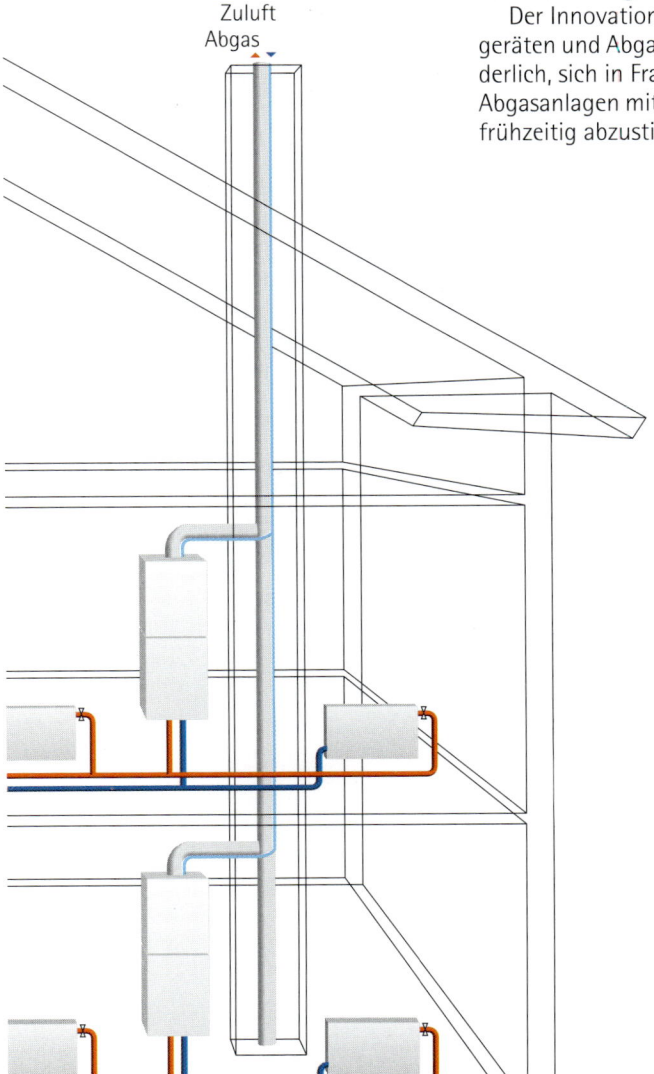

Mehrere Brennwertekessel an einer Abgasleitung. Die neue Muster-Feuerungsverordnung läßt solche Lösungen zu.

CO_2-Minderungspotential im Gebäudebestand

Geringer baulicher Wärmeschutz und veraltete Heizungsanlagen führen zu hohen Energieverlusten

Die Bundesregierung beschloß 1990, den Kohlendioxid (CO_2)-Ausstoß bis zum Jahr 2005 um 25 bis 30 Prozent zu reduzieren. Der Sektor Haushalte und Kleinverbraucher – gemeint sind hier in erster Linie Hausheizungen – soll mit einer überproportionalen Minderung von 40 Prozent zu dieser Zielvorstellung beitragen. Heizungsrelevante Verordnungen wie
- Wärmeschutzverordnung (WSchV)
- Heizungsanlagen-Verordnung (HeizAnlV)
- Kleinfeuerungsanlagen-Verordnung (1. BImSchV)

bilden den gesetzlichen Rahmen, um dieses Ziel zu erreichen.

Das Hauptgewicht der Energieeinspar-Verordnungen lag bisher auf dem Neubaubereich. Energieexperten sind jedoch zu der Überzeugung gekommen, daß sich der niedrigere Energieverbrauch neuer Gebäude erst langfristig auf die CO_2-Bilanz auswirken wird.

Ein erheblich größeres und im Grunde genommen leichter zu erschließendes CO_2-Minderungspotential bietet dagegen der Gebäudebestand. Betrachtet man die alten Bundesländer, so sind von den rund 12 Millionen Wohngebäuden mehr als 10 Millionen vor dem Jahr 1979 errichtet worden. Der größte Teil dieser Gebäude entspricht nicht einmal den Minimalanforderungen der ersten Wärmeschutzverordnung aus dem Jahre 1982. So beträgt der spezifische Wärmebedarf eines vor 1958 gebauten, freistehenden Einfamilienhauses rund 180 Watt pro Quadratmeter Wohnfläche – der zwei- bis dreifache Wert eines nach der neuen WSchV gebauten Wohnhauses.

Schuld am hohen Energieverbrauch und damit zwangsläufig auch an der hohen CO_2-Emission ist aber nicht nur der niedrige Dämmstandard des Gebäudebestandes, sondern vor allem auch die unter heutigen Gesichtspunkten veraltete Heizungstechnik. Immer noch gelten rund 7 Millionen Heizkessel als nicht mehr dem Stand der Technik entsprechend und damit als erneuerungsbedürftig.

Im Stichjahr 1987 emittierten »Haushalte und Kleinverbraucher« rund 246 Millionen Tonnen des Treibhausgases Kohlendioxid (alte und neue Bundesländer), das sind rund 23,1 Prozent der gesamten CO_2-Emission in Deutschland.

Riesige Einsparpotentiale für Kohlendioxid

Die Wege zu geringeren CO_2-Emissionen bei der Beheizung von Gebäuden sind vielfältig. Am einfachsten ist der Umstieg auf Brennstoffe, die eine geringere CO_2-Bildung verursachen. Ein großes Einsparpotential liegt in den neuen Bundesländern, wo noch rund 65 Prozent aller Wohnungen mit Kohle, entweder zentral oder mit Einzelöfen, beheizt werden. Allein durch den Umstieg von Braunkohle auf Erdgas ließe sich die CO_2-Emission um 50 Prozent reduzieren, den höheren Nutzungsgrad von Gasfeuerstätten gegenüber Festbrennstoffkesseln oder Einzelöfen noch nicht berücksichtigt.

Allgemein liegt der Jahres-Nutzungsgrad von Heizkesseln aus den sechziger und siebziger Jahren mit fest eingestellter Kesseltemperatur zwischen 60 und 70 Prozent – sogenannte Wechsel- oder Umstellbrandkessel können noch darunter liegen.

Die schlechte Energieausnutzung der alten Kessel ist auf die hohen Oberflächenverluste durch geringe Wärmedämmung des Kesselmantels, freiliegende Kesselteile und ständig hohe Kesseltemperaturen von über 70°C zurückzuführen. Ebenso schlagen die Verluste durch hohe Abgastemperaturen und die Kesselauskühlung durch Luftzirkulation bei langen Stillstandszeiten zu Buche. Auch schlecht wärmegedämmte Rohrleitungen in unbeheizten Kellerräumen tragen in nicht geringem Umfang zur Energieverschwendung und damit zur Umweltbelastung bei. Versuche, durch Minimalsanierungen, z. B. Brenneraustausch, solche Anlagen zu modernisieren, führen nicht zu der erhofften Energieeinsparung. Dies hängt mit der Charakteristik älterer Kesselbauarten zusammen, die ihre beste Energieausnutzung erst bei einer Auslastung von 100 Prozent erreichen. Dieser Betriebszustand tritt jedoch höchst selten auf. Dagegen liegt das Optimum bei Nieder-, Tief- und Brennwertkesseln im Teillastbereich. So werden rund 85 Prozent der Jahres-Heizarbeit bei Kesselauslastungen zwischen 10 und 60 Prozent geleistet.

Die zügige Erneuerung von Heizkesseln alter Bauart ist deshalb ein wesentlicher Schritt zur CO_2-Minderung und zur Energieeinsparung.

Heizungsmodernisierung zahlt sich aus

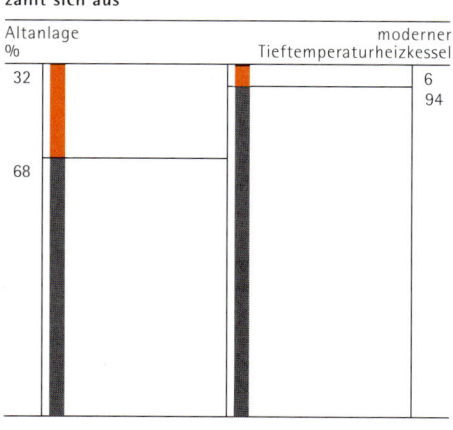

Altanlage %	moderner Tieftemperaturheizkessel
32	6
68	94

- Energieverlust
- Nutzenergie

Die neue WSchV und der Gebäudebestand

Die vom Gesetzgeber verordneten Energiesparmaßnahmen müssen für den Gebäudeeigentümer wirtschaftlich sein. So steht es im Energieeinsparungsgesetz vom 22. Juli 1976, Grundlage und Legitimation für alle Energieeinsparverordnungen.

Aufgrund dieses Wirtschaftlichkeitsgebotes blieb der Altbaubestand bislang von Maßnahmen im Zusammenhang mit der Wärmeschutzverordnung weitgehend ausgeklammert. Allerdings greift die neue WSchV bei baulichen Erweiterungen
- um mindestens einen beheizten Raum
- um mehr als 10 m² zusammenhängende beheizte Gebäudenutzfläche.

Auch bei Austausch- und Erneuerungsarbeiten entstehen durch die neue WSchV höhere Anforderungen an die Wärmedämmung. Dies betrifft
- Außenwände
- Fenster, Fenstertüren und Dachfenster
- Decken unter nicht ausgebauten Dachräumen oder Decken bzw. Dachschrägen, welche die Räume nach oben oder unten gegen die Außenluft abgrenzen
- Kellerdecken
- Wände und Decken gegen unbeheizte Räume.

Die Ersatz- bzw. Erneuerungsmaßnahme muß sich jedoch auf mehr als 20 Prozent der Gesamtfläche der jeweilgen Bauteile erstrecken. Fachleute schätzen den Energiespareffekt, den diese Klausel auf den Gebäudebestand haben wird, als gering ein.

Trotz Heizungsanlagen-Verordnung und Bundesimmissionsschutzgesetz finden sich immer noch solche Museumsstücke in Heizräumen. Vor allem in den neuen Länder besteht noch ein großer Nachholbedarf an moderner Heiztechnik.

Wärmebedarf von Gebäuden – Erfahrungswerte je m² Wohnfläche

Gebäudeart	Gebäudealtersklassen				
	bis 1958 W/m²	1959–1968 W/m²	1969–1973 W/m²	1974–1977 W/m²	ab 1978 W/m²
Einfamilienhaus					
freistehend	180	170	150	115	95
Reihenwohnhaus					
Endhaus	160	150	130	110	90
Mittelhaus	140	130	120	100	85
Mehrfamilienwohnhaus					
bis 8 Wohneinheiten	130	120	110	75	65
> 8 Wohneinheiten	120	110	100	70	60

Heizung erneuern und Gebäude wärmedämmen

Koordination beider Maßnahmen führt zu maximaler Energieeinsparung

Viele Eigenheimbesitzer stehen vor der Entscheidung, ob sie zuerst ihre Heizung modernisieren und dann Fenster erneuern und Außenwände bzw. Dach wärmedämmen sollen oder umgekehrt. Beide Maßnahmen auf einmal durchzuführen, wäre sicher das Optimum, ist aber in der Regel kaum finanzierbar und nur in wenigen Fällen ökonomisch. Über die wirtschaftlich sinnvolle Reihenfolge sind selbst Fachleute unterschiedlicher Auffassung.

Von verschiedenen Seiten wird kritisiert, daß es z. B. zu einer Überdimensionierung des Heizkessels komme, wenn zuerst der Wärmeerzeuger erneuert und zu einem späteren Zeitpunkt die Gebäudehülle nachgedämmt werde. Die Überdimensionierung habe negative Auswirkungen auf den Energieverbrauch und sei somit falsch. Nicht berücksichtigt wird bei dieser Diskussion, daß sich alte Heizkessel gegenüber modernen Bauarten in Bezug auf eine Überdimensionierung völlig konträr verhalten.

Alte Heizkessel mit ganzjährig fest eingestellten Kesseltemperaturen erreichen ihr Nutzungsmaximum bei 100 Prozent Auslastung, also erst bei etwa –15°C Außentemperatur. Bei modernen Niedertemperatur-Heizkesseln und insbesondere beim Brennwertkessel liegt der Bestwert zwischen 10 und 30 Prozent Auslastung – eine Eigenschaft, die mit der gleitenden Fahrweise dieser Kesselbauart sowie der verbesserten Wärmedämmung moderner Heizkessel zusammenhängt. Typisch ist die ansteigende Nutzungsgradkurve bei geringer werdender Auslastung – ein Betriebsverhalten, das bei Brennwertkesseln besonders ausgeprägt ist.

Eine Überdimensionierung ist also nicht mehr von Nachteil wie bei älteren Heizkesseln, sondern von Vorteil. Die Empfehlung lautet deshalb, den Heizkessel etwa 20 Prozent größer als den Wärmebedarf des Gebäudes auszulegen. Dieser Zuschlag gilt unter Heizkesselspezialisten als ideal. Bis 50 Prozent Aufschlag entstehen keine energetischen Nachteile. Die Heizungsanlagen-Verordnung läßt diese Möglichkeit für Niedertemperatur- und Brennwertkessel ausdrücklich zu.

Hohe Wärmeverluste über die Oberfläche sprechen gegen Brenneraustausch

Unter einem »alten« Heizkessel versteht der Fachmann eine Heizkesselbauart, die ganzjährig mit Kesseltemperaturen von mindestens 70°C betrieben werden muß. Typisch für solche Heizkessel sind hohe Oberflächentemperaturen sowie freiliegende Kesselpartien, wie Flanschanschlüsse, Brennergeschränk, teilweise auch noch Fülltüren und Reinigungsöffnungen. Die daraus resultierenden Oberflächenverluste belaufen sich in der Regel auf 15 bis 25 Prozent des Jahres-Brennstoffbedarfs, können aber bei Umstell- und Wechselbrandkessel zusammen mit den Abgasverlusten auf bis zu 40 Prozent ansteigen.

Die meisten dieser Heizkessel sind außerdem aufgrund der früher üblichen Berechnungsgewohnheiten mit mehrfachen Zuschlägen um den Faktor 1,5 bis 3 zu groß ausgelegt. Diese Überdimensionierung ist mit ein Grund für den schlechten Nutzungsgrad alter Heizkessel, zumal viele auch bei extrem kalter Witterung nur zu 30 bis 50 Prozent ausgelastet sind. Wird die Auslastung eines solchen Heizkessels durch Wärmedämm-Maßnahmen am Gebäude zusätzlich vermindert, so verschlechtert sich der Nutzungsgrad des alten Heizkessels nochmals überproportional, besonders in der Übergangszeit. Geradezu unsinnig ist es, solche Heizkessel mit neuen Brennern auszurüsten in der Hoffnung, daß der Nutzungsgrad des »Oldie« damit spürbar ansteige. Aus heutiger Sicht sind solche Verjüngungsmaßnahmen nur ein Tropfen auf den heißen Stein, da bestenfalls die Abgasverluste um 1 oder 2 Prozent reduziert werden, nicht aber die hohen Oberflächenverluste.

Heizkessel arbeiten nur ganz selten bei Vollast. An rund 120 Heiztagen im Jahr beträgt die Auslastung gerade mal 13 Prozent, an 50 Tagen sind es 30 Prozent. Um so wichtiger ist der Nutzungsgrad von Heizkesseln im Teillastbereich. Grundlage für die Bestimmung des Norm-Nutzungsgrades sind die in der Graphik dargestellten Betriebspunkte.

Betriebspunkte zur Bestimmung des Norm-Nutzungsgrades

Relative Heizkessel-Auslastung in %	Außentemperatur in °C
80	–9
70	–6
60	
50	–3
40	0
30	3
20	6
10	9
	12

Heiztage (d): 24,5 32,2 39,5 50,5 119,7

Wer sein Haus nachträglich wärmedämmt und den alten Heizkessel weiterbetreibt, muß aufgrund der Charakteristik alter Heizkessel im Teillastbereich mit einer etwa 10prozentigen Minderung des Nutzungsgrades seines Heizkessels rechnen.

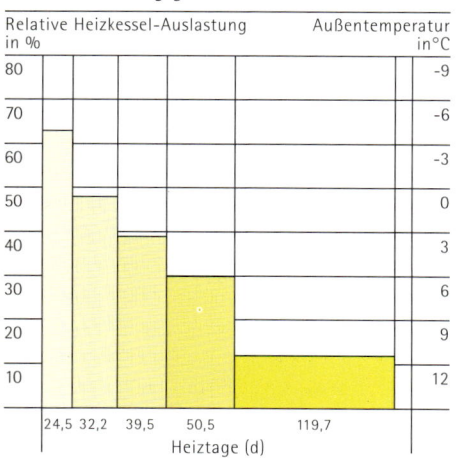

Nachträgliche Wärmedämmung contra Heizungsmodernisierung

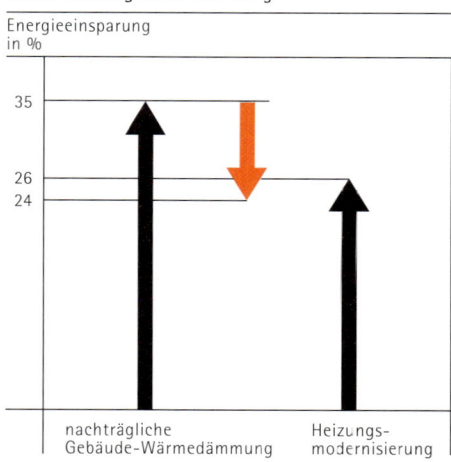

Energieeinsparung in %

35 — nachträgliche Gebäude-Wärmedämmung
26 / 24 — Heizungsmodernisierung

■ Minderung des Nutzungsgrades alter Heizkessel bei nachträglicher Wärmedämmung

Teillastverhalten entscheidet über Energieeffizienz

Der wesentliche Unterschied zwischen einem alten Heizkessel und einem Niedertemperatur- bzw. Brennwertkessel ist der völlig andere Nutzungsgradverlauf. Das hängt in erster Linie damit zusammen, daß bei den neuen Wärmeerzeugern die Kesseltemperatur je nach Bauart zwischen 20 und 75°C gleitet. Im Idealfall wird der Kessel in Abhängigkeit der Außentemperatur bis hinunter zur Raumtemperatur gleitend betrieben. Diesen Vorteil nutzen insbesondere Brennwertkessel, die um so mehr Wasserdampf aus dem Abgas kondensieren, je kälter das Rücklaufwasser aus dem Heizungssystem zurückkommt. Durch diese Betriebsweise sowie die wesentlich verbesserte Wärmedämmung der Heizkessel betragen die Oberflächenverluste jährlich nur noch 2 bis 3 Prozent, also etwa ein Zehntel der Wärmeverluste eines alten Heizkessels.

Ein weiterer Vorteil der Niedertemperatur- bzw. Brennwertkessel mit integrierter Regelung ist die totale Abschaltung des Kessels, sobald keine Wärme angefordert wird. Die Oberflächen- und Abgasverluste gehen dann gegen Null. Solche Betriebssituationen treten vor allem in der Übergangszeit auf und werden im Niedrigenergiehaus durch den höheren prozentualen Anteil von inneren und solaren Wärmegewinnen eher noch zunehmen.

Ergebnis der Norm-Nutzungsgradprüfung eines Öl-Heizkessels mit 22 kW Leistung

Relative Kesselleistung ϕ_{Kl} (%)	Heizmitteltemperaturen v_V/v_R (°C)	Teillast-Nutzungsgrad η_ϕ (%)
13	27 / 25	95,3
30	37 / 32	94,1
39	42 / 36	93,6
48	46 / 39	93,3
63	55 / 45	92,6

Die Oberflächenverluste moderner Niedertemperatur- und Brennwertkessel betragen nur noch etwa ein Zehntel der Wärmeverluste eines alten Heizkessels.

Wärmedämmung nur sinnvoll mit modernem Heizkessel

Die Charakteristik des Nutzungsgrades alter und neuer Heizkessel zeigt deutlich, daß die Energieeinspareffizienz und Wirtschaftlichkeit einer Investition von der Reihenfolge der Energiesparmaßnahmen abhängig ist. Wer sein Haus zuerst wärmedämmt und den alten Heizkessel beibehält, betreibt seine Heizungsanlage mit noch größeren Verlusten als vorher.

Ein Beispiel: Durch die nachträgliche Wärmedämmung eines Einfamilienhauses – Investitionssumme etwa 30.000 DM – wird der Heizwärmebedarf um rund 35 Prozent gesenkt. Dadurch fällt die Belastung des alten, bereits überdimensionierten Heizkessels weiter ab, mit dem Ergebnis, daß sich der Nutzungsgrad nochmals um 10 Prozent verschlechtert. Aus ursprünglich 35 Prozent Einsparung beim Heizwärmebedarf werden gerade noch 24 Prozent Energieeinsparung; die Differenz geht durch noch höhere Oberflächenverluste des alten Heizkessels verloren.

Hätte der Bauherr zunächst seinen alten Heizkessel durch einen modernen Wärmeerzeuger ersetzt – Investitionssumme ca. 12.000 DM – wäre der Heizwärmebedarf gleich geblieben, der Nutzungsgrad des Heizkessels hätte sich aber von 68 auf 94 Prozent verbessert, also um 26 Prozent.

Der Kesselaustausch lohnt sich also nicht nur aus energetischer Sicht, sondern erfordert auch spezifisch weniger an Investitionskosten, um die gleiche Menge an Energie einzusparen.

Interessant ist der positive Effekt auf den Nutzungsgrad moderner Heizkessel, wenn das Haus nach der Erneuerung des Heizkessels wärmegedämmt wird. Die nachträgliche Wärmedämmung führt zu einer Überdimensionierung des Heizkessels und der Heizflächen. Dadurch kann die Heizung bei niedrigeren Vorlauf-/Rücklauftemperaturen betrieben werden. Bei Einbau eines Brennwertkessels steigt der Nutzungsgrad wegen der niedrigeren Rücklauftemperatur sogar noch an.

Reihenfolge der Maßnahmen entscheidend

Die dargestellten Zusammenhänge bedeuten jedoch nicht, die eine Maßnahme durchzuführen und die andere zu unterlassen. Im Gegenteil: Der geringste Brennstoffverbrauch und die höchste CO_2-Minderung ergeben sich, wenn sowohl der Heizkessel modernisiert und gleichzeitig das Gebäude wärmegedämmt wird.

Die Reihenfolge der Energiesparmaßnahmen bei vorhandenen Gebäuden ist damit eindeutig: Zuerst alte Heizkessel durch Niedertemperatur- oder Brennwertkessel ersetzen und dabei die Kesselleistung dem tatsächlichen Bedarf anpassen, aber nicht zu knapp auslegen. Jede weitere Energiesparmaßnahme durch Fensteraustausch oder nachträgliche Wärmedämmung mindert nicht nur den Heizwärmebedarf und reduziert dadurch den Energieverbrauch, sondern steigert durch niedrigere Heiztemperaturen zusätzlich auch den Nutzungsgrad des Heizkessels. Fazit: Nur in einem Gebäude mit einem modernen Heizkessel wird die Verbesserung der Wärmedämmung in vollem Umfang wirksam.

Die geringere Auslastung alter Heizkessel durch die nachträgliche Gebäudewärmedämmung verringert den Nutzungsgrad alter Heizkessel

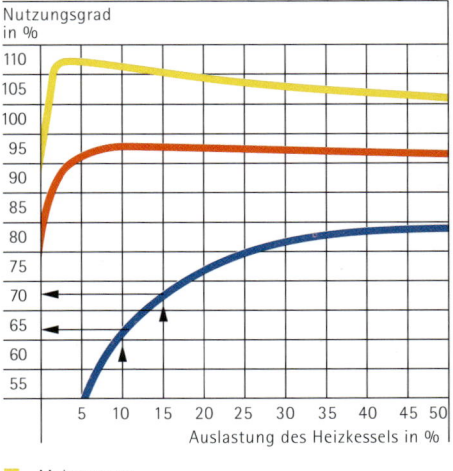

- Mehrnutzen Gas-Brennwertkessel
- Mehrnutzen Niedertemperatur-Heizkessel
- Nutzen Konstanttemperatur-Heizkessel, Baujahr 1975

Umweltschonend heizen mit Holz

Saubere Verbrennung durch moderne Heizkesseltechnik

Heizen mit Holz ist auch heute noch mit sehr vielen Vorurteilen behaftet. Sie stammen vielfach aus einer Zeit, als der rauchende Schornstein seine Symbolkraft für wirtschaftlichen Aufstieg verlor und dem Umweltschutz ein höherer Stellenwert beigemessen wurde.

Zweifelsohne waren damals noch Kesselkonstruktionen auf dem Markt, die unserem heutigen Verständnis von Energieausnutzung, Schadstoffarmut und Bedienungskomfort kaum entsprachen. Auch wurde in der Vergangenheit vielfach der Festbrennstoffkessel als Möglichkeit gesehen, alles Brennbare durch den Schornstein jagen zu können. Zum Teil waren Verbrennungsverbote die Folge.

Die Situation änderte sich fast schlagartig, als am 1. Oktober 1988 eine Neufassung der Bundesimmissionsschutzverordnung in Kraft trat, die erhöhte Anforderungen an die Verbrennung fester Brennstoffe, und damit auch an Holz, stellte.

Festbrennstoffkessel weiterentwickelt

Die Hersteller von Holzheizkesseln haben in den letzten Jahren eine beispielhafte Entwicklungsarbeit geleistet, um Holz sauber zu verbrennen. Gleichzeitig wurde der Verbraucher darüber aufgeklärt, daß Heizen mit Holz nur dann die Umwelt schont, wenn bestimmte Regeln eingehalten werden. Fachleute sind sich darüber einig, daß Holz mit der neuen Verbrennungstechnik und einer sachgerechten Bedienung des Heizkessels fast genau so umweltschonend verbrannt werden kann, wie Heizöl oder Erdgas. Mehr noch: Holz ist ein nachwachsender Rohstoff.

Wer mit Holz heizen will, sollte einige Regeln und Empfehlungen der Hersteller beachten, denn der beste Kessel nutzt wenig, wenn er nicht richtig bedient wird.

Holz läßt sich mit der neuen Verbrennungstechnik bei sachgerechter Bedienung fast genau so umweltschonend verbrennen wie Erdgas oder Heizöl.
Die Fotos zeugen deutlich den Unterschied zwischen einer optimierten Holzverbrennung mit vorgewärmter Sekundärluft (links) und einer konventionellen Holzfeuerung rechts.

Pufferspeicher hilft bei Teillast

Moderne Holzkessel sind heute so konstruiert, daß sich ihre Nennleistung auf ca. 50 Prozent drosseln läßt, ohne daß die Grenzwerte der Bundesimmissionsschutzverordnung überschritten werden. Steht parallel auch ein Öl- oder Gasheizkessel zur Verfügung, wird eine gezielte Unterdimensionierung des Holzkessels empfohlen, die etwa 85 Prozent des rechnerischen Bedarfs entsprechen sollte.

Ist ein überwiegender Teillastbetrieb unter 50 Prozent Nennlast vorauszusehen, so empfiehlt sich der Einbau eines Pufferspeichers.

Weitverbreitet sind Holzheizkessel, die nach dem Naturzugprinzip arbeiten. Sie sind einfach zu bedienen und weisen ein günstiges Preis-/Leistungsverhältnis auf. Schlüssel zu einer schadstoffarmen Verbrennung bei hohem Wirkungsgrad ist einerseits eine keramische Auskleidung des Feuerraums, andererseits die Zuführung vorerhitzter Sekundärluft für die Nachverbrennung der aus dem Feuerraum kommenden Heizgase. Weiterhin sind Heizkessel mit Gebläse auf dem Markt.

Ärmel hochkrempeln

Trotz wesentlicher Verbesserungen seitens der Hersteller verursacht eine Holzheizung immer noch einen hohen Bedienungsaufwand. Zwei Beschickungen pro Tag müssen einkalkuliert werden.

Wichtig ist, daß nur naturbelassenes Holz mit einer Restfeuchte von unter 20 Prozent in der vorgeschriebenen Stückgröße verfeuert wird.

Wer also mit Holz heizen will, muß die entsprechende innere Einstellung sowie eine hohe Bereitschaft zur körperlichen Arbeit mitbringen. Sonst werden das Ökohobby schnell zur lästigen Pflichterfüllung und die ca. 200 Liter weniger Heizöl pro Festmeter Holz eine mit mehr Frust als Lust erkaufte Heizkosteneinsparung.

Behagliche Feuer

Auch im Zeitalter von Niedrigenergiehäusern und Brennwertheizungen gibt es immer noch eine nicht kleine Bevölkerungsgruppe, für die der Kamin- bzw. Kachelofen der Inbegriff von Behaglichkeit und Wohnkultur ist. Nicht selten leistet man sich beides: die High-Tech-Heizung und den eher archaisch anmutenden Kamin- oder Kachelofen. Inwieweit das viel beschworene Raumklima durch Kachel- oder Kaminöfen baubiologisch gesünder ist als eine Niedertemperatur-Radiatorenheizung oder eine Fußbodenheizung sei dahingestellt. Knisternde Kaminfeuer und die milde Strahlung keramischer Ofenkacheln scheinen für viele Menschen immer noch mehr an Harmonie und Ruhe auszustrahlen als pulverbeschichtete Plattenheizkörper.

Die neue Generation von Kamin- und Kachelofenbauarten entspricht dem neuesten Stand der Heizungstechnik mit emissionsarmer Verbrennung durch vorgewärmte Sekundärluftzufuhr. Wichtig bei Niedrigenergiehäusern ist die separate Zuführung von Verbrennungsluft, da der Luftverbund in der Regel nicht ausreicht. Diese separat zugeführte Verbrennungsluft bewirkt bei einigen Bauarten, daß die von außen zugeführte Frischluft auch zur Erneuerung der Raumluft beiträgt. Generell müssen Kamin- und Kachelöfen an einen separaten Schornstein in klassischer Ausführung angeschlossen werden.

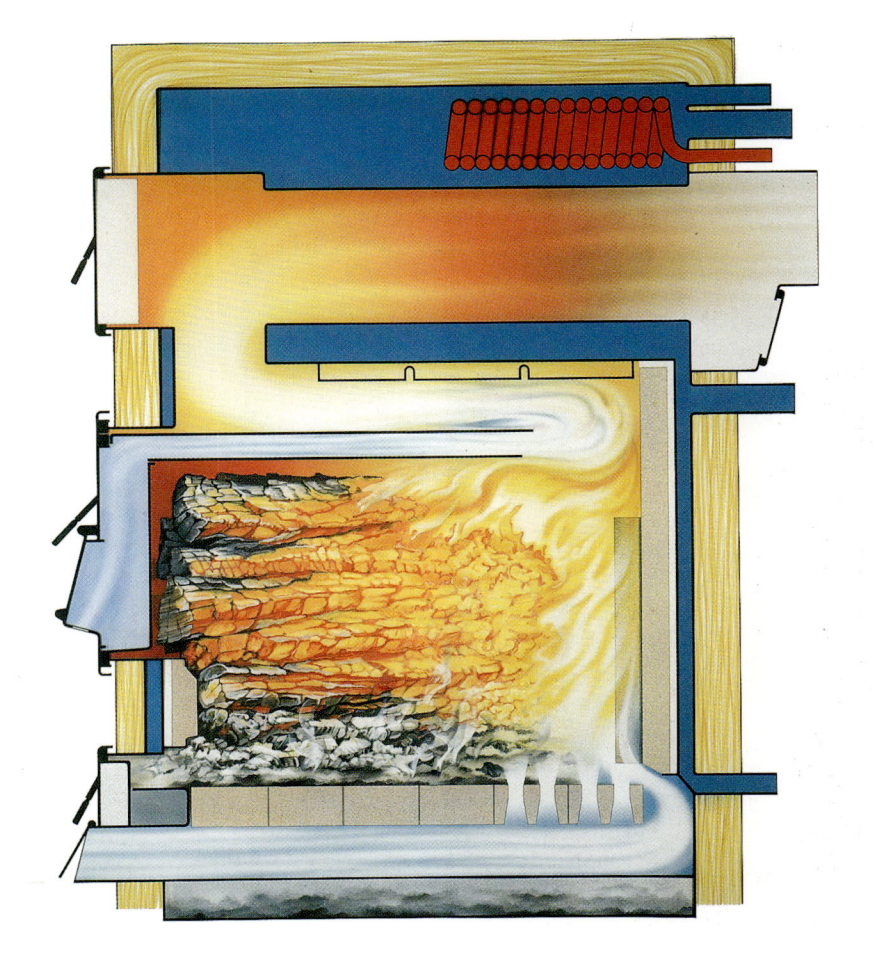

Das Interesse an Holz als nachwachsenden Energieträger ist in den letzten Jahren stark gestiegen. Die Heizkesselindustrie hat darauf mit verbesserten Holzkesselbauarten reagiert.

Heizen mit der Wärmepumpe

Zukunftschancen durch neue Technologien

Die Wärmepumpe wird oft als »Heizmaschine der Zukunft« bezeichnet. Bei diesem Heizprinzip wird mit Hilfe eines mechanisch oder thermisch angetriebenen thermodynamischen Kreisprozesses Wärme aus der Umwelt auf ein höheres Niveau angehoben. Dazu ist Strom oder ein anderer Energieträger notwendig, der einen Elektro- oder Verbrennungsmotor oder gar einen Absorptionsprozeß antreibt.

In Deutschland erlebte die Wärmepumpe ihre Blütezeit um 1980, als der Importpreis für Rohöl innerhalb von zwei Jahren um über 100 Prozent anstieg. Rund 160 Hersteller und Importeure von Elektrowärmepumpen glaubten damals, mit mehr oder weniger ausgereiften Aggregaten den Preistreibern am Ölhahn ein Schnippchen schlagen zu können.

So steil die Absatzkurve für Wärmepumpen im Jahr 1980 anstieg, so rapide ging das Interesse am »umgekehrten Kühlschrankprinzip« noch vor der Entspannung am Ölmarkt zurück. Überzogene Versprechungen, mangelhafter Kundendienst, schlecht geschulte Monteure und Schwierigkeiten bei der Koordination der drei Gewerke Heizungs-, Elektro- und Kältetechnik waren der Grund für ein Debakel, das bis in die heutige Zeit nachwirkt. Hinzu kamen die Erkenntnisse um die Zerstörung der Ozonschicht durch Fluorchlorkohlenwasserstoffe, die als Kältemittel auch in Elektrowärmepumpen eingesetzt wurden. Im Jahre 1990 erreichte der Absatz an Wärmepumpen mit rund 420 Neuinstallationen seinen absoluten Tiefpunkt.

In den Labors der Forschungsinstitute ist die Metamorphose vom Heizkessel zur Heizmaschine bereits vollzogen. Von der »Laborlösung« zum alltagstauglichen Produkt ist es aber noch ein langer Weg.

Neuer Anlauf

In letzter Zeit werden der Wärmepumpe wieder größere Marktchancen eingeräumt. Hintergrund sind zum einen neue, umweltschonendere Kältemittel, zum anderen haben die wenigen verbliebenen Wärmepumpenhersteller aus der Misere gelernt und sowohl Geräte als auch den Service verbessert. Außerdem kommt der Wärmepumpenbranche die neue Wärmeschutzverordnung zugute. Mit verbesserter Wärmedämmung der Gebäude fallen die spezifischen Investitionskosten der thermodynamischen Heizmaschine, auch wenn die oft zitierte Sparsamkeit im Betrieb in den meisten Fällen immer noch hinter den Käufererwartungen zurückbleibt. Sinnvolle Jahresarbeitszahlen, also das Verhältnis der abgegebenen Wärmemenge zur zugeführten elektrischen Arbeit, werden derzeit nur bei Wärmepumpen mit der Wärmequelle Erdreich, Grundwasser, Wasser aus Seen und Flüssen oder industriellen Prozessen erzielt.

Vergleicht man den CO_2-Ausstoß zur Erzeugung einer Kilowattstunde Strom mit dem von einer Kilowattstunde Gas, so muß die Jahresarbeitszahl einer Elektrowärmepumpe mindestens 2,85 betragen, um in der Bilanz gleichauf mit einem Gas-Brennwertkessel zu liegen. In der Praxis werden diese Werte selten erreicht, allenfalls von Erdreich- und Grundwasser-Wärmepumpen oder bei Abwärmenutzung. Diese Anwendungen erfordern aber höhere Investitionskosten, im Falle der Grundwasser-Wärmepumpen auch ein wasserrechtliches Genehmigungsverfahren.

Marktkenner sind deshalb zurückhaltend in der Beurteilung der Wärmepumpe. Selbst wenn es die Hersteller schaffen sollten, eine hocheffiziente, drehzahlgeregelte Wärmepumpe zu einem wettbewerbsfähigen Preis anzubieten, fehle dem Gros der Heizungsfachleute die Bereitschaft, diese Technik zum jetzigen Zeitpunkt auch einzusetzen. Sinngemäß läßt sich diese Einschätzung auch auf sogenannte Zuluft-/Abluft- oder Abluft-Wärmepumpen übertragen, die zur Wärmerückgewinnung in der Wohnungslüftung eingesetzt werden. Branchenkenner gehen davon aus, daß es einer weiteren Verschärfung des Dämmstandards, aber auch höherer Energiepreise bedarf, um die Startchancen von Wärmepumpen zu verbessern.

Langfristige Alternative

Es bestehen keine Zweifel darüber, daß in Zukunft von einem Wärmeerzeuger mehr verlangt wird, als nur Brennstoff in Wärme umzuwandeln. Ziel zukünftiger Heizkonzepte ist die Nutzung von Umwelt- oder Abwärme durch Wärmepumpen, die entweder motorisch oder thermisch angetrieben werden. Noch ist es allerdings verfrüht, Details dieser Entwicklungen zu beschreiben, da die Anwendungsreife dieser Aggregate noch nicht absehbar ist.

So viel ist aber schon sicher: Die neuen thermodynamischen Heizmaschinen werden Teil eines Gesamtsystems sein, und zwar von Herstellern, die auch heute schon für eine qualitativ hochstehende Heiztechnik bürgen. Ansprechpartner, Berater und Ausführender bleibt auch für diese Art der Wärmeerzeuger das Heizungshandwerk, das – ebenso wie die Hersteller – seine Rolle als Systemanbieter in Zukunft noch mehr ausbauen wird.

Unsere Umwelt enthält auch bei Temperaturen unter dem Gefrierpunkt noch genügend Energie, die sich mit Hilfe einer Wärmepumpe zur Beheizung eines Gebäudes nutzen läßt.

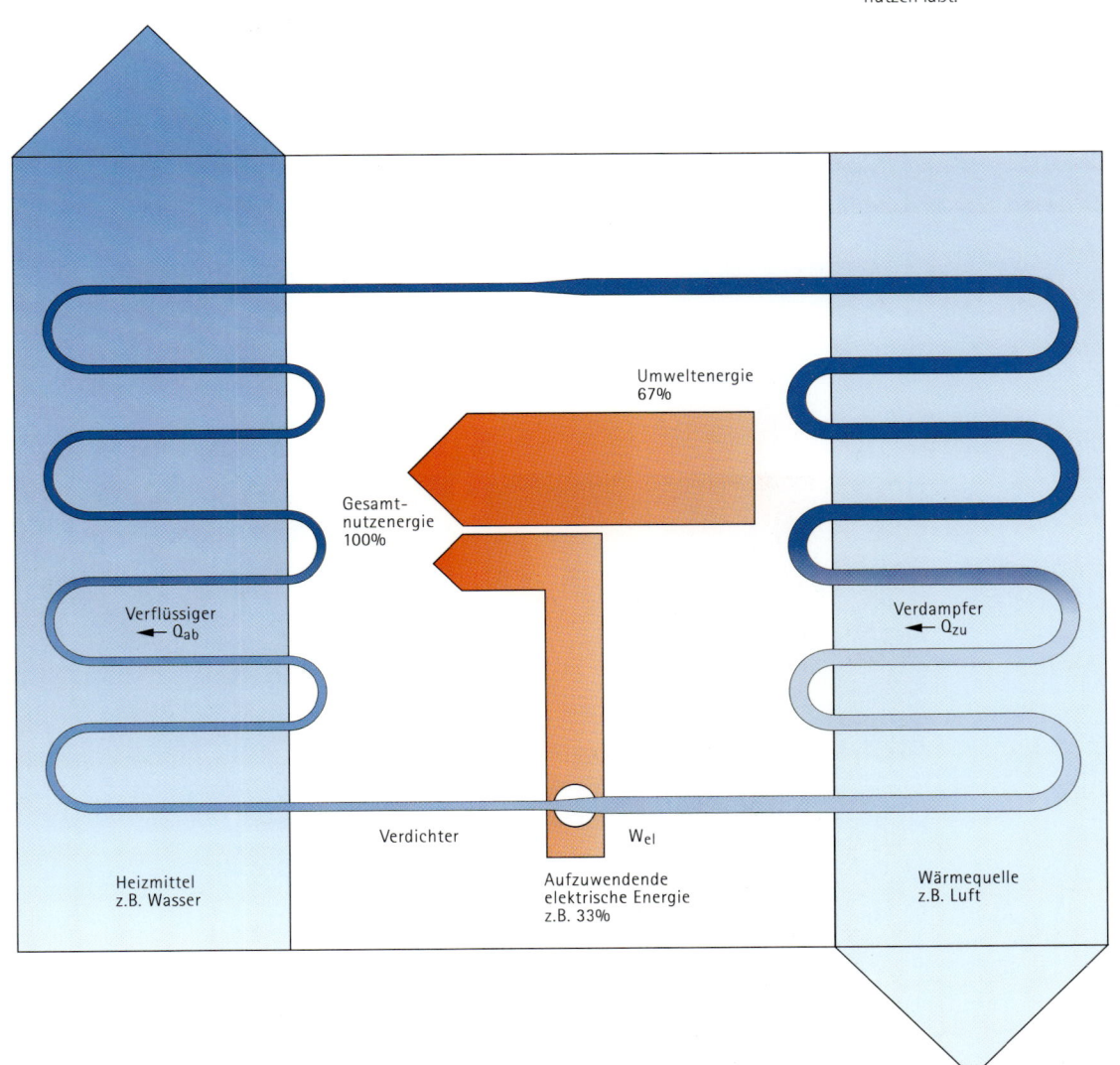

Funktionsschema einer Wärmepumpe. Mit Hilfe eines thermodynamischen Kreisprozesses wird der Umwelt (Luft, Wasser oder Erdreich) Wärme entzogen, auf ein höheres Niveau transformiert und einem Heizsystem zugeführt.

Umweltenergie 67%

Gesamtnutzenergie 100%

Verflüssiger ← Q_{ab}

Verdampfer ← Q_{zu}

Verdichter W_{el}

Heizmittel z.B. Wasser

Aufzuwendende elektrische Energie z.B. 33%

Wärmequelle z.B. Luft

Heizen in der Zukunft

Investitionen und Betriebskosten müssen in einem sinnvollen Verhältnis stehen

Sie sind die »Eye-catcher« in Life-Style- und Bausparzeitschriften, auf Technik-, Bau- und Wissenschaftsseiten von Tageszeitungen: Null-, Passiv- und »Niedrigstenergiehäuser«. Der unbedarfte Leser bekommt dabei leicht den Eindruck, daß derlei Haus- und Heiztechnik kurzfristig zur Verfügung steht und womöglich nicht wesentlich mehr kostet als die für ein konventionell gebautes Haus.

Keine Frage, die Entwicklung energieautarker Häuser mit photovoltaischem Wasserstoffbrüter, transparenter Wärmedämmung, Vakuum-Absorbern zur Warmwasserbereitung sowie ausgeklügelten Heiz- und Lüftungssystemen mit Wärmerückgewinnung, womöglich sogar auch noch aus dem Abwasser, geben auch den tangierenden Branchen wichtige Impulse.

Was oft verschwiegen wird, ist der Preis für die hochgerüsteten High-Tech-Häuser. Oft gehen die Mehrkosten für die Quasi-Energieautonomie in die Millionen. Manche Energiesparpioniere nehmen diese Ausgaben in Kauf oder finanzieren einen Teil der Aufwendungen über Forschungsgelder. Nicht gezählt werden die »Ingenieurstunden« für den Bau von Prototypen, für Bedienung, Umbau, Reparatur und Dokumentation der exklusiven Technik. Otto Normalverbraucher wäre mit vielen dieser Energiesparexoten schlichtweg überfordert, von den Folgekosten für Wartung, Ersatzbeschaffung und Entsorgung ganz zu schweigen.

Faß ohne Boden

Welche Blüten falsch verstandene Energieeinsparmaßnahmen treiben können, verdeutlicht das Dilemma der Wintergartenanbauten. Die aus dem Sonnengürtel Amerikas importierte Energiesparidee – dort funktioniert die Energiefalle, weil die Sonne während der Heizperiode kräftig scheint – entpuppt sich in unseren Breiten mehr und mehr zum Energieverschwender. Zum Schutz der Pflanzen werden diese »Gewächshäuser« vermehrt mit Heizungen nachgerüstet und wegen der Kondensation feuchtwarmer Luft aus dem Haus mit Entfeuchtern ausgestattet. Völlig konterkariert wird die Energiesparidee, wenn im Sommer Klimageräte eingesetzt werden, um wenigstens einigermaßen erträgliche Temperaturen »im Wintergarten« zu erreichen.

Ohne Zweifel geben die Tüftler von Exotenheizsystemen und die Pioniere von Passiv- und Nullenergiehäusern der Entwicklung alltagstauglicher Energiesparlösungen wichtige Anregungen. Die Umsetzung in bezahlbare Energiespartechnik geht aber meist von den traditionellen Herstellern aus. Sie sind in der Lage, Innovationen nutzerfreundlich und zu vernünftigen Preisen umzusetzen.

So mancher Heizungshandwerker, aber auch viele Anlagenbetreiber haben teures Lehrgeld bezahlt, weil sie unausgereifte und vordergründig »fortschrittliche« Energiesparprodukte aus der Exotenecke eingesetzt haben.

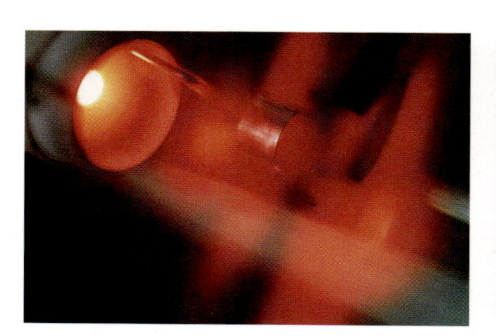

Noch sind es die fossilen Brennstoffe, die unsere Häuser im Winter wärmen. In Zukunft könnten es aber auch Wasserstoff oder Energieträger aus nachwachsenden Rohstoffen sein.

Energiespartechnik muß bezahlbar sein. Deshalb überwiegen auch heute noch konventionelle Heiztechniken, in sehr perfektionierter Form.

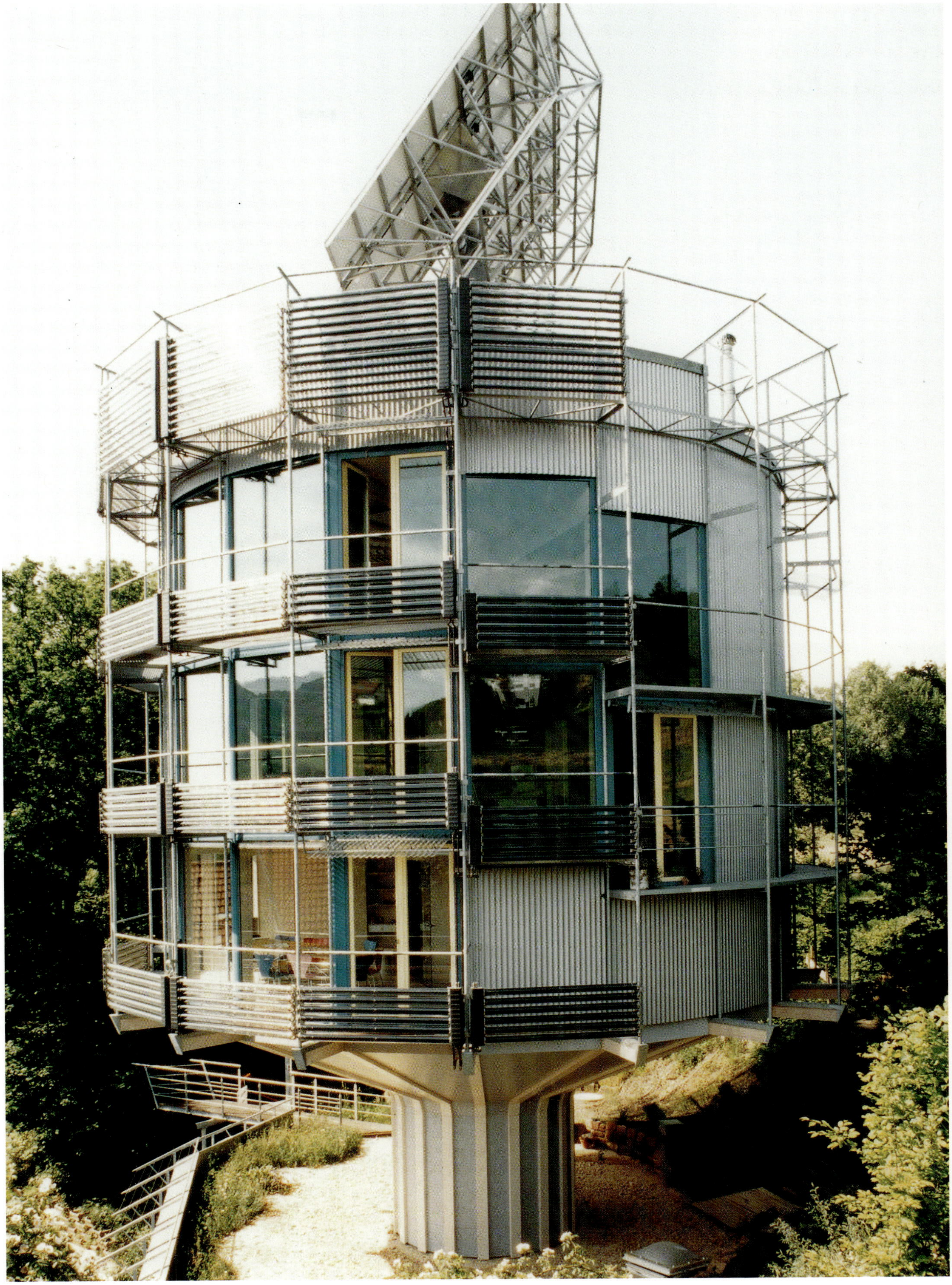

Fortschrittliche Heiztechnik ist Systemtechnik

Energieeinsparung und Montageerleichterungen durch abgestimmte Komponenten

Der Innovationsdruck in der Heizungswirtschaft ist ungebrochen. Wirkungsgrade werden verbessert, Regelprozesse neu definiert, neue Materialien und Werkstoffe lösen nicht mehr zeitgemäße Konstruktionen ab. Solaranlagen und die Wohnungslüftung entwickeln sich zum Erkennungszeichen von Niedrigenergiehäusern. Die Mikroelektronik eröffnet ungeahnte Möglichkeiten der Fernüberwachung und des Fernschaltens von Heizungsanlagen.

Nicht immer lassen sich die »revolutionären Innovationen eines neuen Energiezeitalters«, wie sie in der Werbung manchmal genannt werden, am Markt auch durchsetzen. Viele Hausbesitzer sind gegenüber zu hohen Energiesparversprechungen kritischer geworden, manche haben teures Lehrgeld bezahlt, weil sie Herstellern von »Superheizungen« mehr glaubten als ihrem Heizungsfachmann. Vordergründig überzeugende Einzellösungen fügen sich nicht immer so reibungslos in ein Gesamtsystem ein, wie das auf bunten Prospekten oft dargestellt wird. Spätestens dann, wenn Ersatzteile oder der Werkskundendienst gefordert sind, sich Garantie- oder Kulanzfälle andeuten, trennt sich die Spreu vom Weizen. Manch eine Energiesparinvestition kommt dann den Nutzer teuer zu stehen.

Am Anfang war die Unit

Energiespartechnik ist heute Systemtechnik. Schon frühzeitig haben einige Unternehmen der Heizungswirtschaft diese Entwicklung forciert und nach und nach Einzelkomponenten zu einem Gesamtsystem zusammengefügt. Herausragendes Beispiel ist der sogenannte Unit-Kessel. Ende der siebziger Jahre wurde diese Einheit von Heizkessel, Brenner und Regelung erstmals vorgestellt. Schon nach kurzer Zeit setzte er den Maßstab für alle folgenden Heizkesselgenerationen.

Voreingestellte, fertig verdrahtete Heizkessel sind nicht nur einfacher zu montieren, sondern auch betriebssicherer und leichter zu warten. Die exakte Abstimmung von Brennraum und Brenner führte nicht nur zur Steigerung des Nutzungsgrades, sondern auch zu extrem schadstoffarmen Heizkesselkonzepten. Vorläufiger Höhepunkt für die Integration von Heizkessel und Brenner ist der sogenannte Matrix-Strahlungsbrenner für Erdgas und der Rotrixbrenner für Heizöl. Beide Brennerbauarten stehen für ein neues Zusammenspiel zwischen Heizkessel, Materialwahl, Energieeffizienz und umweltschonender Verbrennung.

Produktionstechnik, Materialfluß und Logistik sind wichtige Stützen bei der Herstellung effizienter Wärmeerzeuger.

Gebogene und gestapelte Teile entwickeln ihre eigene Ästhetik.

Die Verpackung wird zur hochwertigen Wärmedämmung, wie bei dieser Heizkreisverteilung.

Sonnenkollektoren

Edelstahl-Rohrsysteme

Wohnungs-Lüftungssysteme

Fernbedienungen/ Uhrenthermostate

Regelungen

Kommunikations- geräte

Heizkreis- verteilungen

Heizkessel Brenner

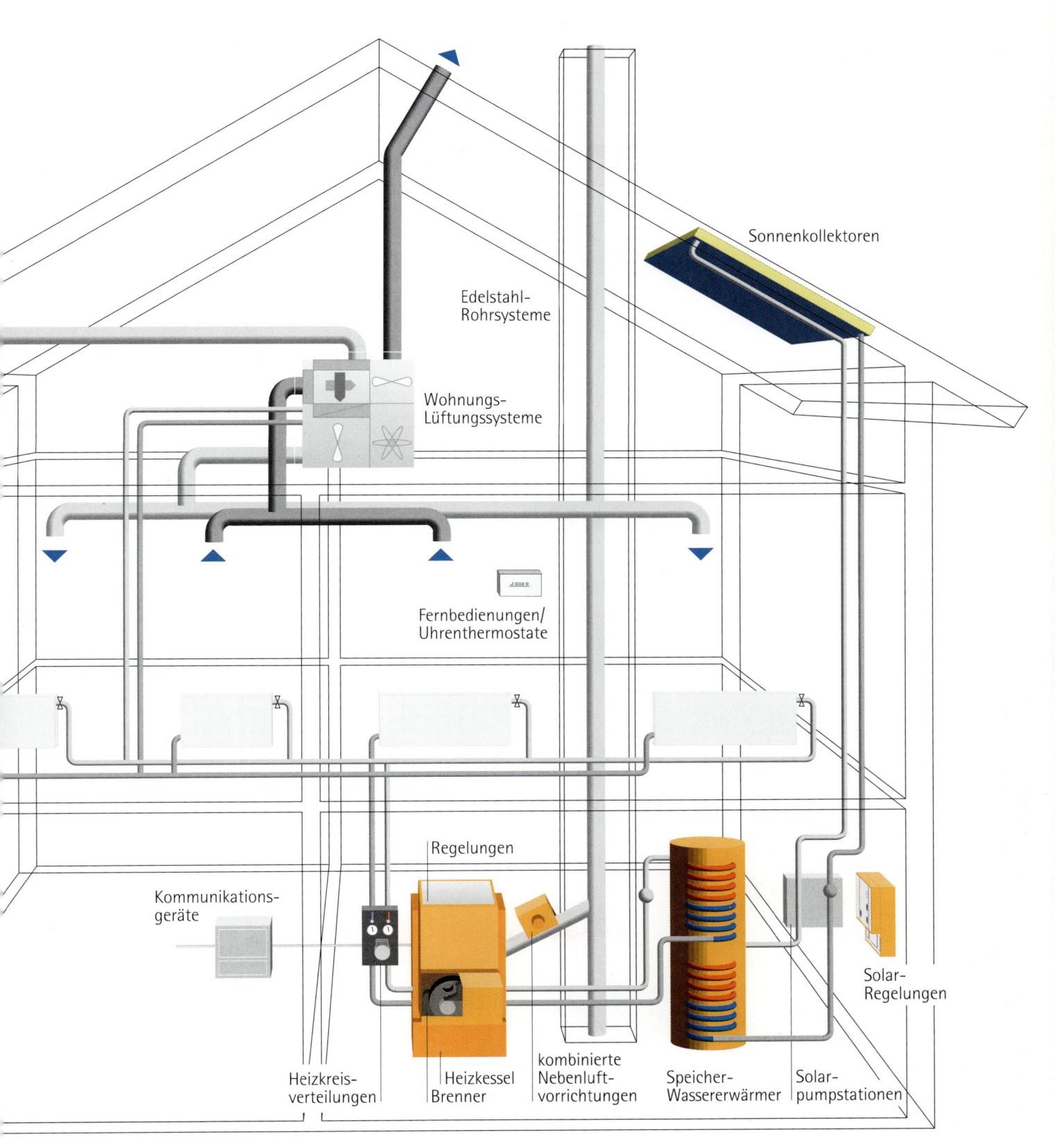

kombinierte Nebenluft- vorrichtungen

Speicher- Wassererwärmer

Solar- pumpstationen

Solar- Regelungen

Der Systemtechnik gehört die Zukunft. Erst die Abstimmung hoch- wertiger Einzelkompo- nenten eröffnet weitere Spielräume zur Energie- einsparung und zu wirt- schaftlich sinnvollen Konzepten.

93

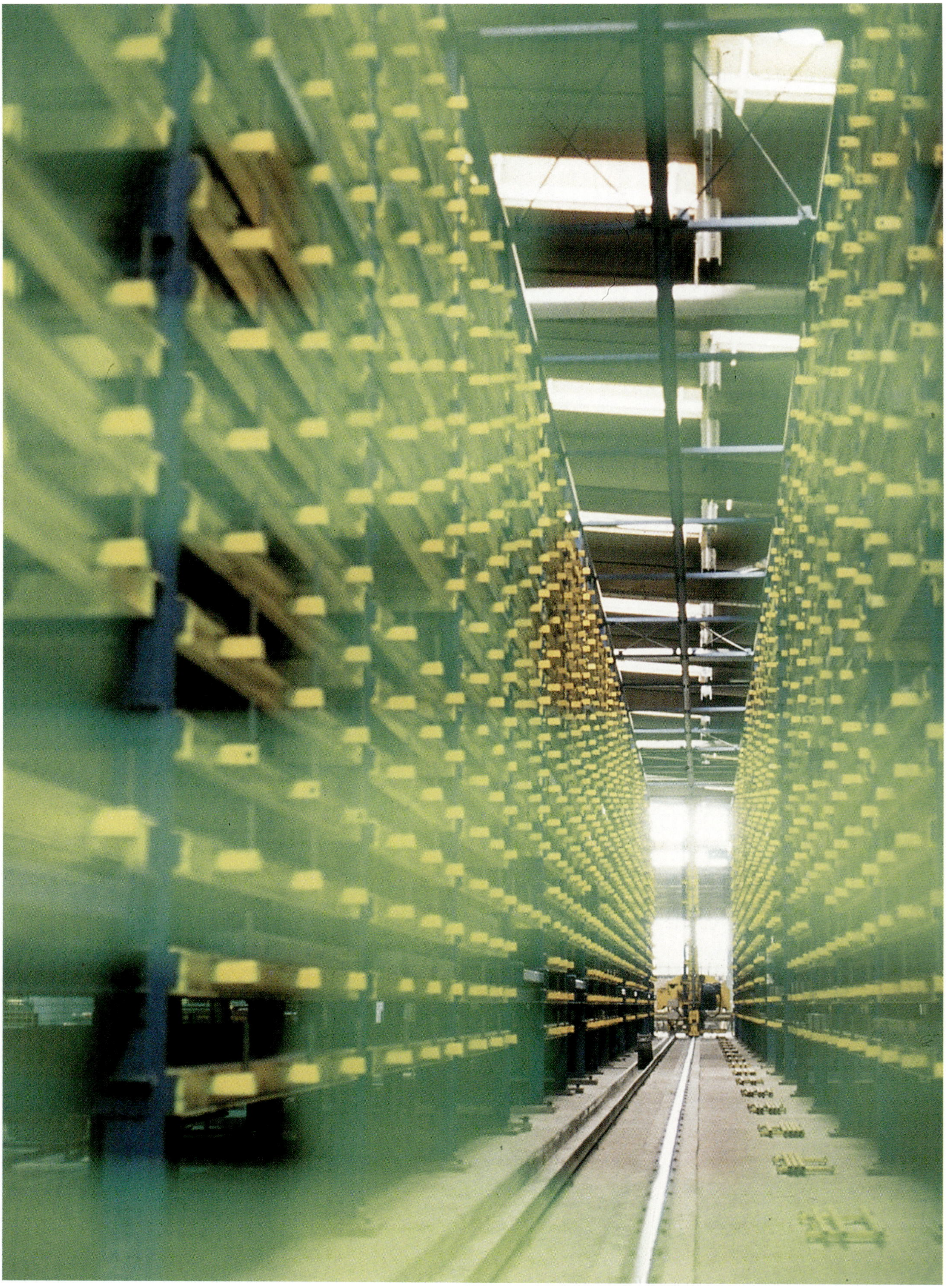

Montageerleichterungen mit System

Schon bevor der Unit-Kessel seinen Siegeszug antrat, löste einer der führenden Heizkesselhersteller ein Dauerproblem beim Einbau von Heizkesseln: Die Verdrahtung, also das elektrische Zusammenspiel von Kessel, Brenner und Regelung. Unverwechselbare, codierte Steckverbindungen machen das fehleranfällige und zeitaufwendige Verdrahten überflüssig. Inzwischen gelten derartige Erleichterungen als Selbstverständlichkeit. Sie verkürzen die Montagezeiten, erhöhen die Sicherheit und vermindern Reibungspunkte an den Schnittstellen zu anderen Gewerken.

Auch wasserseitig hat sich der Systemgedanke durchgesetzt. Individuell geschweißte Heizkreisverteiler werden durch vorgefertigte Kleinverteiler und modular aufgebaute Heizkreisverteilungen ersetzt. Ventile, Manometer, Pumpen, Mischer und Thermometer sind platzgünstig in einem Baustein zusammengefaßt. Die Verpackung aus Recyclingkunststoff dient gleichzeitig als Wärmedämmhülle – ein weiterer Mosaikstein zur Verminderung bislang kaum beeinflußbarer Wärmeverluste.

Vorteile bietet auch der Bezug der Abgasleitung vom Heizkesselhersteller, insbesondere wenn es um die Querschnittsverminderung von Schornsteinen für Niedertemperatur- und Brennwertkessel geht. Diese Systeme können durch den Heizungsfachbetrieb eingebaut werden; das erspart den Koordinationsaufwand mit einem weiteren Gewerk und vermindert Montagezeiten. Ein Heizkesselaustausch inklusive Querschnittsverminderung des Schornsteins ist heute im Einfamilienhaus nur noch eine Sache von wenigen Tagen.

Alles aus einer Hand

Sinngemäß lassen sich die Vorteile des Systemgedankens auch auf Solaranlagen und Wohnungslüftungen übertragen. Erst durch die Einbindung der Einzelkomponenten in ein Gesamtsystem sind sowohl überdurchschnittlich hohe Steigerungen von Energieeffizienz und Sicherheit als auch Montagezeitverkürzungen und weniger Wartung möglich. Statt die Komponenten von fünf oder sechs Herstellern mühevoll zusammenzufügen mit dem Risiko, daß diese eventuell nicht harmonieren, entscheiden sich rationell denkende Heizungsfachleute immer mehr für die »Alles-aus-einer-Hand-Lösung«.

Für Architekten, Bauleute und Heizungsbauer bietet der Systemgedanke entscheidende Vorteile: Der Koordinationsaufwand wird geringer, die Montagezeiten werden kürzer, der Architekt hat nur einen Ansprechpartner, und die Bauleute können sicher sein, daß der Systemlieferant – sollten doch einmal Garantie- oder Kulanzfälle auftreten – schnell reagiert.

Nicht zuletzt eröffnet erst die Systemtechnik neue Möglichkeiten der Fernüberwachung und des Fernschaltens von Heizungsanlagen über Telefonleitungen. Solche Überwachungskonzepte steigern die Sicherheit und Verfügbarkeit von Heizungsanlagen und senken die Kosten für eigenes Überwachungspersonal, insbesondere bei größeren Gebäuden. Aber auch der Eigenheimbesitzer weiß mittlerweile die Vorteile der Fernüberwachung zu schätzen. Ob er sich im Sommer- oder Winterurlaub befindet, seine Heizungsanlage ist über Modem und Telefonleitungen beim Heizungsfachmann bestens unter Kontrolle.

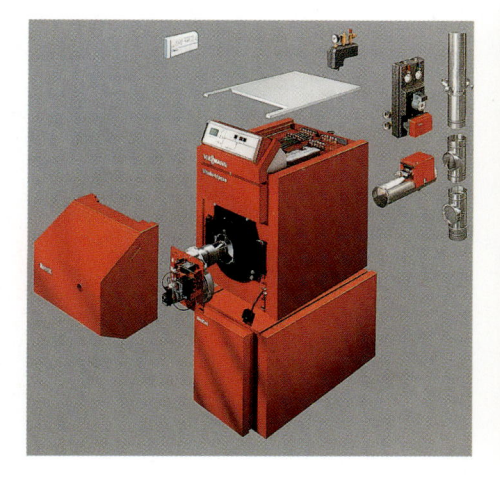

Moderne Niedertemperatur- und Brennwertheizkessel haben mit ihren Vorgängern immer weniger gemeinsam. Das Modell verdeutlicht den Trend vom »Kessel« zum »Heizgerät«.

Verkleidung, Flansche, Coils – Momente aus der Produktion hochwertiger Heizkessel.

Weiterführende Literatur

Daniels, Klaus: Gebäudetechnik. Ein Leitfaden für Architekten und Ingenieure. 1992. R. Oldenbourg Verlag, München, ISBN 3-486-26247-5

Die neue Wärmeschutzverordnung für Architekten. Aktuelles Rechtshandbuch zur Planung von Gebäuden und Heizungsanlagen von A bis Z. Loseblattausgabe. 1993. Weka Verlag, Kissing, ISBN 3-8111-4980-6

Ehm, Herbert: Wärmeschutzverordnung '95 mit Kommentar. Der Weg zu Niedrigenergiehäusern. 1994. Bauverlag, Wiesbaden, ISBN 3-7625-3171-4

Energie sparen im Betrieb. 1994. Bundesministerium für Wirtschaft, Referat Öffentlichkeitsarbeit, 53107 Bonn

Energiesparender Wärmeschutz bei Wohngebäuden. Ratgeber zur energetischen Sanierung der Wohngebäude in den neuen Bundesländern. 1991. Institut für Bauwerkserhaltung, Sanierung, Wohnungsbau, Berlin. Stadthaus-Verlag, Berlin, ISBN 3-922299-35-0

Feist, Wolfgang / Klien Jobst: Das Niedrigenergiehaus. Energiesparen im Wohnungsbau der Zukunft. 1992. C. F. Müller Verlag, Heidelberg, ISBN 3-7880-7442-6

Handbuch Niedrigenergiehaus. Von HEA, Frankfurt, Bearbeitet von Werner Idstein. 1993. Energie-Verlag, Heidelberg, ISBN 3-87200-685-1

Humm, Othmar: Niedrigenergiehäuser: Theorie und Praxis. 1991. Ökobuch Verlag, Staufen bei Freiburg, ISBN 3-922964-51-6

Kapmeyer, Eberhard: Glas + EnEG: Die praktische Anwendung der Heizungsanlagen-, Wärmeschutz-, Heizungsbetriebsverordnung, 1. BImSchV. 1993. Karl Krämer Verlag, Stuttgart, ISBN 3-7828-1448-7

NiedrigEnergieHaus '93. Wege zum Niedrigenergiehaus im Neubau und Bestand als Beitrag zum Klimaschutz – Strategien und Beispiele aus Europa. 1993. Forum für Zukunftsenergien, ISBN 3-930157-17-9

Schaible, Otto: Wärmeschutzverordnung und Stoffwerte. Mit Heizungsanlagenverordnung, Heizkostenverordnung, Kleinfeuerungsanlagenverordnung. 1994. Bauverlag, Wiesbaden, ISBN 3-7625-3099-8

Sperber, Christian / Schettler-Köhler, Horst-Peter: Wärmeschutzverordnung '95. Handbuch für die planerische und baupraktische Umsetzung. 1994. Verlag für Wirtschaft und Verwaltung Hubert Wingen, Essen, ISBN 3-8028-0226-8

Wärmeschutz bei Gebäuden. 1994. Bundesministerium für Wirtschaft, Referat Öffentlichkeitsarbeit, 53107 Bonn

Wärmeschutz, Klassifizierung von Baustoffen gemäß ihren Wärmedämmeigenschaften. CEN-Bericht. 1987. Beuth Verlag, Berlin/Köln, ISBN 3-410-12062-9

Wärmeschutz, Planung, Berechnung, Prüfung, Normen, Gesetze, Verordnungen, Richtlinien. 1994. Beuth Verlag, Berlin/Köln, ISBN 3-410-13103-5

Wärmeschutzverordnung und Heizungsanlagenverordnung. 1994. Bundesanzeiger, Köln, ISBN 3-88784-499-8

Weber, Rudolf: Besser und sparsamer heizen!: Neueste Energieforschung – von Architektur bis Wärmepumpen; eine Fundgrube für Bauherren und Hausbesitzer. 1994. Olynthus Verlag, Vaduz, ISBN 3-907175-30-1

Viessmann, Hans: Viessmann Heizungs-Handbuch. 1987. Gentner Verlag, Stuttgart, Bestell-Nr. 37300

Anhang

98 Wärmeschutzverordnung
107 Heizungsanlagen-Verordnung 1994
112 Muster-Feuerungsverordnung
118 Stichwortverzeichnis

Verordnung über einen energiesparenden Wärmeschutz bei Gebäuden (Wärmeschutzverordnung – WärmeschutzV)[*)]

– Vom 16. August 1994 –

Auf Grund des § 1 Abs. 2 sowie der §§ 4 und 5 des Energieeinsparungsgesetzes vom 22. Juli 1976 (BGBl. I S. 1873), von denen die §§ 4 und 5 durch Gesetz vom 20. Juni 1980 (BGBl. I S.701) geändert worden sind, verordnet die Bundesregierung:

Erster Abschnitt
Zu errichtende Gebäude mit normalen Innentemperaturen

§ 1
Anwendungsbereich

Bei der Errichtung der nachstehend genannten Gebäude ist zum Zwecke der Energieeinsparung der Jahres-Heizwärmebedarf dieser Gebäude durch Anforderungen an den Wärmedurchgang der Umfassungsfläche und an die Lüftungswärmeverluste nach den Vorschriften dieses Abschnittes zu begrenzen:
1. Wohngebäude,
2. Büro- und Verwaltungsgebäude,
3. Schulen, Bibliotheken,
4. Krankenhäuser, Altenwohnheime, Altenheime, Pflegeheime, Entbindungs- und Säuglingsheime sowie Aufenthaltsgebäude in Justizvollzugsanstalten und Kasernen,
5. Gebäude des Gaststättengewerbes,
6. Waren- und sonstige Geschäftshäuser,
7. Betriebsgebäude, soweit sie nach ihrem üblichen Verwendungszweck auf Innentemperaturen von mindestens 19°C beheizt werden,
8. Gebäude für Sport- oder Versammlungszwecke, soweit sie nach ihrem üblichen Verwendungszweck auf Innentemperaturen von mindestens 15°C und jährlich mehr als drei Monate beheizt werden,
9. Gebäude, die eine nach den Nummern 1 bis 8 gemischte oder eine ähnliche Nutzung aufweisen.

§ 2
Begriffsbestimmungen

(1) Der Jahres-Heizwärmebedarf eines Gebäudes im Sinne dieser Verordnung ist diejenige Wärme, die ein Heizsystem unter den Maßgaben des in Anlage 1 angegebenen Berechnungsverfahrens jährlich für die Gesamtheit der beheizten Räume dieses Gebäudes bereitzustellen hat.

(2) Beheizte Räume im Sinne dieser Verordnung sind Räume, die auf Grund bestimmungsgemäßer Nutzung direkt oder durch Raumverbund beheizt werden.

§ 3
Begrenzung des Jahres-Heizwärmebedarfs Q_H

(1) Der Jahres-Heizwärmebedarf ist nach Anlage 1 Ziffer 1 und 6 zu begrenzen. Für kleine Wohngebäude mit bis zu zwei Vollgeschossen und nicht mehr als drei Wohneinheiten gilt die Verpflichtung nach Satz 1 als erfüllt, wenn die Anforderungen nach Anlage 1 Ziffer 7 eingehalten werden.

(2) Werden mechanisch betriebene Lüftungsanlagen eingesetzt, können diese bei der Ermittlung des Jahres-Heizwärmebedarfes nach Maßgabe der Anlage 1 Ziffer 1.6.3 und 2 berücksichtigt werden.

(3) Ferner gelten folgende Anforderungen:

1. Bei Flächenheizungen in Bauteilen, die beheizte Räume gegen die Außenluft, das Erdreich oder gegen Gebäudeteile mit wesentlich niedrigeren Innentemperaturen abgrenzen, ist der Wärmedurchgang nach Anlage 1 Ziffer 3 zu begrenzen.

2. Der Wärmedurchgangskoeffizient für Außenwände im Bereich von Heizkörpern darf den Wert der nichttransparenten Außenwände des Gebäudes nicht überschreiten.

3. Werden Heizkörper vor außenliegenden Fensterflächen angeordnet, sind zur Verringerung der Wärmeverluste geeignete nicht demontierbare oder integrierte Abdeckungen an der Heizkörperrückseite vorzusehen. Der k-Wert der Abdeckung darf 0,9 W/(m²·K) nicht überschreiten. Der Wärmedurchgang durch die Fensterflächen ist nach Anlage 1 Ziffer 4 zu begrenzen.

4. Soweit Gebäude mit Einrichtungen ausgestattet werden, durch die die Raumluft unter Einsatz von Energie gekühlt wird, ist der Energiedurchgang von außenliegenden Fenstern und Fenstertüren nach Maßgabe der Anlage 1 Ziffer 5 zu begrenzen.

5. Fenster und Fenstertüren in wärmetauschenden Flächen müssen mindestens mit einer Doppelverglasung ausgeführt werden. Hiervon sind großflächige Verglasungen, z.B. für Schaufenster ausgenommen, wenn sie nutzungsbedingt erforderlich sind.

§ 4
Anforderungen an die Dichtheit

(1) Soweit die wärmeübertragende Umfassungsfläche durch Verschalungen oder gestoßene, überlappende sowie plattenartige Bauteile gebildet wird, ist eine luftundurchlässige Schicht über die gesamte Fläche einzubauen, falls nicht auf andere Weise eine entsprechende Dichtheit sichergestellt werden kann.

(2) Die Fugendurchlaßkoeffizienten der außenliegenden Fenster und Fenstertüren von beheizten Räumen dürfen die in Anlage 4 Tabelle 1 genannten Werte, die Fugendurchlaßkoeffizienten der Außentüren den in Anlage 4 Tabelle 1 Zeile 1 genannten Wert nicht überschreiten.

(3) Die sonstigen Fugen in der wärmeübertragenden Umfassungsfläche müssen entsprechend dem Stand der Technik dauerhaft luftundurchlässig abgedichtet sein.

(4) Soweit es im Einzelfall erforderlich wird zu überprüfen, ob die Anforderungen der Absätze 1 bis 3 erfüllt sind, gilt Anlage 4 Ziffer 2.

[*)] Die §§ 1 bis 7, § (Abs. 1, die §§ 9 bis 11 und die §§ 13 bis 15 sowie die Anlagen 1, 2 und 4 dienen der Umsetzung des Artikels 5 der Richtlinie 93/76/EWG des Rates vom 13. September 1993 zur Begrenzung der Kohlendioxidemissionen durch eine effizientere Energienutzung - SAVE - (Abl. EG Nr. L 237 S. 28), § 12 dient der Umsetzung des Artikels 2 dieser Richtlinie.

Zweiter Abschnitt
Zu errichtende Gebäude mit niedrigen Innentemperaturen

§ 5
Anwendungsbereich

Bei der Errichtung von Betriebsgebäuden, die nach ihrem üblichen Verwendungszweck auf eine Innentemperatur von mehr als 12°C und weniger als 19°C und jährlich mehr als vier Monate beheizt werden, ist zum Zwecke der Energieeinsparung ein baulicher Wärmeschutz nach den Vorschriften dieses Abschnittes auszuführen.

§ 6
Begrenzung des Jahres-Transmissionswärmebedarfs Q_T

(1) Der Jahres-Transmissionswärmebedarf ist nach Anlage 2 Ziffer 1 zu begrenzen.

(2) Ferner gelten folgende Anforderungen:

1. Soweit die Gebäude mit Einrichtungen ausgestattet werden, bei denen die Luft unter Einsatz von Energie gekühlt, be- oder entfeuchtet wird, ist mindestens Isolier- oder Doppelverglasung vorzusehen. Wird die Luft unter Einsatz von Energie gekühlt, ist der Energiedurchgang von außenliegenden Fenstern und Fenstertüren nach Maßgabe der Anlage 1 Ziffer 5 zu begrenzen.

2. Für die Begrenzung des Jahres-Transmissionswärmebedarfs bei

a) Flächenheizungen in Außenbauteilen gilt § 3 Abs. 3 Nr. 1 entsprechend,

b) Außenwänden im Bereich von Heizkörpern gilt § 3 Abs. 3 Nr. 2 entsprechend,

c) Heizkörpern im Bereich von Fensterflächen gilt § 3 Abs. 3 Nr. 3 entsprechend.

(3) Wird für außenliegende Fenster, Fenstertüren und Außentüren in beheizten Räumen Einfachverglasung vorgesehen, so ist der Wärmedurchgangskoeffizient für diese Bauteile bei der Berechnung nach Anlage 2 Ziffer 2 mit mindestens 5,2 W/(m²·K) anzusetzen.

§ 7
Anforderungen an die Dichtheit

Die Fugendurchlaßkoeffizienten der außenliegenden Fenster und Fenstertüren von beheizten Räumen dürfen den in Anlage 4 Tabelle 1 Zeile 1 genannten Wert nicht überschreiten. Im übrigen gilt § 4 Abs. 1, 3 und 4 entsprechend.

Dritter Abschnitt
Bauliche Änderungen bestehender Gebäude

§ 8
Begrenzung des Heizwärmebedarfs

(1) Bei der baulichen Erweiterung eines Gebäudes nach dem Ersten oder Zweiten Abschnitt um mindestens einen beheizten Raum oder der Erweiterung der Nutzfläche in bestehenden Gebäuden um mehr als 10 m² zusammenhängende beheizte Gebäudenutzflächen nach Anlage 1 Ziffer 1.4.2 sind für die neuen beheizten Räume bei Gebäuden mit normalen Innentemperaturen die Anforderungen nach den §§ 3 und 4 und bei Gebäuden mit niedrigen Innentemperaturen die Anforderungen nach den §§ 6 und 7 einzuhalten.

(2) Soweit bei beheizten Räumen in Gebäuden nach dem Ersten oder Zweiten Abschnitt

1. Außenwände,
2. außenliegende Fenster und Fenstertüren sowie Dachfenster,
3. Decken unter nicht ausgebauten Dachräumen oder Decken, (einschließlich Dachschrägen), welche die Räume nach oben oder unten gegen die Außenluft abgrenzen,
4. Kellerdecken oder
5. Wände oder Decken gegen unbeheizte Räume

erstmalig eingebaut, ersetzt (wärmetechnisch nachgerüstet) oder erneuert werden, sind die in Anlage 3 genannten Anforderungen einzuhalten. Dies gilt nicht, wenn die Anforderungen für zu errichtende Gebäude erfüllt werden oder wenn sich die Ersatz- oder Erneuerungsmaßnahme auf weniger als 20 vom Hundert der Gesamtfläche der jeweiligen Bauteile erstreckt; bei Außenwänden, außenliegenden Fenstern und Fenstertüren sind die jeweiligen Bauteilflächen in den zugehörigen Fassaden zugrundezulegen. Satz 1 gilt auch bei Maßnahmen zur wärmeschutztechnischen Verbesserung der Bauteile. Die Sätze 1 und 3 gelten nicht, wenn im Einzelfall die zur Erfüllung der dort genannten Anforderungen aufzuwendenden Mittel außer Verhältnis zu der noch zu erwartenden Nutzungsdauer des Gebäudes stehen.

(3) Soweit Einrichtungen bei Gebäuden nach dem Ersten oder Zweiten Abschnitt nachträglich eingebaut werden, durch die die Raumluft unter Einsatz von Energie gekühlt wird, ist der Energiedurchgang von außenliegenden Fenstern und Fenstertüren nach Maßgabe der Anlage 1 Ziffer 5 zu begrenzen. Außenliegende Fenster und Fenstertüren sowie Außentüren der von Einrichtungen nach Satz 1 versorgten Räume sind mindestens mit Isolier- oder Doppelverglasungen auszuführen.

Vierter Abschnitt
Ergänzende Vorschriften

§ 9
Gebäude mit gemischter Nutzung

Bei Gebäuden, die nach der Art ihrer Nutzung nur zu einem Teil den Vorschriften des Ersten bis Dritten Abschnitts unterliegen, gelten für die entsprechenden Gebäudeteile die Vorschriften des jeweiligen Abschnitts.

§ 10
Regeln der Technik

(1) Für Bauteile von Gebäuden nach dieser Verordnung, die gegen die Außenluft oder Gebäudeteile mit wesentlich niedrigeren Innentemperaturen abgrenzen, sind die Anforderungen des Mindest-Wärmeschutzes nach den allgemein anerkannten Regeln der Technik einzuhalten, sofern nach dieser Verordnung geringere Anforderungen zulässig wären.

(2) Das Bundesministerium für Raumordnung, Bauwesen und Städtebau weist durch Bekanntmachung im Bundesanzeiger auf Veröffentlichungen sachverständiger Stellen über die jeweils allgemein anerkannten Regeln der Technik hin, auf die in dieser Verordnung Bezug genommen wird.

§ 11
Ausnahmen

(1) Diese Verordnung gilt nicht für

1. Traglufthallen, Zelte und Raumzellen sowie sonstige Gebäude, die wiederholt aufgestellt und zerlegt werden und nicht mehr als zwei Heizperioden am jeweiligen Aufstellungsort beheizt werden,

2. unterirdische Bauten oder Gebäudeteile für Zwecke der Landesverteidigung, des Zivil- oder Katastrophenschutzes,

3. Werkstätten, Werkhallen und Lagerhallen, soweit sie nach ihrem üblichen Verwendungszweck großflächig und lang anhaltend offengehalten werden müssen,

4. Unterglasanlagen und Kulturräume im Gartenbau.

(2) Die nach Landesrecht zuständigen Stellen lassen auf Antrag für Baudenkmäler oder sonstige besonders erhaltenswerte Bausubstanz Ausnahmen von dieser Verordnung zu, soweit Maßnahmen zur Begrenzung des Jahres-Heizwärmebedarfs nach dem Dritten Abschnitt die Substanz oder das Erscheinungsbild des Baudenkmals beeinträchtigen und andere Maßnahmen zu einem unverhältnismäßig hohen Aufwand führen würden.

(3) Die nach Landesrecht zuständigen Stellen lassen auf Antrag Ausnahmen von dieser Verordnung zu, soweit durch andere Maßnahmen die Ziele dieser Verordnung im gleichen Umfang erreicht werden.

§ 12
Wärmebedarfsausweis

(1) Für Gebäude nach dem Ersten und Zweiten Abschnitt sind die wesentlichen Ergebnisse der rechnerischen Nachweise in einem Wärmebedarfsausweis zusammenzustellen. Rechte Dritter werden durch diesen Ausweis nicht berührt. Näheres über den Wärmebedarfsausweis wird in einer Allgemeinen Verwaltungsvorschrift der Bundesregierung mit Zustimmung des Bundesrates bestimmt. Hierbei ist auf die normierten Bedingungen bei der Ermittlung des Wärmebedarfs hinzuweisen.

(2) Der Wärmebedarfsausweis ist der nach Landesrecht für die Überwachung der Verordnung zuständigen Stelle auf Verlangen vorzulegen und ist Käufern, Mietern oder sonstigen Nutzungsberechtigten eines Gebäudes auf Anforderung zur Einsichtnahme zugänglich zu machen.

(3) Dieser Wärmebedarfsausweis stellt die energiebezogenen Merkmale eines Gebäudes im Sinne der Richtlinie 93/76/EWG des Rates vom 13. September 1993 zur Begrenzung der Kohlendioxidemissionen durch eine effizientere Energienutzung (ABl. EG Nr. L237 S. 28) dar.

§ 13
Übergangsvorschriften

(1) Die Errichtung oder bauliche Änderung von Gebäuden nach dem Ersten bis Dritten Abschnitt, für die bis zum Tage vor dem Inkrafttreten dieser Verordnung der Bauantrag gestellt oder die Bauanzeige erstattet worden ist, ist von den Anforderungen dieser Verordnung ausgenommen. Für diese Bauvorhaben gelten weiterhin die Anforderungen der Wärmeschutzverordnung vom 24. Februar 1982 (BGBl. I S. 209).

(2) Genehmigungs- und anzeigefreie Bauvorhaben sind von den Anforderungen dieser Verordnung ausgenommen, wenn mit der Bauausführung bis zum Tage vor dem Inkrafttreten dieser Verordnung begonnen worden ist. Für diese Bauvorhaben gelten weiterhin die Anforderungen der Wärmeschutzverordnung vom 24. Februar 1982 (BGBl. I S. 209).

§ 14
Härtefälle

Die nach Landesrecht zuständigen Stellen können auf Antrag von den Anforderungen dieser Verordnung befreien, soweit die Anforderungen im Einzelfall wegen besonderer Umstände durch einen unangemessenen Aufwand oder in sonstiger Weise zu einer unbilligen Härte führen.

§ 15
Inkrafttreten

(1) Diese Verordnung tritt am 1. Januar 1995 in Kraft.

(2) Mit Inkrafttreten dieser Verordnung tritt die Wärmeschutzverordnung vom 24. Februar 1982 (BGBl. I S. 209) außer Kraft.

Der Bundesrat hat zugestimmt.

Bonn, den 16. August 1994

Der Stellvertreter des Bundeskanzlers
Kinkel

Der Bundesminister für Wirtschaft
Rexrodt

Die Bundesministerin für Raumordnung, Bauwesen und Städtebau
I. Schwaetzer

Anlage 1
Anforderungen zur Begrenzung des Jahres-Heizwärmebedarfs Q_H bei zu errichtenden Gebäuden mit normalen Innentemperaturen

1.0 Anforderungen zur Begrenzung des Jahres-Heizwärmebedarfs in Abhängigkeit von A/V (Verhältnis der wärmeübertragenden Umfassungsfläche A zum hiervon eingeschlossenen Bauwerksvolumen V).

Die in Tabelle 1 angegebenen Werte des auf das beheizte Bauwerksvolumen V oder die Gebäudenutzfläche A_N bezogenen maximalen Jahres-Heizwärmebedarfs Q'_H oder Q''_H dürfen nicht überschritten werden.

Die auf die Gebäudenutzfläche bezogenen Werte nach Tabelle 1 Spalte 3 dürfen nur bei Gebäuden mit lichten Raumhöhen von 2,60 m oder weniger angewendet werden.

1.1 Berechnung der wärmeübertragenden Umfassungsfläche A eines Gebäudes

Die wärmeübertragende Umfassungsfläche A eines Gebäudes wird wie folgt ermittelt:

$$A = A_W + A_F + A_D + A_G + A_{DL}$$

Dabei bedeuten

A_W die Fläche der an die Außenluft grenzenden Wände, im ausgebauten Dachgeschoß auch die Fläche der Abseitenwände zum nicht wärmegedämmten Dachraum. Es gelten die Gebäudeaußenmaße. Gerechnet wird von der Oberkante des Geländes oder, falls die unterste Decke über der Oberkante des Geländes liegt, von der Oberkante dieser Decke bis zu der Oberkante der obersten Decke oder der Oberkante der wirksamen Dämmschicht.

A_F die Fläche der Fenster, Fenstertüren, Türen und Dachfenster, soweit sie zu beheizende Räume nach außen abgrenzen. Sie wird aus den lichten Rohbaumaßen ermittelt.

A_D die nach außen abgrenzende wärmegedämmte Dach- oder Dachdeckenfläche.

A_G die Grundfläche des Gebäudes, sofern sie nicht an die Außenluft grenzt. Gerechnet wrd die Bodenfläche auf dem Erdreich oder bei unbeheizten Kellern die Kellerdecke. Werden Keller beheizt, sind in der Gebäudegrundfläche A_G neben der Kellergrundfläche auch die erdberührten Wandflächenanteile zu berücksichtigen.

A_{DL} die Deckenfläche, die das Gebäude nach unten gegen die Außenluft abgrenzt.

1.2 Beheiztes Bauwerksvolumen V

Das beheizte Bauwerksvolumen V in m³ ist das Volumen, das von den nach Ziffer 1.1 ermittelten Teilflächen umschlossen wird.

1.3 A/V-Werte

Das Verhältnis A/V in m⁻¹ wird ermittelt, indem die nach Ziffer 1.1 unter Beachtung der Ziffern 1.5.2.3 und 6.2 errechnete wärmeübertragende Umfassungsfläche A eines Gebäudes durch das nach Ziffer 1.2 errechnete Bauwerksvolumen geteilt wird.

1.4 Bestimmung der Bezugsgrößen V_L und A_N

1.4.1 Anrechenbares Luftvolumen V_L

Das anrechenbare Luftvolumen V_L der Gebäude wird wie folgt ermittelt:

$V_L = 0{,}80 \cdot V$ in m³,

wobei V das beheizte Bauwerksvolumen nach Ziffer 1.2 ist.

1.4.2 Gebäudenutzfläche A_N

Die Gebäudenutzfläche wird für Gebäude, deren lichte Raumhöhen 2,60 m oder weniger betragen, wie folgt ermittelt:

$A_N = 0{,}32 \cdot V$ in m²,

wobei V das nach Ziffer 1.2 ermittelte beheizte Bauwerksvolumen in m³ bedeutet.

Tabelle 1
Maximale Werte des auf das beheizte Bauwerksvolumen oder die Gebäudenutzfläche A_N bezogenen Jahres-Heizwärmebedarfs in Abhängigkeit vom Verhältnis A/V

A/V	Maximaler Jahres-Heizwärmebedarf	
	bezogen auf V Q'_H [1]) nach Ziff. 1.6.6	bezogen auf A_N Q''_H [2]) nach Ziff. 1.6.7
in m⁻¹	in kWh/(m³·a)	in kWh/(m²·a)
1	2	3
≤ 0,2	17,3	54,0
0,3	19,0	59,4
0,4	20,7	64,8
0,5	22,5	70,2
0,6	24,2	75,6
0,7	25,9	81,1
0,8	27,7	86,5
0,9	29,4	91,9
1,0	31,1	97,3
≥ 1,05	32,0	100,0

[1]) Zwischenwerte sind nach folgender Gleichung zu ermitteln:
$Q'_H = 13{,}82 + 17{,}32\,(A/V)$ in kWh/(m³·a).
[2]) Zwischenwerte sind nach folgender Gleichung zu ermitteln:
$Q''_H = Q'_H / 0{,}32$ in kWh/(m²·a).

1.5 Wärmedurchgangskoeffizienten

1.5.1 Wärmedurchgangskoeffizienten k für die einzelnen Anteile der Umfassungsfläche A

Die Berechnung der Wärmedurchgangskoeffizienten k erfolgt nach den allgemein anerkannten Regeln der Technik.

Rechenwerte der Wärmeleitfähigkeit, Wärmeübergangswiderstände, Wärmedurchlaßwiderstände, Wärmedurchgangskoeffizienten, der äquivalenten Wärmedurchgangskoeffizienten für Systeme sowie der Gesamtenergiedurchlaßgrade für Verglasungen dürfen für die Berechnung des Wärmeschutzes verwendet werden, wenn sie im Bundesanzeiger bekanntgemacht worden sind.

Die Wärmedurchgangskoeffizienten für außenliegende Fenster und Fenstertüren sowie Außentüren, die Gesamtenergiedurchlaßgrade für Verglasungen sind von Prüfanstalten zu ermitteln, die im Bundesanzeiger bekanntgemacht worden sind.

1.5.2 Berücksichtigung bauteilspezifischer Temperaturdifferenzen bei der Ermittlung des Transmissionswärmebedarfs Q_T

1.5.2.1
Für Dach- oder Dachdeckenflächen sind der Wärmedurchgangskoeffizient k_D und für Flächen der Abseitenwände zum nicht wärmegedämmten Dachraum der Wärmedurchgangskoeffizient k_W jeweils mit dem Faktor 0,8 zu reduzieren.

1.5.2.2
Für die Grundfläche des Gebäudes ist der Wärmedurchgangskoeffizient k_G mit dem Faktor 0,5 zu gewichten.

1.5.2.3
Für angrenzende Gebäudeteile mit wesentlich niedrigeren Raumtemperaturen (z. B. Treppenräume, Lagerräume) dürfen die Wärmedurchgangskoeffizienten der abgrenzenden Bauteilflächen k_{AB} mit dem Faktor 0,5 gewichtet werden. Hierbei werden für die Ermittlung der wärmeübertragenden Umfassungsfläche A und des beheizten Bauwerksvolumens V die abgrenzenden Bauteilflächen A_{AB} berücksichtigt. Die angrenzenden Gebäudeteile bleiben für die Ermittlung des Verhältnisses A/V unberücksichtigt.

1.5.3 Berücksichtigung geschlossener, nicht beheizter Glasvorbauten

Die äquivalenten Wärmedurchgangskoeffizienten $k_{eq\,F}$ von außenliegenden Fenstern und Fenstertüren sowie Außentüren nach Ziffer 1.6.4.2, die im Bereich von geschlossenen, nicht beheizten Glasvorbauten in Außenwänden angeordnet sind, sowie die Wärmedurchgangskoeffizienten der im Bereich dieser Glasvorbauten liegenden Außenwandteile dürfen wie folgt vermindert werden:

Abminderungsfaktoren bei Glasvorbauten mit
Einfachverglasung	0,70
Isolier- oder Doppelverglasung (Klarglas)	0,60
Wärmeschutzglas ($k_V \leq 2{,}0$ W/(m²·K))	0,50

Die Berücksichtigung geschlossener, nicht beheizter Glasvorbauten auf den Wärmeschutz der außenliegenden Fenster und Fenstertüren, der Außentüren sowie der Außenwandanteile im Bereich dieser Glasvorbauten kann auch nach allgemein anerkannten Regeln der Technik erfolgen.

1.6 Berechnung des Jahres-Heizwärmebedarfs Q_H

Der Jahres-Heizwärmebedarf Q_H für ein Gebäude wird wie folgt ermittelt:

$$Q_H = 0{,}9 \cdot (Q_T + Q_L) - (Q_I + Q_S) \text{ in kWh/a.}$$

Dabei bedeuten

Q_T der Transmissionswärmebedarf in kWH/a den durch den Wärmedurchgang der Außenbauteile verursachten Anteil des Jahres-Heizwärmebedarfes. Bei Berücksichtigung der solaren Wärmegewinne nach Ziffer 1.6.4.2 sind die nutzbaren solaren Wärmegewinne in Q_T berücksichtigt.

Q_L der Lüftungswärmebedarf in kWh/a den durch Erwärmung der gegen kalte Außenluft ausgetauschten Raumluft verursachten Anteil des Jahres-Heizwärmebedarfes.

Q_I die internen Wärmegewinne in kWh/a die bei bestimmungsgemäßer Nutzung innerhalb des Gebäudes auftretenden nutzbaren Wärmegewinne.

Q_S die solaren Wärmegewinne in kWh/a nach Ziffer 1.6.4.1 die bei bestimmungsgemäßer Nutzung durch Sonneneinstrahlung nutzbaren Wärmegewinne.

1.6.1 Transmissionswärmebedarf Q_T

Der Transmissionswärmebedarf Q_T in kWh/a wird wie folgt ermittelt:

$$Q_T = 84 \cdot (k_W \cdot A_W + k_F \cdot A_F + 0{,}8 \cdot k_D \cdot A_D + 0{,}5\, k_G \cdot A_G + k_{DL} \cdot A_{DL} + 0{,}5 \cdot k_{AB} \cdot A_{AB})\ [1]).$$

[1]) Im Faktor 84 ist eine mittlere Heizgradtagzahl von 3500 K·Tage/Jahr berücksichtigt.

Für nach Ziffer 1.5.3 abweichende Gebäudesituationen können die dort angegebenen Faktoren berücksichtigt werden.

Werden die solaren Wärmegewinne nach Ziffer 1.6.4.2 berücksichtigt, ist für die Ermittlung des Transmissionswärmebedarfs der außenliegenden Fenster und Fenstertüren sowie ggf. der Außentüren $k_F \cdot A_F$ durch $k_{eq,F} \cdot A_F$ zu ersetzen.

Der Wärmedurchgangskoeffzient im Bereich von Rolladenkästen darf den Wert 0,6 W/(m² · K) nicht überschreiten.

1.6.2 Lüftungswärmebedarf Q_L ohne mechanisch betriebene Lüftungsanlage nach Ziffer 2.

Der Lüftungswärmebedarf Q_L wird wie folgt ermittelt:

$$Q_L = 0{,}34 \cdot \beta \cdot 84 \cdot V_L \text{ in kWh/a.}$$

Dabei bedeuten
β die Luftwechselzahl (Rechenwert) in h^{-1},
V_L das anrechenbare Luftvolumen in m^3 nach Ziffer 1.4.1.

Für den Nachweis des Lüftungswärmebedarfs ist die Luftwechselzahl β gleich 0,8 h^{-1} zu setzen. Damit ergibt sich:

$$Q_L = 22{,}85 \cdot V_L \text{ in kWh/a.}$$

1.6.3 Lüftungswärmebedarf Q_L mit mechanisch betriebener Lüftungsanlage nach Ziffer 2

Wird ein Gebäude mit einer mechanisch betriebenen Lüftungsanlage nach Ziffer 2.1 ausgestattet, darf der nach Ziffer 1.6.2 ermittelte Lüftungswärmebedarf Q_L bei Anlagen mit Wärmerückgewinnung ohne Wärmepumpe gemäß Ziffer 2.1 mit dem Faktor 0,80 multipliziert werden, soweit je kWh aufgewendeter elektrischer Arbeit mindestens 5,0 kWh nutzbare Wärme abgegeben wird.

Für Anlagen mit Wärmepumpen darf der Lüftungswärmebedarf Q_L mit dem Faktor 0,80 multipliziert werden, soweit je kWh aufgewendeter elektrischer Arbeit mindestens 4,0 kWh nutzbare Wärme abgegeben wird.

Soweit bei Anlagen mit Wärmerückgewinnung ein Wärmerückgewinnungsgrad η_w, der größer ist als 65 vom Hundert, im Bundesanzeiger veröffentlicht worden ist, darf der Lüftungswärmebedarf Q_L mit dem Faktor $0{,}80 \cdot (65 / \eta_w)$ multipliziert werden.

Wird ein Gebäude mit einer mechanisch betriebenen Lüftungsanlage nach Ziffer 2.2 (Abluftanlage) ausgestattet, darf der nach Ziffer 1.6.2 ermittelte Lüftungswärmebedarf Q_L mit dem Faktor 0,95 multipliziert werden.

Werden bei einem Gebäude nach § 1 Nr. 2 die erhöhten nutzbaren internen Wärmegewinne nach Ziffer 1.6.5 angesetzt, finden die Regelungen dieses Absatzes keine Anwendung.

1.6.4 Nutzbare solare Wärmegewinne

Solare Wärmegewinne dürfen nur bei außenliegenden Fenstern und Fenstertüren sowie bei Außentüren und nur dann berücksichtigt werden, wenn der Glasanteil des Bauteils mehr als 60 vom Hundert beträgt. Die nutzbaren solaren Wärmegewinne werden entweder nach Ziffer 1.6.4.1 oder nach Ziffer 1.6.4.2 ermittelt.

Bei Fensteranteilen von mehr als 2/3 der Wandfläche darf der solare Gewinn nur bis zu dieser Größe berücksichtigt werden.

1.6.4.1 Gesonderte Ermittlung der nutzbaren solaren Wärmegewinne

Unter Berücksichtigung eines mittleren Nutzungsgrades, der Abminderung durch Rahmenanteile und Verschattungen sowie der Gesamtenergiedurchlaßgrade der Verglasungen werden die nutzbaren solaren Wärmegewinne entsprechend den Fensterflächen i und der Orientierung j für senkrechte Flächen wie folgt ermittelt:

$$Q_S = \sum_{i,j} 0{,}46 \cdot I_j \cdot g_i \cdot A_{F,j,i} \text{ in kWh/a.}$$

In Abhängigkeit von der Himmelsrichtung sind folgende Werte des Strahlungsangebotes I_j anzusetzen:
I_S = 400 kWh/(m²·a) für Südorientierung,
$I_{W/O}$ = 275 kWh/(m²·a) für Ost- und Westorientierung,
I_N = 160 kWh/(m²·a) für Nordorientierung,
g_i der Gesamtenergiedurchlaßgrad der Verglasung.

Hierbei ist unter »Orientierung« eine Abweichung der Senkrechten auf die Fensterflächen von nicht mehr als 45 Grad von der jeweiligen Himmelsrichtung zu verstehen. In den Grenzfällen (NO, NW, SO, SW) gilt jeweils der kleinere Wert für I_j. Fenster in Dachflächen mit einer Neigung von mehr als 15 Grad sind wie Fenster in senkrechten Flächen zu behandeln. Fenster in Dachflächen mit einer Neigung kleiner als 15 Grad sind wie Fenster mit Ost- und Westorientierung zu behandeln.

Sind die Fensterflächen überwiegend verschattet, so ist der Wert I_j für die Nordorientierung anzusetzen.

1.6.4.2 Ermittlung der nutzbaren solaren Wärmegewinne mittels äquivalenter Wärmedurchgangskoeffizienten $k_{eq,F}$

Aus den unter Ziffer 1.5.1 ermittelten Wärmedurchgangskoeffizienten k_F werden äquivalente Wärmedurchgangskoeffizienten wie folgt ermittelt:

$$k_{eq,F} = k_F - g \cdot S_F \text{ in W/(m}^2\text{ K).}$$

Dabei bedeuten:
S_F der Koeffizient für solare Wärmegewinne, mit
S_F = 2,40 W/(m²·K) für Südorientierung,
= 1,65 W/(m²·K) für Ost- und Westorientierung sowie für Fenster in flachen oder bis zu 15 Grad geneigten Dachflächen,
= 0,95 W/(m²·K) für Nordorientierung.

Die Regelungen zur Orientierung und Verschattung der Fensterflächen in Ziffer 1.6.4.1 gelten entsprechend.

1.6.4.3 Fertighäuser
Für Fertighäuser darf der Nachweis nach Ziffer 1.6.4.1 oder Ziffer 1.6.4.2 unter Annahme einer Ost-/Westorientierung für alle Fensterflächen geführt werden.

1.6.5 Nutzbare interne Wärmegewinne Q_I
Interne Wärmegewinne dürfen bei Gebäuden nach § 1 berücksichtigt werden, jedoch höchstens bis zu einem Wert von

$$Q_I = 0{,}8 \cdot V \text{ in kWh/a.}$$

Bei Gebäuden nach § 1 Nr. 1 darf dieser Wert in jedem Fall zugrundegelegt werden.

Bei lichten Raumhöhen von nicht mehr als 2,60 m können die nutzbaren, auf die Gebäudenutzfläche A_N bezogenen internen Wärmegewinne höchstens wie folgt angesetzt werden:

$$Q_I = 25 \cdot A_N \text{ in kWh/a.}$$

Für Gebäude und Gebäudeteile nach § 1 Nr. 2 mit vorgesehener ausschließlicher Nutzung als Büro- oder Verwaltungsgebäude dürfen die nutzbaren internen Wärmegewinne höchstens mit

$$Q_I = 10{,}0 \cdot V \text{ in kWh/a}$$

beziehungsweise

$$Q_I = 31{,}25 \cdot A_N \text{ in kWh/a}$$

angesetzt werden.

1.6.6 Jahres-Heizwärmebedarf Q'_H je m³ beheiztes Bauwerksvolumen

Der Jahres-Heizwärmebedarf je m³ beheiztes Bauwerksvolumen (Tabelle 1, Spalte 2) wird wie folgt ermittelt:

$$Q'_H = \frac{Q_H}{V} \text{ in kWh/(m}^3 \cdot \text{a)}$$

1.6.7 Jahres-Heizwärmebedarf Q''_H je m² Gebäudenutzfläche A_N

Der Jahres-Heizwärmebedarf je m² Gebäudenutzfläche A_N (Tabelle 1, Spalte 3) wird wie folgt ermittelt:

$$Q''_H = \frac{Q_H}{A_N} \text{ in kWh/(m}^2 \cdot \text{a).}$$

2.0 Anforderungen an mechanisch betriebene Lüftungsanlagen

Die in Ziffer 1.6.3 genannten Faktoren dürfen nur bei Lüftungsanlagen berücksichtigt werden, wenn die nachstehend in Ziffer 2.1 oder Ziffer 2.2 genannten Anforderungen sowie die in Anlage 4 Ziffer 1.1 genannte Anforderung an das Gebäude erfüllt werden und in diesen Anlagen die Zuluft nicht unter Einsatz von elektrischer oder aus fossilen Brennstoffen gewonnener Energie gekühlt wird.

Das Bundesministerium für Raumordnung, Bauwesen und Städtebau kann im Bundesanzeiger die für die Beurteilung der Lüftungsanlagen nach Ziffer 2 maßgeblichen Kennwerte solcher Produkte veröffentlichen. Diese Werte sind von Prüfstellen zu ermitteln, die im Bundesanzeiger bekanntgemacht worden sind. Die nach Landesrecht für den Vollzug der Wärmeschutzverordnung zuständigen Stellen können verlangen, daß ausschließlich im Bundesanzeiger veröffentlichte Kennwerte zur Beurteilung der Anlageneigenschaften verwendet werden.

2.1 Anforderungen an mechanisch betriebene Lüftungsanlagen mit Wärmerückgewinnung

2.1.1 Luftwechsel
In den bei der Ermittlung des anrechenbaren Luftvolumens V_L nach Ziffer 1.4.1 zu berücksichtigenden Räumen eines Gebäudes muß ein zeitlicher Mittelwert des Außenluftwechsels von mindestens 0,5 h^{-1} und höchstens 1,0 h^{-1} eingehalten werden können. Unter Außenluftwechsel ist dabei der Volumenanteil der Raumluft zu verstehen, der je Stunde gegen Außenluft ausgetauscht wird.

2.1.2 Anteil der rückgewonnenen Wärme
Die zum Einbau gelangenden Anlagen sind mit Einrichtungen auszustatten, die geeignet sind, im Mittel 60 vom Hundert oder mehr der Wärmedifferenz zwischen Fortluft- und Außenluftvolumenstrom zurückzugewinnen. Die hierfür maßgebenden Anlageneigenschaften sind nach allgemein anerkannten Regeln der Technik zu bestimmen, soweit solche Regeln vorliegen.

2.1.3 Wärmerückgewinnung bei Gebäuden mit mehreren Nutzeinheiten
Die Wärmerückgewinnung soll für jede Nutzeinheit getrennt erfolgen. Unter Nutzeinheit ist hier die Einheit eines oder mehrerer Räume eines Gebäudes zu verstehen, deren Beheizung auf Rechnung desselben Nutzers erfolgt.

2.1.4 Regelbarkeit durch den Nutzer
Die Lüftungsanlagen müssen mit Einrichtungen ausgestattet sein, die eine Beeinflussung der Luftvolumenströme jeder Nutzeinheit durch den Nutzer erlauben.

2.1.5 Nutzung der rückgewonnenen Wärme
Es muß sichergestellt sein, daß die aus der Fortluft rückgewonnene Wärme im Verhältnis zu der von der Heizungsanlage bereitgestellten Wärme vorrangig genutzt wird.

2.2 Anforderungen an mechanisch betriebene Lüftungsanlagen ohne Wärmerückgewinnung (Zu- und Abuftanlagen)

Mechanisch betriebene Lüftungsanlagen ohne Wärmerückgewinnung müssen so durch den Nutzer beeinflußbar und in Abhängigkeit von einer geeigneten Führungsgröße selbsttätig regelnd sein, daß sich durch ihren Betrieb in dem bei der Ermittlung des anrechenbaren Luftvolumens V_L nach Ziffer 1.4.1 zu berücksichtigenden Räumen ein Luftwechsel von mindestens 0,3 h^{-1} und höchstens 0,8 h^{-1} einstellt.

3. Begrenzung des Wärmedurchgangs bei Flächenheizungen

Bei Flächenheizungen darf der Wärmedurchgangskoeffizient der Bauteilschichten zwischen der Heizfläche und der Außenluft, dem Erdreich oder Gebäudeteilen mit wesentlich niedrigeren Innentemperaturen den Wert 0,35 W/(m$^2 \cdot$ K) nicht überschreiten.

4. Anordnung von Heizkörpern vor Fenstern

Bei Anordnung von Heizkörpern vor außenliegenden Fensterflächen darf der Wärmedurchgangskoeffzient k_F dieser Bauteile den Wert 1,5 W/(m$^2 \cdot$ K) nicht überschreiten.

5. Begrenzung des Energiedurchgangs bei großen Fensterflächenanteilen (sommerlicher Wärmeschutz)

5.1 Zur Begrenzung des Energiedurchganges bei Sonneneinstrahlung darf das Produkt ($g_F \cdot f$) aus Gesamtenergiedurchlaßgrad g_F (einschließlich zusätzlicher Sonnenschutzeinrichtungen) und Fensterflächenanteil f unter Berücksichtigung ausreichender Belichtungsverhältnisse

Tabelle 2
Anforderungen an den Wärmedurchgangskoeffizienten für einzelne Außenbauteile der wärmeübertragenden Umfassungsfläche A bei zu errichtenden kleinen Wohngebäuden

Zeile	Bauteil	max. Wärmedurchgangskoeffizient k_{max} in W/(m$^2 \cdot$ K)
Spalte	1	2
1	Außenwände	$k_W \leq 0{,}50$ [1]
2	Außenliegende Fenster und Fenstertüren sowie Dachfenster	$k_{m,F\,eq} \leq 0{,}7$ [2]
3	Decken unter nicht ausgebauten Dachräumen und Decken (einschließlich Dachschrägen), die Räume nach oben und unten gegen die Außenluft abgrenzen	$k_D \leq 0{,}22$
4	Kellerdecken, Wände und Decken gegen unbeheizte Räume sowie Decken und Wände, die an das Erdreich grenzen	$k_G \leq 0{,}35$

[1] Die Anforderung gilt als erfüllt, wenn Mauerwerk in einer Wandstärke von 36,5 cm mit Baustoffen mit einer Wärmeleitfähigkeit von $\lambda \leq 0{,}21$ W/(m$\cdot$K) ausgeführt wird.
[2] Der mittlere äquivalente Wärmedurchgangskoeffiziente $k_{m,\,Feq}$ entspricht einem über alle außenliegenden Fenster und Fenstertüren gemittelten Wärmedurchgangskoeffizienten, wobei solare Wärmegewinne nach der Ziffer 1.6.4.2 zu ermitteln sind.

a) bei Gebäuden mit einer raumlufttechnischen Anlage mit Kühlung und

b) bei anderen Gebäuden nach Abschnitt 1 mit einem Fensterflächenanteil je zugehöriger Fassade von 50 vom Hundert oder mehr

für jede Fassade den Wert 0,25 (bei beweglichem Sonnenschutz in geschlossenem Zustand) nicht überschreiten. Ausgenommen sind nach Norden orientierte oder ganztägig verschattete Fenster.

5.2 Werden zur Erfüllung der Anforderungen Sonnenschutzvorrichtungen verwendet, sind diese mindestens teilweise beweglich anzuordnen. Hierbei muß durch den beweglichen Anteil des Sonnenschutzes ein Abminderungsfaktor z von kleiner oder gleich 0,5 erreicht werden.

5.3 Die Berechnung der Werte ($g_F \cdot f$) erfolgt nach allgemein anerkannten Regeln der Technik.

6. Aneinandergereihte Gebäude

6.1 Nachweis des Jahres-Heizwärmebedarfs Q_H bei aneinandergereihten Gebäuden

Bei aneinandergereihten Gebäuden (z.B. Reihenhäuser, Doppelhäuser) ist der Nachweis der Begrenzung des Jahres-Heizwärmebedarfs Q_H für jedes Gebäude einzeln zu führen.

6.2 Gebäudetrennwände
Beim Nachweis nach Ziffer 1.6 werden die Gebäudetrennwände als nicht wärmedurchlässig angenommen und bei der Ermittlung der Werte A und A/V nicht berücksichtigt. Werden beheizte Teile eines Gebäudes (z.B. Anbauten nach § 8 Abs. 1) getrennt berechnet, gilt Satz 1 sinngemäß für die Trennfläche der Gebäudeteile.

Bei Gebäuden mit zwei Trennwänden (z.B. Reihenmittelhaus) darf zusätzlich der Wärmedurchgangskoeffizient für die Fassadenfläche (einschließlich Fenster und Fenstertüren

$k_{m,W+F} = (k_W \cdot A_W + k_F \cdot A_F) / (A_W + A_F)$

den Wert 1,0 W/(m² · K)
nicht überschreiten. Diese Anforderung ist auch bei gegeneinander versetzten Gebäuden einzuhalten, wenn die anteiligen gemeinsamen Trennwände 50 vom Hundert oder mehr der Wandflächen betragen.

6.3 Nachbarbebauung
Ist die Nachbarbebauung nicht gesichert, müssen die Trennwände mindestens den Wärmeschutz nach § 10 Abs. 1 aufweisen.

7. Vereinfachtes Nachweisverfahren
Für kleine Wohngebäude mit bis zu zwei Vollgeschossen und nicht mehr als drei Wohneinheiten gelten die Anforderungen der Ziffern 1 und 6 auch dann als erfüllt, wenn die in Tabelle 2 genannten maximalen Wärmedurchgangskoeffizienten k nicht überschritten werden.

Anlage 2
Anforderungen zur Begrenzung des Jahres-Transmissionswärmebedarfs Q_T bei zu errichtenden Gebäuden mit niedrigen Innentemperaturen

1. Anforderungen zur Begrenzung des Jahres-Transmissionswärmebedarfs in Abhängigkeit vom Verhältnis A/V

Die in Tabelle 1 in Abhängigkeit vom Wert A/V (Anlage 1, Ziffer 1.3) angegebenen maximalen Werte des spezifischen, auf das beheizte Bauwerksvolumen bezogenen Jahres-Transmissionswärmebedarfs Q'_T dürfen nicht überschritten werden.

Tabelle 1
Maximale Werte des auf das beheizte Bauwerksvolumen bezogenen Jahres-Transmissionswärmebedarfs Q'_T, in Abhängigkeit vom Verhältnis A/V

A/V in m⁻¹	Q'_T [1] in kWh/(m³ · a)
≤ 0,20	6,20
0,30	7,80
0,40	9,40
0,50	11,00
0,60	12,60
0,70	14,20
0,80	15,80
0,90	17,40
≥ 1,00	19,00

[1] Zwischenwerte sind nach folgender Gleichung zu ermitteln:
$Q'_T = 3,0 + 16 \cdot (A/V)$ in kWh/(m³·a)

2.0 Der Nachweis des Jahres-Transmissionswärmebedarfs Q_T wird unter Anwendung der Berechnungsgrundlagen nach Anlage 1 geführt. Hierbei werden jedoch die passiven Solarenergiegewinne nicht berücksichtigt:

$Q_T = 30 \, (k_W \cdot A_W + k_F \cdot A_F + 0,8 \cdot k_D \cdot A_D + f_G \cdot k_G \cdot A_G + k_{DL} \cdot A_{DL} + 0,5 \cdot k_{AB} \cdot A_{AB})$

in kWh/a.

Der Reduktionsfaktor f_G ist bei gedämmten Fußböden mit $f_G = 0,5$ anzusetzen. Bei ungedämmten Fußböden ist f_G in Abhängigkeit von der Größe der Gebäudegrundfläche A_G aus Tabelle 2 zu ermitteln.

Der Wärmedurchgangskoeffizient k_G von Fußböden gegen Erdreich braucht nicht höher als 2,0 W/(m²·K) angesetzt werden.

2.1 Der auf das beheizte Bauwerksvolumen bezogene Jahres-Transmissionswärmebedarf Q'_T wird wie folgt ermittelt:

$$Q'_T = \frac{Q_T}{V} \text{ in kWh/(m}^3 \cdot \text{a)}.$$

Tabelle 2
Reduktionsfaktoren f_G

Gebäudegrundfläche A_G in m²	Reduktionsfaktor f_G [1]
≤ 100	0,50
500	0,29
1000	0,23
1500	0,20
2000	0,18
2500	0,17
3000	0,16
5000	0,14
≥ 8000	0,12

[1] Zwischenwerte sind nach folgender Gleichung zu ermitteln:
$f_G = 2,33 / \sqrt[3]{A_G}$.

Anlage 3
Anforderungen zur Begrenzung des Wärmedurchgangs bei erstmaligem Einbau, Ersatz oder Erneuerung von Außenbauteilen bestehender Gebäude

1. Anforderungen bei erstmaligem Einbau, Ersatz und Erneuerung von Außenbauteilen

Bei erstmaligem Einbau, Ersatz oder Erneuerung von Außenbauteilen bestehender Gebäude dürfen die in Tabelle 1 aufgeführten maximalen Wärmedurchgangskoeffizienten nicht überschritten werden. Dabei darf der bestehende Wärmeschutz der Bauteile nicht verringert werden.

2. Anforderungen an Außenwände

Werden Außenwände in der Weise erneuert, daß

a) Bekleidungen in Form von Platten oder plattenartigen Bauteilen oder Verschalungen sowie Mauerwerks-Vorsatzschalen angebracht werden,

b) bei beheizten Räumen auf der Innenseite der Außenwände Bekleidungen oder Verschalungen aufgebracht werden oder

c) Dämmschichten eingebaut werden,

gelten die Anforderungen nach Tabelle 1 Zeile 1. In den Fällen a) und b) ist die Ausnahmeregelung nach § 8 Abs. 2 Satz 2 auf jede einzelne Fassadenfläche eines Gebäudes anzuwenden.

3. Anforderungen an Decken

Werden Decken unter nicht ausgebauten Dachräumen und Decken (einschließlich Dachschrägen), die Räume nach oben oder unten gegen die Außenluft abgrenzen, sowie Kellerdecken, Wände und Decken gegen unbeheizte Räume sowie Decken und Wände, die an das Erdreich grenzen, in der Weise erneuert, daß

a) die Dachhaut (einschließlich vorhandener Dachverschalungen unmittelbar unter der Dachhaut) ersetzt wird,

b) Bekleidungen in Form von Platten oder plattenartigen Bauteilen, wenn diese nicht unmittelbar angemauert, angemörtelt oder geklebt werden, oder Verschalungen angebracht werden oder

c) Dämmschichten eingebaut werden,

gelten die Anforderungen nach Tabelle 1, Zeile 3 und 4.

Tabelle 1
Begrenzung des Wärmedurchgangs bei erstmaligem Einbau, Ersatz und bei Erneuerung von Bauteilen

Zeile	Bauteil	Gebäude nach Abschnitt 1	Gebäude nach Abschnitt 2
		max. Wärmedurchgangskoeffizient k_{max} in W / (m² · K) [1]	
Spalte 1		2	3
1 a)	Außenwände	$k_W \leq 0{,}50$ [2]	< 0,75
1 b)	Außenwände bei Erneuerungsmaßnahmen nach Ziffer 2 Buchstabe a und c mit Außendämmung	$k_W \leq 0{,}40$	< 0,75
2	Außenliegende Fenster und Fenstertüren sowie Dachfenster	$k_F \leq 1{,}8$	–
3	Decken unter nicht ausgebauten Dachräumen und Decken (einschließlich Dachschrägen), die Räume nach oben und unten gegen die Außenluft abgrenzen	$k_D \leq 0{,}30$	$\leq 0{,}40$
4	Kellerdecken, Wände und Decken gegen unbeheizte Räume sowie Decken und Wände, die an das Erdreich grenzen	$k_G \leq 0{,}50$	–

[1] Der Wärmedurchgangskoeffizient kann unter Berücksichtigung vorhandener Bauteilschichten ermittelt werden.

[2] Die Anforderung gilt als erfüllt, wenn Mauerwerk in einer Wandstärke von 36,5 cm mit Baustoffen mit einer Wärmeleitfähigkeit von $l \leq 0{,}21$ W/(m² · K) ausgeführt wird.

**Anlage 4
Anforderungen an die Dichtheit zur Begrenzung der Wärmeverluste**

1. Anforderungen an außenliegende Fenster und Fenstertüren sowie Außentüren

1.1 Fugendurchlaßkoeffizienten
Die Fugendurchlaßkoeffizienten der außenliegenden Fenster und Fenstertüren bei Gebäuden nach Abschnitt 1 dürfen die in Tabelle 1 genannten Werte, die Fugendurchlaßkoeffizienten von Außentüren bei Gebäuden nach Abschnitt 1 sowie von außenliegenden Fenstern und Fenstertüren bei Gebäuden nach Abschnitt 2 den in Tabelle 1 Zeile 1 genannten Wert nicht überschreiten. Werden Einrichtungen nach Anlage 1 Ziffer 2 eingebaut, dürfen die Werte der Tabelle 1 Zeile 2 nicht überschritten werden.

1.2 Prüfzeugnis
Der Nachweis der Fugendurchlaßkoeffizienten der außenliegenden Fenster und Fenstertüren sowie der Außentüren nach Ziffer 1.1 erfolgt durch Prüfzeugnis einer im Bundesanzeiger bekanntgemachten Prüfanstalt.

1.3 Verzicht auf Prüfzeugnis
1.3.1 Auf einen Nachweis nach Ziffer 1.2 und Tabelle 1 Zeile 1 kann verzichtet werden für Holzfenster mit Profilen nach DIN 68 121 – Holzprofile für Fenster und Fenstertüren – Ausgabe Juni 1990. Die Norm ist im Beuth-Verlag GmbH, Berlin und Köln, erschienen und beim Deutschen Patentamt in München archivmäßig gesichert niedergelegt.

1.3.2 Auf einen Nachweis nach Ziffer 1.2 und Tabelle 1 Zeile 1 und 2 kann nur bei Beanspruchungsgruppen A und B (d.h. bis Gebäudehöhen von 20 m) verzichtet werden für alle Fensterkonstruktionen mit umlaufender, alterungsbeständiger, weichfedernder und leicht auswechselbarer Dichtung.

1.4 Fenster ohne Öffnungsmöglichkeiten
Fenster ohne Öffnungsmöglichkeiten und feste Verglasungen sind nach dem Stand der Technik dauerhaft und luftundurchlässig abzudichten.

1.5 Andere Lüftungsmöglichkeiten
Zum Zwecke einer aus Gründen der Hygiene und Beheizung erforderlichen Lufterneuerung sind stufenlos einstellbare und leicht regulierbare Lüftungseinrichtungen zulässig. Diese Lüftungseinrichtungen müssen im geschlossenen Zustand der Tabelle 1 genügen. Soweit in anderen Rechtsvorschriften, insbesondere dem Bauordnungsrecht der Länder, Anforderungen an die Lüftung gestellt werden, bleiben diese Vorschriften unberührt.

2. Nachweis der Dichtheit des gesamten Gebäudes

Soweit es im Einzelfall erforderlich wird zu überpüfen, ob die Anforderungen des § 4 Abs. 1 bis 3 oder des § 7 erfüllt sind, erfolgt diese Überprüfung nach den allgemein anerkannten Regeln der Technik, die nach § 10 Abs. 2 bekanntgemacht sind.

Tabelle 1
Fugendurchlaßkoeffizienten für außenliegende Fenster und Fenstertüren sowie Außentüren

Zeile	Geschoßzahl	Fugendurchlaßkoeffizient a in $\frac{m^3}{h \cdot m \cdot [daPa]^{2/3}}$ Beanspruchungsgruppe nach DIN 18055 [1] [2]	
		A	B und C
1	Gebäude bis zu 2 Vollgeschossen	2,0	–
2	Gebäude mit mehr als 2 Vollgeschossen	–	1,0

[1] Beanspruchungsgruppe
A: Gebäudehöhe bis 8 m
B: Gebäudehöhe bis 20 m
C: Gebäudehöhe bis 100 m.
[2] Das Normblatt DIN 18 055 – Fenster, Fugendurchlässigkeit, Schlagregendichtheit und mechanische Beanspruchung; Anforderungen und Prüfung – Ausgabe Oktober 1981 – ist im Beuth-Verlag GmbH, Berlin und Köln, erschienen und beim Deutschen Patentamt in München archivmäßig gesichert niedergelegt.

Verordnung über energiesparende Anforderungen an heizungstechnische Anlagen und Brauchwasseranlagen (Heizungsanlagen-Verordnung – HeizAnlV)*)

– Vom 22. März 1994 –

Auf Grund des § 2 Abs. 2 und 3, des § 3 Abs. 2 und der §§ 4 und 5 des Energieeinsparungsgesetzes vom 22. Juli 1976 (BGBl. I S. 1873), von denen die §§ 4 und 5 durch Gesetz vom 20. Juni 1980 (BGBl. I S. 701) geändert worden sind, verordnet die Bundesregierung:

§ 1
Anwendungsbereich

(1) Diese Verordnung gilt für heizungstechnische sowie der Versorgung mit Brauchwasser dienende Anlagen und Einrichtungen mit einer Nennwärmeleistung von 4 kW oder mehr,

1. wenn sie in Gebäuden zum dauernden Verbleib eingebaut oder aufgestellt werden oder
2. wenn sie in Gebäuden zum dauernden Verbleib eingebaut oder aufgestellt sind, soweit
   a) sie ersetzt, erweitert oder umgerüstet werden oder
   b) für sie nachträgliche Anforderungen nach § 4 Abs. 4 gestellt sind oder
   c) sie mit Einrichtungen zur Begrenzung von Betriebsbereitschaftsverlusten nach § 5 Abs. 2 nachzurüsten sind oder
   d) sie mit Einrichtungen zur Steuerung und Regelung nach § 7 Abs. 3 oder § 8 Abs. 6 nachzurüsten sind oder
   e) Anforderungen an ihren Betrieb nach § 9 gestellt sind.

(2) Ausgenommen sind
1. Anlagen und Einrichtungen in Heizkraftwerken einschließlich Spitzenheizwerken sowie in Müllheizwerken;
2. Anlagen in Gebäuden mit einem Jahres-Heizwärmebedarf von weniger als 22 kWh je Quadratmeter beheizbarer Gebäudenutzfläche oder 7 kWh je Kubikmeter beheizbarem Gebäudevolumen.

§ 2
Begriffsbestimmungen

(1) Heizungstechnische Anlagen im Sinne dieser Verordnung sind mit Wasser als Wärmeträger betriebene Zentralheizanlagen (Zentralheizungen) oder Einzelgeräte, soweit sie der Deckung des Wärmebedarfs von Räumen oder Gebäuden dienen. Zu den heizungstechnischen Anlagen und Einrichtungen gehören neben den Wärmeerzeugern auch Maschinen, Apparate, Wärmeverteilungsnetze, Rohrleitungszubehör, Abgas-, Wärmeverbrauchs-, Regelungs- und Meßeinrichtungen sowie andere in funktionalem Zusammenhang stehende Bauteile.

(2) Der Versorgung mit Brauchwasser dienende Anlagen (Brauchwasseranlagen) im Sinne dieser Verordnung sind Einzelgeräte oder Zentralsysteme. Zu den Brauchwasseranlagen und -einrichtungen gehören neben den Wärmeerzeugern auch Maschinen, Apparate, Verteilungsnetze, Rohrleitungszubehör, Abgas-, Entnahme-, Regelungs- und Meßeinrichtungen sowie andere in funktionalem Zusammenhang stehende Bauteile.

(3) Wärmeerzeuger im Sinne dieser Verordnung ist die Einheit von Wärmeaustauscher und Feuerungseinrichtung für den Betrieb mit festen, flüssigen oder gasförmigen Brennstoffen.

(4) Nennwärmeleistung im Sinne dieser Verordnung ist die höchste von der Wärmeerzeugungsanlage im Dauerbetrieb nutzbar abgegebene Wärmemenge je Zeiteinheit; ist die Wärmeerzeugungsanlage für einen Nennwärmeleistungsbereich eingerichtet, so ist die Nennwärmeleistung die in den Grenzen des Nennwärmeleistungsbereichs fest eingestellte und auf einem Zusatzschild angegebene höchste nutzbare Wärmeleistung; ohne Zusatzschild gilt als Nennwärmeleistung der höchste Wert des Nennwärmeleistungsbereichs. Die Nennwärmeleistung der Wärmeerzeugungsanlage nach Satz 1 gilt auch als die Nennwärmeleistung der Anlagen nach den Absätzen 1 und 2. Bei Wärmeerzeugern, die mit einem CE-Zeichen und der EG-Konformitätserklärung nach § 3 versehen sind, gilt als Nennwärmeleistung der in der EG-Konformitätserklärung als »Nennleistung in kW« angegebene Wert.

(5) Standardheizkessel im Sinne dieser Verordnung sind Wärmeerzeuger, die mit dem CE-Zeichen und der EG-Konformitätserklärung nach § 3 versehen und in der EG-Konformitätserklärung als Standardheizkessel ausgewiesen sind.

(6) Niedertemperatur-Heizkessel (NT-Kessel) im Sinne dieser Verordnung sind Wärmeerzeuger, die mit dem CE-Zeichen und der EG-Konformitätserklärung nach § 3 versehen und in der EG-Konformitätserklärung als Niedertemperatur-Heizkessel ausgewiesen sind und Wärmeerzeuger mit mehrstufiger oder stufenlos verstellbarer Feuerungsleistung, wenn sie die Wirkungsgradanforderungen für Niedertemperatur-Heizkessel im Sinne des Artikels 5 Abs. 1 der Richtlinie 92/42/EWG des Rates vom 21. Mai 1992 über die Wirkungsgrade von mit flüssigen oder gasförmigen Brennstoffen beschickten neuen Warmwasserkesseln (ABl. EG Nr. L 167 S. 17, L 195 S. 32) einhalten, auch wenn sie eine Eintrittstemperatur von 40°C überschreiten. Bis zum 31. Dezember 1997 gelten als NT-Kessel auch

---

*) § 2 Abs. 4 letzter Satz und Abs. 5 bis 7, § 3, § 5 Abs. 3 Satz 2 und § 13 Nr. 1 und 2 dienen der Umsetzung der Richtlinie 92/42/EWG des Rates vom 21. Mai 1992 über die Wirkungsgrade von mit flüssigen oder gasförmigen Brennstoffen beschickten neuen Warmwasserheizkesseln (ABl. EG Nr. L 167 S. 17, L 195 S. 32).

1. Wärmeerzeuger, die so ausgestattet oder beschaffen sind, daß die Temperatur des Wärmeträgers im Wärmeerzeuger in Abhängigkeit von der Außentemperatur oder einer anderen geeigneten Führungsgröße sowie der Zeit durch selbsttätig wirkende Einrichtungen zwischen höchstens 75°C und 40°C oder tiefer gleitet oder die auf nicht mehr als 55°C eingestellt sind;

2. Wärmeerzeuger mit Einrichtungen für eine mehrstufige oder stufenlos verstellbare Feuerungsleistung, die so ausgestattet oder beschaffen sind, daß die Temperatur des Wärmeträgers im Wärmeerzeuger in Abhängigkeit von der Außentemperatur oder einer anderen geeigneten Führungsgröße sowie der Zeit durch selbsttätig wirkende Einrichtungen bis höchstens 75°C gleitet oder die auf nicht mehr als 55°C eingestellt sind.

(7) Brennwertkessel im Sinne dieser Verordnung sind Wärmeerzeuger, die mit dem CE-Zeichen und der EG-Konformitätserklärung nach § 3 versehen und in der EG-Konformitätserklärung als Brennwertkessel ausgewiesen sind. Bis zum 31. Dezember 1997 gelten als Brennwertkessel auch Wärmeerzeuger, bei denen Verdampfungswärme des im Abgas enthaltenen Wasserdampfes konstruktionsbedingt durch Kondensation nutzbar gemacht wird.

§ 3
CE-Zeichen und EG-Konformitätserklärung bei Wärmeerzeugern

(1) In Serie hergestellte Wärmeerzeuger für Zentralheizungen, die ausschließlich für den Betrieb mit flüssigen oder gasförmigen Brennstoffen vorgesehen sind, dürfen ab dem 1. Januar 1998 nur dann zum dauernden Verbleib eingebaut oder aufgestellt werden, wenn sie mit dem CE-Zeichen nach Anhang I Nr. 1 der Richtlinie 92/42/EWG des Rates vom 21. Mai 1992 über die Wirkungsgrade von mit flüssigen oder gasförmigen Brennstoffen beschickten neuen Warmwasserheizkesseln (ABl. EG Nr. L 167 S. 17, L 195 S. 32) und der EG-Konformitätserklärung versehen und in dieser als Niedertemperatur-Heizkessel oder Brennwertkessel ausgewiesen sind oder die Voraussetzungen als Niedertemperatur-Heizkessel nach § 2 Abs. 6 Satz 1 zweite Alternative erfüllen. Satz 1 gilt auch für Wärmeaustauscher und Feuerungseinrichtungen, die zu Wärmeerzeugern für Zentralheizungen zusammengefügt werden; dabei sind die Bedingungen für den Zusammenbau nach der EG-Konformitätserklärung zu beachten. Bei Wärmeerzeugern in Zentralheizungen, die auch der Brauchwassererwärmung dienen, kann sich die Geltung des CE-Zeichens und der EG-Konformitätserklärung auf den Betrieb zum Zwecke der Raumheizung beschränken. Die nach Landesrecht zuständigen Stellen können auf Antrag von den Anforderungen des Satzes 1 insoweit befreien, als in Gebäuden, die vor Inkrafttreten dieser Verordnung errichtet worden sind, auch Standardheizkessel eingebaut oder aufgestellt werden dürfen, wenn

1. ihre Nennwärmeleistung 30 kWh nicht übersteigt,

2. die bestehende Abgasanlage oder der bestehende Schornstein für den Betrieb dieser Kessel geeignet ist und

3. die Eignung der bestehenden Abgasanlage oder des bestehenden Schornsteins für den Betrieb von Niedertemperatur-Heizkesseln und Brennwertkesseln nur mit unverhältnismäßig hohen Kosten herzustellen wäre.

(2) Absatz 1 gilt nicht für Wärmeerzeuger,

1. deren Nennwärmeleistung 400 kW übersteigt oder

2. die für den Betrieb mit Brennstoffen ausgelegt sind, deren Eigenschaften von den marktüblichen flüssigen und gasförmigen Brennstoffen erheblich abweichen.

§ 4
Einbau und Aufstellung von Wärmeerzeugern

(1) Wärmeerzeuger für Zentralheizungen dürfen nur dann zum dauernden Verbleib eingebaut oder aufgestellt werden, wenn die Nennwärmeleistung nicht größer ist als der nach den anerkannten Regeln der Technik für die Berechnung des Wärmebedarfs von Gebäuden zu ermittelnde Wärmebedarf, einschließlich angemessener Zuschläge für raumlufttechnische Anlagen sowie sonstiger Zuschläge. Zuschläge für Brauchwassererwärmung sind nur zulässig für Wärmeerzeuger in Zentralheizungen, die auch der Brauchwassererwärmung dienen, wenn deren höchste nutzbare Leistung 20 kW nicht überschreitet. Satz 1 gilt nicht für NT-Kessel, Brennwertkessel und Anlagen mit mehreren Wärmeerzeugern. Abweichend von Satz 2 ist eine höchste nutzbare Leistung des Wärmeerzeugers von 25 kW zulässig, wenn der Wasserinhalt im Wärmeaustauscher 0,13 l je kW Nennwärmeleistung nicht überschreitet. Abweichend von Satz 1 darf der Wärmebedarf auch nach den in den Vorschriften der Länder bestimmten Berechnungsverfahren ermittelt werden.

(2) Für Wohngebäude kann auf die Berechnung des Wärmebedarfs nach Absatz 1 verzichtet werden, wenn Wärmeerzeuger von Zentralheizungen ersetzt werden und ihre Nennwärmeleistung 0,07 kW je Quadratmeter Gebäudenutzfläche nicht überschreitet; für freistehende Gebäude mit nicht mehr als zwei Wohnungen gilt der Wert 0,10 kW je Quadratmeter.

(3) Zentralheizungen mit einer Nennwärmeleistung von mehr als 70 kW sind mit Einrichtungen für eine mehrstufige oder stufenlos verstellbare Feuerungsleistung oder mit mehreren Wärmeerzeugern auszustatten. Satz 1 gilt nicht für Brennwertkessel sowie für Wärmeerzeuger, die überwiegend mit festen Brennstoffen betrieben werden.

(4) Die Anforderungen nach den Absätzen 1 und 3 sind bei Zentralheizungen mit einer Nennwärmeleistung
1. von mehr als 70 kW bis zu 400 kW, die
a) vor dem 1. Januar 1973 errichtet worden sind, bis zum 31. Dezember 1994,
b) in der Zeit vom 1. Januar 1973 bis 30. September 1978 errichtet worden sind, bis zum 31. Dezember 1996;
2. von mehr als 400 kW, die
a) vor dem 1. Januar 1973 errichtet worden sind, bis zum 31. Dezember 1995,
b) in der Zeit vom 1. Januar 1973 bis zum 30. September 1978 errichtet worden sind, bis zum 31. Dezember 1997
nachträglich zu erfüllen. Soweit die Anforderungen nach den Absätzen 1 und 3 bei Zentralheizungen mit einer Nennwärmeleistung von mehr als 70 kW bis zu 400 kW den Einbau oder die Aufstellung neuer Wärmeerzeuger erforderlich machen, gilt § 3 Abs. 1 schon vor dem 1. Januar 1998. Satz 1 gilt nicht für Zentralheizungen in Wohngebäuden, deren Nennwärmeleistung die in Absatz 2 genannten Werte nicht überschreitet.

§ 5
Begrenzung von Betriebsbereitschaftsverlusten

(1) Zentralheizungen mit mehreren Wärmeerzeugern sind mit wasserseitig wirkenden Einrichtungen zu versehen, die Verluste durch nicht in Betriebsbereitschaft befindliche Wärmeerzeuger selbsttätig verhindern; für Wärmeerzeuger mit festen Brennstoffen und Dampfkessel der Gruppen III und IV im Sinne des § 4 Abs. 3 und 4 der Dampfkesselverordnung brauchen diese Einrichtungen nicht selbsttätig zu wirken.

(2) Vor dem 1. Oktober 1978 eingebaute Zentralheizungen mit mehreren Wärmeerzeugern sind bis zum 31. Dezember 1995 mit Einrichtungen nach Absatz 1 nachzurüsten.

(3) Wärmeerzeuger dürfen nur dann eingebaut oder aufgestellt werden, wenn sie nach den allgemein anerkannten Regeln der Technik gegen Wärmeverluste gedämmt sind. Satz 1 gilt für solche Wärmeerzeuger als erfüllt, die mit dem CE-Zeichen und der EG-Konformitätserklärung nach § 3 versehen und in der EG-Konformitätserklärung als Standardheizkessel, Niedertemperatur-Heizkessel oder Brennwertkessel ausgewiesen sind.

§ 6
Wärmedämmung von Wärmeverteilungsanlagen

(1) Rohrleitungen und Armaturen sind gegen Wärmeverluste zu dämmen (siehe Tabelle 1):

Tabelle 1:
Wärmedämmung von Wärmeverteilungsanlagen

Zeile	Nennweite (DN) der Rohrleitungen/Armaturen in mm	Mindestdicke der Dämmschicht, bezogen auf eine Wärmeleitfähigkeit von 0,035 $Wm^{-1}K^{-1}$
1	bis DN 20	20 mm
2	ab DN 22 bis DN 35	30 mm
3	ab DN 40 bis DN 100	gleich DN
4	über DN 100	100 mm
5	Rohrleitungen und Armaturen nach den Zeilen 1 bis 4 in Wand- und Deckendurchbrüchen, im Kreuzungsbereich von Rohrleitungen, an Rohrleitungsverbindungsstellen, bei zentralen Rohrnetzverteilern, Heizkörperanschlußleitungen von nicht mehr als 8 m Länge als Summe von Vor- und Rücklaufleitungen	1/2 der Anforderungen der Zeilen 1 bis 4

Bei Rohrleitungen, deren Nennweite nicht durch Normung festgelegt ist, ist anstelle der Nennweite der Außendurchmesser einzusetzen.

(2) Absatz 1 gilt nicht für Rohrleitungen von Zentralheizungen in
1. Räumen, die zum dauernden Aufenthalt von Menschen bestimmt sind,
2. Bauteilen, die solche Räume verbinden, wenn ihre Wärmeabgabe vom jeweiligen Nutzer durch Absperrvorrichtungen beeinflußt werden kann.

(3) Bei Materialien mit anderen Wärmeleitfähigkeiten als nach Absatz 1 sind die Dämmschichtdicken umzurechnen. Für die Umrechnung und für die Wärmeleitfähigkeit des Dämmaterials sind die in den anerkannten Regeln der Technik enthaltenen oder im Bundesanzeiger bekanntgegebenen Rechenverfahren und Rechenwerte zu verwenden.

§ 7
Einrichtung zur Steuerung und Regelung

(1) Zentralheizungen sind mit zentralen selbsttätig wirkenden Einrichtungen zur Verringerung und Abschaltung der Wärmezufuhr sowie zur Ein- und Ausschaltung der elektrischen Antriebe in Abhängigkeit von
1. der Außentemperatur oder einer anderen geeigneten Führungsgröße und
2. der Zeit
auszustatten.

(2) Heizungstechnische Anlagen sind mit selbsttätig wirkenden Einrichtungen zur raumweisen Temperaturregelung auszustatten. Dies gilt nicht für Einzelheizgeräte, die zum Betrieb mit festen oder flüssigen Brennstoffen eingerichtet sind. Für Raumgruppen gleicher Art und Nutzung in Nichtwohnbauten ist Gruppenregelung zulässig.

(3) Zentralheizungen sind mit Einrichtungen nach den Absätzen 1 und 2 Satz 1 nachzurüsten (siehe Tabelle 2):

Die Nachrüstpflichten nach § 7 Abs. 3 Satz 1 der Heizungsanlagen-Verordnung in der Fassung der Bekanntmachung vom 20. Januar 1989 (BGBl. I S. 120) bleiben unberührt. Soweit die Nachrüstung den Einbau oder die Aufstellung neuer Wärmeerzeuger erforderlich macht, gilt § 3 Abs. 1 schon vor dem 1. Januar 1998.

(4) Umwälzpumpen in Zentralheizungsanlagen sind nach den technischen Regeln zu dimensionieren. Nach dem 1. Januar 1996 eingebaute Umwälzpumpen müssen bei Kesselleistungen ab 50 kW so ausgestattet oder beschaffen sein, daß die elektrische Leistungsaufnahme dem betriebsbedingten Förderbedarf selbsttätig in mindestens drei Stufen angepaßt wird, soweit sicherheitstechnische Belange des Wärmeerzeugers dem nicht entgegenstehen.

§ 8
Brauchwasseranlagen

(1) Für Brauchwasseranlagen gelten die Anforderungen der §§ 5 und 6 Abs. 1 und 3 entsprechend. Bei Brauchwasserleitungen in Wohnungen bis zur Nennweite 20, die weder in den Zirkulationskreislauf einbezogen noch mit elektrischer Begleitheizung ausgerüstet sind, kann von den Anforderungen des § 6 Abs. 1 insoweit abgewichen werden, als deren Erfüllung nur mit unverhältnismäßig hohen Kosten möglich ist.

(2) Die Brauchwassertemperatur im Rohrnetz ist durch selbsttätig wirkende Einrichtungen oder andere Maßnahmen auf höchstens 60°C für den Normalbetrieb zu begrenzen. Dies gilt nicht für Brauchwasseranlagen, die höhere Temperaturen zwingend erfordern oder eine Leitungslänge von weniger als 5 m benötigen.

(3) Brauchwasseranlagen sind mit selbsttätig wirkenden Einrichtungen zur Ein- und Ausschaltung der Zirkulationspumpen in Abhängigkeit von der Zeit auszustatten.

(4) Elektrische Begleitheizungen sind mit selbsttätig wirkenden Einrichtungen zur Anpassung der elektrischen Leistungsaufnahme in Abhängigkeit von der Brauchwassertemperatur und der Zeit auszustatten.

(5) Die Wärmedämmung von Einrichtungen, in denen Heiz- oder Brauchwasser gespeichert wird, muß die Bedingungen der anerkannten Regeln der Technik erfüllen.

(6) Vor dem 1. Januar 1991 im Gebiet nach Artikel 3 des Einigungsvertrages errichtete Brauchwasseranlagen, die mehr als zwei Wohnungen versorgen, sind bis zum 31. Dezember 1995 mit selbsttätig wirkenden Einrichtungen zur Abschaltung der Zirkulationspumpen nachzurüsten. Satz 1 gilt nicht für Anlagen mit Rohrleitungen bis zur Nennweite 100, deren Dämmschichtdicken, bezogen auf eine Wärmeleitfähigkeit des Dämmaterials von 0,035 Wm^{-1}K^{-1}, mindestens zwei Drittel der Nennweite der Rohrleitung betragen und für Rohrleitungen mit größerer Nennweite, wenn mindestens die Dämmschichtdicke für Nennweite 100 eingehalten ist. In Wand- und Deckendurchbrüchen, an Kreuzungen von Rohrleitungen sowie bei Rohrleitungsnetzverteilern und Armaturen in Heizzentralen dürfen die sich nach Satz 2 ergebenden Dämmschichtdicken halbiert sein.

Tabelle 2:
Einrichtungen zur Steuerung und Regelung

Zentralheizungen	eingebaut oder aufgestellt vor dem 1.1.1991 im Gebiet nach Artikel 3 des Einigungsvertrages nachzurüsten bis:	vor dem 1.10.1978 im übrigen Bundesgebiet nachzurüsten bis:
1. ohne NT-Kessel		
a) für mehr als 2 Wohnungen	31.12.1995	–
b) in Nichtwohngebäuden	31.12.1995	–
c) in Ein- oder Zweifamilienhäusern oder sonstigen beheizten Gebäuden	31.12.1995	31.12.1995
2. mit NT-Kessel in sämtlichen beheizten Gebäuden	31.12.1997	31.12.1997

§ 9
Pflichten des Betreibers

(1) Der Betreiber von Zentralheizungen oder Brauchwasseranlagen mit einer Nennwärmeleistung von mehr als 11 kW ist verpflichtet, die Bedienung, Wartung und Instandhaltung nach Maßgabe der Absätze 2 bis 4 durchzuführen oder durchführen zu lassen. Die Bedienung darf nur von fachkundigen oder eingewiesenen Personen vorgenommen werden. Für die Wartung und Instandhaltung ist Fachkunde erforderlich. Fachkundig ist, wer die zur Wartung und Instandhaltung notwendigen Fachkenntnisse und Fertigkeiten besitzt. Eingewiesener ist, wer von einem Fachkundigen über Bedienungsvorgänge unterrichtet worden ist.

(2) Die Bedienung von Anlagen in Mehrfamilienhäusern oder Nichtwohngebäuden mit einer Nennwärmeleistung von mehr als 50 kW hat während der Betriebszeit mindestens halbjährlich zu erfolgen. Die Bedienung umfaßt mindestens die Funktionskontrolle und die Vornahme von Schalt- und Stellvorgängen (insbesondere An- und Abstellen, Überprüfen und gegebenenfalls Anpassen der Sollwerteinstellungen von Temperaturen, Einstellen von Zeitprogrammen) an den zentralen regelungstechnischen Einrichtungen.

(3) Die Wartung der Anlagen hat mindestens folgendes zu umfassen:
1. Einstellung der Feuerungseinrichtungen,
2. Überprüfung der zentralen steuerungs- und regelungstechnischen Einrichtungen und
3. Reinigung der Kesselheizflächen.

Die Reinigung von Kesselheizflächen darf auch von eingewiesenen Personen durchgeführt werden.

(4) Die Instandhaltung der Anlagen hat mindestens die Aufrechterhaltung des technisch einwandfreien Betriebszustandes, der eine weitestgehende Nutzung der eingesetzten Energie gestattet, zu umfassen.

§ 10
Bekanntmachung über anerkannte Regeln der Technik

Das Bundesministerium für Raumordnung, Bauwesen und Städtebau weist durch Bekanntmachung im Bundesanzeiger auf Veröffentlichungen über anerkannte Regeln der Technik zu den §§ 3 bis 8 hin.

§ 11
Ausnahmen

Die nach Landesrecht zuständigen Stellen können auf Antrag Ausnahmen von den Anforderungen dieser Verordnung zulassen, soweit die Energieverluste durch andere technische Maßnahmen in gleichem Umfang begrenzt werden wie nach dieser Verordnung.

§ 12
Härtefälle

Die nach Landesrecht zuständigen Stellen können auf Antrag von den Anforderungen dieser Verordnung befreien, soweit die Anforderungen im Einzelfall wegen besonderer Umstände durch einen unangemessenen Aufwand oder in sonstiger Weise zu einer unbilligen Härte führen.

§ 13
Bußgeldvorschriften

Ordnungswidrig im Sinne des § 8 Abs. 1 Nr. 1 des Energieeinsparungsgesetzes handelt, wer vorsätzlich oder fahrlässig

1. entgegen § 3 Abs. 1 Satz 1 Wärmeerzeuger einbaut oder aufstellt, die nicht mit dem dort genannten CE-Zeichen und der EG-Konformitätserklärung versehen sind;
2. entgegen § 3 Abs. 1 Satz 2 Wärmeaustauscher und Feuerungseinrichtungen zusammenfügt, die nicht mit dem in § 3 Abs. 1 Satz 1 genannten CE-Zeichen und der EG-Konformitätserklärung versehen sind, oder die Bedingungen nach der EG-Konformitätserklärung beim Zusammenbau zu Wärmeerzeugern nicht beachtet;
3. entgegen § 4 Abs. 1 Satz 1 Wärmeerzeuger einbaut oder aufstellt, deren Nennwärmeleistung die dort bezeichneten Grenzen überschreitet;
4. entgegen § 4 Abs. 3 Zentralheizungen nicht mit Einrichtungen für eine mehrstufige oder stufenlos verstellbare Feuerungsleistung oder mit mehreren Wärmeerzeugern ausstattet;
5. entgegen § 5 Abs. 2 Zentralheizungen mit mehreren Wärmeerzeugern nicht oder nicht rechtzeitig nachrüstet;
6. entgegen § 6 Abs. 1, auch in Verbindung mit § 8 Abs. 1 Satz 1, Rohrleitungen oder Armaturen nicht mit den dort vorgeschriebenen Mindestdämmschichtdicken dämmt;
7. entgegen § 7 Abs. 1 oder 2 Satz 1 Zentralheizungen oder heizungstechnische Anlagen nicht mit Einrichtungen zur Steuerung und Regelung ausstattet;
8. entgegen § 7 Abs. 3 Satz 1 Zentralheizungen nicht oder nicht rechtzeitig mit Einrichtungen zur Steuerung und Regelung nachrüstet;
9. entgegen § 8 Abs. 3 Brauchwasseranlagen nicht mit Einrichtungen zur Ein- und Ausschaltung der Zirkulationspumpen ausstattet;
10. entgegen § 8 Abs. 4 elektrische Begleitheizungen nicht mit Einrichtungen zur Anpassung der elektrischen Leistungsaufnahme ausstattet oder
11. entgegen § 8 Abs. 6 Satz 1 Brauchwasseranlagen nicht oder nicht rechtzeitig mit Einrichtungen zur Abschaltung der Zirkulationspumpen nachrüstet.

§ 14
Weitergehende Anforderungen

Weitergehende Anforderungen baurechtlicher oder immissionsschutzrechtlicher Art bleiben unberührt.

§ 15
Inkrafttreten, Außerkrafttreten

(1) Diese Verordnung tritt am ersten Tage des dritten auf die Verkündung folgenden Kalendermonats in Kraft.

(2) Mit dem Inkrafttreten dieser Verordnung tritt die Heizungsanlagen-Verordnung in der Fassung der Bekanntmachung vom 20. Januar 1989 (BGBl. I S. 120) außer Kraft. Anlage I Kapitel V Sachgebiet D Abschnitt III Nr. 9 des Einigungsvertrages vom 31. August 1990 (BGBl. 1990 II S. 885, 1007) ist nicht mehr anzuwenden.

Der Bundesrat hat zugestimmt.

Bonn, den 22. März 1994

Der Bundeskanzler
Dr. Helmut Kohl

Der Bundesminister für Wirtschaft
Rexrodt

Die Bundesministerin für Raumordnung, Bauwesen und Städtebau
I. Schwaetzer

Muster einer Feuerungsverordnung (FeuVO)

– Fassung Februar 1995 –

Auf Grund von § 81 Abs. 1 Nm. 2 und 4 sowie Abs. 7 MBO wird verordnet:

§ 1
Einschränkung des Anwendungsbereichs

Für Feuerstätten, Wärmepumpen und Blockheizkraftwerke gilt die Verordnung nur, soweit diese Anlagen der Beheizung von Räumen oder der Warmwasserversorgung dienen oder Gas-Haushalts-Kochgeräte sind.

§ 2
Begriffe

(1) Als Nennwärmeleistung gilt
1. die auf dem Typenschild der Feuerstätte angegebene Leistung,
2. die in den Grenzen des auf dem Typenschild angegebenen Wärmeleistungsbereiches festeingestellte höchste Leistung der Feuerstätte oder
3. bei Feuerstätten ohne Typenschild die nach der aus dem Brennstoffdurchsatz mit einem Wirkungsgrad von 80% ermittelte Leistung.

(2) Gesamtnennwärmeleistung ist die Summe der Nennwärmeleistungen der Feuerstätten, die gleichzeitig betrieben werden können.

§ 3
Verbrennungsluftversorgung von Feuerstätten

(1) Für raumluftabhängige Feuerstätten mit einer Gesamtnennwärmeleistung bis zu 35 kW gilt die Verbrennungsluftversorgung als nachgewiesen, wenn die Feuerstätten in einem Raum aufgestellt sind, der
1. mindestens eine Tür ins Freie oder ein Fenster, das geöffnet werden kann (Räume mit Verbindung zum Freien), und einen Rauminhalt von mindestens 4 m³ je 1 kW Gesamtnennwärmeleistung hat,
2. mit anderen Räumen mit Verbindung zum Freien nach Maßgabe des Absatzes 2 verbunden sind (Verbrennungsluftverbund) oder
3. eine ins Freie führende Öffnung mit einem lichten Querschnitt von mindestens 150 cm² oder zwei Öffnungen von je 75 cm² oder Leitungen ins Freie mit strömungstechnisch äquivalenten Querschnitten hat.

(2) Der Verbrennungsluftverbund im Sinne des Absatzes 1 Nr. 2 zwischen dem Aufstellraum und Räumen mit Verbindung zum Freien muß durch Verbrennungsluftöffnungen von mindestens 150 cm² zwischen den Räumen hergestellt sein. Bei der Aufstellung von Feuerstätten in Nutzungseinheiten, wie Wohnungen, dürfen zum Verbrennungsluftverbund nur Räume derselben Wohnung oder Nutzungseinheit gehören. Der Gesamtrauminhalt der Räume, die zum Verbrennungsluftverbund gehören, muß mindestens 4 m³ je 1 kW Gesamtnennwärmeleistung der Feuerstätten betragen. Räume ohne Verbindung zum Freien sind auf den Gesamtrauminhalt nicht anzurechnen.

(3) Für raumluftabhängige Feuerstätten mit einer Gesamtnennwärmeleistung von mehr als 35 kW und nicht mehr als 50 kW gilt die Verbrennungsluftversorgung als nachgewiesen, wenn die Feuerstätten in Räumen aufgestellt sind, die die Anforderungen nach Absatz 1 Nr. 3 erfüllen.

(4) Für raumluftabhängige Feuerstätten mit einer Gesamtnennwärmeleistung von mehr als 50 kW gilt die Verbrennungsluftversorgung als nachgewiesen, wenn die Feuerstätten in Räumen aufgestellt sind, die eine ins Freie führende Öffnung oder Leitung haben. Der Querschnitt der Öffnung muß mindestens 150 cm² und für jedes über 50 kW Nennwärmeleistung hinausgehende kW Nennwärmeleistung 2 cm² mehr betragen. Leitungen müssen strömungstechnisch äquivalent bemessen sein. Der erforderliche Querschnitt darf auf höchstens zwei Öffnungen oder Leitungen aufgeteilt sein.

(5) Verbrennungsluftöffnungen und -leitungen dürfen nicht verschlossen oder zugestellt werden, sofern nicht durch besondere Sicherheitseinrichtungen gewährleistet ist, daß die Feuerstätten nur bei geöffnetem Verschluß betrieben werden können. Der erforderliche Querschnitt darf durch den Verschluß oder durch Gitter nicht verengt werden.

(6) Abweichend von den Absätzen 1 bis 4 kann für raumluftabhängige Feuerstätten eine ausreichende Verbrennungsluftversorgung auf andere Weise nachgewiesen werden.

(7) Die Absätze 1 und 2 gelten nicht für Gas-Haushalts-Kochgeräte. Die Absätze 1 bis 4 gelten nicht für offene Kamine.

§ 4
Aufstellung von Feuerstätten

(1) Feuerstätten dürfen nicht aufgestellt werden
1. in Treppenräumen, außer in Wohngebäuden mit nicht mehr als zwei Wohnungen,
2. in notwendigen Fluren,
3. in Garagen, ausgenommen raumluftunabhängige Gasfeuerstätten, die innerhalb der Garagen nicht wärmer als 300°C werden können.

(2) Raumluftabhängige Feuerstätten dürfen in Räumen, Wohnungen oder Nutzungseinheiten vergleichbarer Größe, aus denen Luft mit Hilfe von Ventilatoren, wie Lüftungs- oder Warmluftheizungsanlagen, Dunstabzugshauben, Abluft-Wäschetrockner, abgesaugt wird, nur aufgestellt werden, wenn
1. ein gleichzeitiger Betrieb der Feuerstätten und der luftabsaugenden Anlagen durch Sicherheitseinrichtungen verhindert wird,
2. die Abgasführung durch besondere Sicherheitseinrichtungen überwacht wird,
3. die Abgase der Feuerstätten über die luftabsaugenden Anlagen abgeführt werden oder
4. durch die Bauart oder die Bemessung der luftabsaugenden Anlagen sichergestellt ist, daß kein gefährlicher Unterdruck entstehen kann.

(3) Raumluftabhängige Gasfeuerstätten mit Strömungssicherung mit einer Nennwärmeleistung von mehr als 7 kW dürfen in Wohnungen und Nutzungseinheiten vergleichbarer Größe nur aufgestellt werden, wenn durch besondere Einrichtungen an den Feuerstätten sichergestellt ist, daß Abgase in gefahrdrohender Menge nicht in den Aufstellraum eintreten können. Das gilt nicht für Feuerstätten, deren Aufstellräume ausreichend gelüftet sind und gegenüber anderen Räumen keine Öffnungen, ausgenommen Öffnungen für Türen, haben; die Türen müssen dicht- und selbstschließend sein.

(4) Gasfeuerstätten ohne besondere Vorrichtungen zur Vermeidung von Ansammlungen unverbrannter Gase in gefahrdrohender Menge (Flammenüberwachung) dürfen nur in Räumen aufgestellt werden, bei denen durch mechanische Lüftungsanlagen sichergestellt ist, daß während des Betriebes der Feuerstätten stündlich mindestens ein fünffacher Luftwechsel sichergestellt ist; für Gas-Haushalts-Kochgeräte genügt ein Außenluftvolumenstrom von 100 m³/h.

(5) Gasfeuerstätten nach § 38 Abs. 6 Nr. 3 MBO ohne Abgasanlage dürfen in Räumen nur aufgestellt werden, wenn die besonderen Sicherheitseinrichtungen der Feuerstätten verhindern, daß die Kohlenmonoxid-Konzentration in den Aufstellräumen einen Wert von 30 ppm überschreitet.

(6) Gasfeuerstätten in Räumen oder die Brennstoffleitungen unmittelbar vor diesen Gasfeuerstätten müssen mit einer Vorrichtung ausgerüstet sein, die
1. bei einer äußeren thermischen Beanspruchung von mehr als 100°C die weitere Brennstoffzufuhr selbsttätig absperrt und
2. so beschaffen ist, daß bis zu einer Temperatur von 650°C über einen Zeitraum von mindestens 30 Minuten nicht mehr als 30 l/h, gemessen als Luftvolumenstrom, durch- oder ausströmen können.

(7) Feuerstätten für Flüssiggas (Propan, Butan und deren Gemische) dürfen in Räumen, deren Fußboden an jeder Stelle mehr als 1 m unter der Geländeoberfläche liegt, nur aufgestellt werden, wenn
1. die Feuerstätten eine Flammenüberwachung haben und
2. sichergestellt ist, daß auch bei abgeschalteter Feuerungseinrichtung Flüssiggas aus den im Aufstellraum befindlichen Brennstoffleitungen in gefahrdrohender Menge nicht austreten kann oder über eine mechanische Lüftungsanlage sicher abgeführt wird.

(8) Feuerstätten müssen von Bauteilen aus brennbaren Baustoffen und von Einbaumöbeln so weit entfernt oder so abgeschirmt sein, daß an diesen bei Nennwärmeleistung der Feuerstätten keine höheren Temperaturen als 85°C auftreten können. Andernfalls muß ein Abstand von mindestens 40 cm eingehalten werden.

(9) Vor den Feuerungsöffnungen von Feuerstätten für feste Brennstoffe sind Fußböden aus brennbaren Baustoffen durch einen Belag aus nichtbrennbaren Baustoffen zu schützen. Der Belag muß sich nach vorn auf mindestens 50 cm und seitlich auf mindestens 30 cm über die Feuerungsöffnung hinaus erstrecken.

(10) Bauteile aus brennbaren Baustoffen müssen von den Feuerraumöffnungen offener Kamine nach oben und nach den Seiten einen Abstand von mindestens 80 cm haben. Bei Anordnung eines beiderseits belüfteten Strahlungsschutzes genügt ein Abstand von 40 cm.

§ 5
Aufstellräume für Feuerstätten

(1) Feuerstätten für flüssige und gasförmige Brennstoffe mit einer Gesamtnennwärmeleistung von mehr als 50 kW dürfen nur in Räumen aufgestellt werden,
1. die nicht anderweitig genutzt werden, ausgenommen zur Aufstellung von Wärmepumpen, Blockheizkraftwerken und ortsfesten Verbrennungsmotoren sowie zur Lagerung von Brennstoffen,
2. die gegenüber anderen Räumen keine Öffnungen, ausgenommen Öffnungen für Türen, haben,
3. deren Türen dicht- und selbstschließend sind und
4. die gelüftet werden können.

(2) Brenner und Brennstofffördereinrichtungen der Feuerstätten nach Absatz 1 müssen durch einen außerhalb des Aufstellraumes angeordneten Schalter (Notschalter) jederzeit abgeschaltet werden können. Neben dem Notschalter muß ein Schild mit der Aufschrift »NOTSCHALTER – FEUERUNG« vorhanden sein.

(3) Wird in dem Aufstellraum Heizöl gelagert oder ist der Raum für die Heizöllagerung nur vom Aufstellraum zugänglich, muß die Heizölzufuhr von der Stelle des Notschalters aus durch eine entsprechend gekennzeichnete Absperreinrichtung unterbrochen werden können.

(4) Abweichend von Absatz 1 dürfen die Feuerstätten auch in anderen Räumen aufgestellt werden, wenn
1. die Nutzung dieser Räume dies erfordert und die Feuerstätten sicher betrieben werden können oder
2. diese Räume in freistehenden Gebäuden liegen, die allein dem Betrieb der Feuerstätten sowie der Brennstofflagerung dienen.

§ 6
Heizräume

(1) Feuerstätten für feste Brennstoffe mit einer Gesamtwärmeleistung von mehr als 50 kW dürfen nur in besonderen Räumen (Heizräumen) aufgestellt werden; § 5 Abs. 4 Nr. 2 gilt entsprechend. Die Heizräume dürfen
1. nicht anderweitig genutzt werden, ausgenommen zur Aufstellung von Wärmepumpen, Blockheizkraftwerken und ortsfesten Verbrennungsmotoren sowie zur Lagerung von Brennstoffen und
2. mit Aufenthaltsräumen, ausgenommen solche für das Betriebspersonal, sowie mit Treppenräumen notwendiger Treppen nicht in unmittelbarer Verbindung stehen.

(2) Heizräume müssen
1. mindestens einen Rauminhalt von 8 m³ und eine lichte Höhe von 2 m,
2. einen Ausgang, der ins Freie oder in einen Flur führt, der die Anforderungen an notwendige Flure erfüllt, und
3. Türen, die in Fluchtrichtung aufschlagen, haben.

(3) Wände, ausgenommen nichttragende Außenwände, und Stützen von Heizräumen sowie Decken über und unter ihnen müssen feuerbeständig sein. Deren Öffnungen müssen, soweit sie nicht unmittelbar ins Freie führen, mindestens feuerhemmende und selbstschließende Abschlüsse haben. Die Sätze 1 und 2 gelten nicht für Trennwände zwischen Heizräumen und den zum Betrieb der Feuerstätten gehörenden Räumen, wenn diese Räume die Anforderungen der Sätze 1 und 2 erfüllen.

(4) Heizräume müssen zur Raumlüftung jeweils eine obere und eine untere Öffnung ins Freie mit einem Querschnitt von mindestens je 150 cm² oder Leitungen ins Freie mit strömungstechnisch äquivalenten Querschnitten haben. Der Querschnitt einer Öffnung oder Leitung darf auf die Verbrennungsluftversorgung nach § 3 Abs. 4 angerechnet werden.

(5) Lüftungsleitungen für Heizräume müssen eine Feuerwiderstandsdauer von mindestens 90 Minuten haben, soweit sie durch andere Räume führen, ausgenommen angrenzende, zum Betrieb der Feuerstätten gehörende Räume, die die Anforderungen nach Absatz 3 Sätze 1 und 2 erfüllen. Die Lüftungsleitungen dürfen mit anderen Lüftungsanlagen nicht verbunden sein und nicht der Lüftung anderer Räume dienen.

(6) Lüftungsleitungen, die der Lüftung anderer Räume dienen, müssen, soweit sie durch Heizräume führen,
1. eine Feuerwiderstandsdauer von mindestens 90 Minuten oder selbsttätige Absperrvorrichtungen für eine Feuerwiderstandsdauer von mindestens 90 Minuten haben und
2. ohne Öffnungen sein.

§ 7
Abgasanlagen

(1) Abgasanlagen müssen nach lichtem Querschnitt und Höhe, soweit erforderlich auch nach Wärmedurchlaßwiderstand und innerer Oberfläche, so bemessen sein, daß die Abgase bei allen bestimmungsgemäßen Betriebszuständen ins Freie abgeführt werden und gegenüber Räumen kein gefährlicher Überdruck auftreten kann.

(2) Die Abgase von Feuerstätten für feste Brennstoffe müssen in Schornsteine, die Abgase von Feuerstätten für flüssige oder gasförmige Brennstoffe dürfen auch in Abgasleitungen eingeleitet werden.

(3) Mehrere Feuerstätten dürfen an einen gemeinsamen Schornstein, an eine gemeinsame Abgasleitung oder an ein gemeinsames Verbindungsstück nur angeschlossen werden, wenn
1. durch die Bemessung nach Absatz 1 die einwandfreie Ableitung der Abgase für jeden Betriebszustand sichergestellt ist,
2. bei Ableitung der Abgase unter Überdruck die Übertragung von Abgasen zwischen den Aufstellräumen oder ein Austritt von Abgasen über nicht in Betrieb befindliche Feuerstätten ausgeschlossen ist oder
3. bei gemeinsamer Abgasleitung die Abgasleitung aus nichtbrennbaren Baustoffen besteht oder eine Brandübertragung zwischen den Geschossen durch selbsttätige Absperrvorrichtungen verhindert wird.

(4) Luft-Abgas-Systeme sind zur Abgasabführung nur zulässig, wenn sie getrennte Luft- und Abgasschächte haben. An diese Systeme dürfen nur raumluftunabhängige Gasfeuerstätten angeschlossen werden, deren Bauart sicherstellt, daß sie für diese Betriebsweise geeignet sind.

(5) In Gebäuden muß jede Abgasleitung in einem eigenen Schacht angeordnet sein. Dies gilt nicht für Abgasleitungen in Aufstellräumen für Feuerstätten sowie für Abgasleitungen, die unter Unterdruck betrieben werden und eine Feuerwiderstandsdauer von mindestens 90 Minuten haben. Die Anordnung mehrerer Abgasleitungen in einem gemeinsamen Schacht ist zulässig, wenn
1. die Abgasleitungen aus nichtbrennbaren Stoffen bestehen,
2. die zugehörigen Feuerstätten in demselben Geschoß aufgestellt sind oder
3. eine Brandübertragung zwischen den Geschossen durch selbsttätige Absperrvorrichtungen verhindert wird.
Die Schächte müssen eine Feuerwiderstandsdauer von mindestens 90 Minuten, in Wohngebäuden geringer Höhe von mindestens 30 Minuten haben.

(6) Schornsteine müssen
1. gegen Rußbrände beständig sein,
2. in Gebäuden eine Feuerwiderstandsdauer von mindestens 90 Minuten haben,
3. unmittelbar auf dem Baugrund gegründet oder auf einem feuerbeständigen Unterbau errichtet sein; es genügt ein Unterbau aus nichtbrennbaren Baustoffen für Schornsteine in Gebäuden geringer Höhe, für Schornsteine, die oberhalb der obersten Geschoßdecke beginnen sowie für Schornsteine an Gebäuden,
4. durchgehend sein; sie dürfen insbesondere nicht durch Decken unterbrochen sein, und
5. für die Reinigung Öffnungen mit Schornsteinreinigungsverschlüssen haben.

(7) Schornsteine, Abgasleitungen und Verbindungsstücke, die unter Überdruck betrieben werden, müssen innerhalb von Gebäuden
1. vollständig in vom Freien dauernd gelüfteten Räumen liegen,
2. in Räumen liegen, die § 3 Abs. 1 Nr. 3 entsprechen, oder
3. der Bauart nach so beschaffen sein, daß Abgase in gefahrdrohender Menge nicht austreten können.
Für Abgasleitungen genügt, wenn sie innerhalb von Gebäuden über die gesamte Länge hinterlüftet sind.

(8) Verbindungsstücke dürfen nicht in Decken, Wänden oder unzugänglichen Hohlräumen angeordnet oder in andere Geschosse geführt werden.

§ 8
Abstände von Abgasanlagen zu brennbaren Bauteilen sowie zu Fenstern

(1) Schornsteine müssen
1. von Holzbalken und von Bauteilen entsprechender Abmessungen aus brennbaren Baustoffen einen Abstand von mindestens 2 cm,
2. von sonstigen Bauteilen aus brennbaren Stoffen einen Abstand von mindestens 5 cm einhalten. Dies gilt nicht für Schornsteine, die nur mit geringer Fläche an Bauteile, wie Fußleisten und Dachlatten, angrenzen. Zwischenräume in Decken- und Dachdurchführungen müssen mit nichtbrennbaren Baustoffen mit geringer Wärmeleitfähigkeit ausgefüllt sein.

(2) Abgasleitungen außerhalb von Schächten müssen von Bauteilen aus brennbaren Baustoffen einen Abstand von mindestens 20 cm einhalten. Es genügt ein Abstand von mindestens 5 cm, wenn die Abgasleitungen mindestens 2 cm dick mit nichtbrennbaren Dämmstoffen ummantelt sind oder wenn die Abgastemperatur der Feuerstätten bei Nennwärmeleistung nicht mehr als 160°C betragen kann.

(3) Verbindungsstücke zu Schornsteinen müssen von Bauteilen aus brennbaren Baustoffen einen Abstand von mindestens 40 cm einhalten. Es genügt ein Abstand von mindestens 10 cm, wenn die Verbindungsstücke mindestens 2 cm dick mit nichtbrennbaren Dämmstoffen ummantelt sind.

(4) Abgasleitungen sowie Verbindungsstücke von Schornsteinen müssen, soweit sie durch Bauteile aus brennbaren Baustoffen führen,

1. in einem Abstand von mindestens 20 cm mit einem Schutzrohr aus nichtbrennbaren Baustoffen versehen oder
2. in einem Umkreis von mindestens 20 cm mit nichtbrennbaren Baustoffen mit geringer Wärmeleitfähigkeit ummantelt sein.

Abweichend von Satz 1 Nrn. 1 und 2 genügt ein Abstand von 5 cm, wenn die Abgastemperatur der Feuerstätten bei Nennwärmeleistung nicht mehr als 160°C betragen kann oder Gasfeuerstätten eine Strömungssicherung haben.

(5) Abgasleitungen an Gebäuden müssen von Fenstern einen Abstand von mindestens 20 cm haben.

(6) Geringere Abstände als nach den Absätzen 1 bis 4 sind zulässig, wenn sichergestellt ist, daß an den Bauteilen aus brennbaren Baustoffen bei Nennwärmeleistung der Feuerstätten keine höheren Temperaturen als 85°C auftreten können.

§ 9
Höhe der Mündungen von Schornsteinen und Abgasleitungen über Dach

(1) Die Mündungen von Schornsteinen und Abgasleitungen müssen

1. den First um mindestens 40 cm überragen oder von der Dachfläche mindestens 1 m entfernt sein; bei raumluftunabhängigen Gasfeuerstätten genügt ein Abstand von der Dachfläche von 40 cm, wenn die Gesamtnennwärmeleistung der Feuerstätten nicht mehr als 50 kW beträgt und das Abgas durch Ventilatoren abgeführt wird,
2. Dachaufbauten und Öffnungen zu Räumen um mindestens 1 m überragen, soweit deren Abstand zu den Schornsteinen und Abgasleitungen weniger als 1,5 m beträgt,
3. ungeschützte Bauteile aus brennbaren Baustoffen, ausgenommen Bedachungen, um mindestens 1 m überragen oder von ihnen mindestens 1,5 m entfernt sein,
4. bei Feuerstätten für feste Brennstoffe und bei Gebäuden, deren Bedachung überwiegend nicht den Anforderungen des § 30 Abs. 1 MBO entspricht, am First des Daches austreten und diesen um mindestens 80 cm überragen.

(2) Abweichend von Absatz 1 Nr. 1 und 2 können weitergehende Anforderungen gestellt werden, wenn Gefahren oder unzumutbare Belästigungen zu befürchten sind.

§ 10
Aufstellung von Wärmepumpen, Blockheizkraftwerken und ortsfesten Verbrennungsmotoren

(1) Für die Aufstellung von
1. Sorptionswärmepumpen mit feuerbeheizten Austreibern,
2. Blockheizkraftwerken in Gebäuden und
3. ortsfesten Verbrennungsmotoren
gelten § 3 Abs. 1 bis 6 sowie § 4 Abs. 1 bis 8 entsprechend.

(2) Es dürfen
1. Sorptionswärmepumpen mit einer Nennwärmeleistung der Feuerung von mehr als 50 kW,
2. Wärmepumpen, die die Abgaswärme von Feuerstätten mit einer Gesamtnennwärmeleistung von mehr als 50 kW nutzen,
3. Kompressionswärmepumpen mit elektrisch angetriebenen Verdichtern mit Antriebsleistungen von mehr als 50 kW,
4. Kompressionswärmepumpen mit Verbrennungsmotoren,
5. Blockheizkraftwerke in Gebäuden und
6. ortsfeste Verbrennungsmotoren
nur in Räumen aufgestellt werden, die die Anforderungen nach § 5 erfüllen.

§ 11
Abführung der Ab- oder Verbrennungsgase von Wärmepumpen, Blockheizkraftwerken und ortsfesten Verbrennungsmotoren

(1) Die Verbrennungsgase von Blockheizkraftwerken und ortsfesten Verbrennungsmotoren in Gebäuden sind durch eigene, dichte Leitungen über Dach abzuleiten. Mehrere Verbrennungsmotoren dürfen an eine gemeinsame Leitung angeschlossen werden, wenn die einwandfreie Abführung der Verbrennungsgase nachgewiesen ist. Die Leitungen dürfen außerhalb der Aufstellräume der Verbrennungsmotoren nur nach Maßgabe des § 7 Abs. 5 und 7 sowie § 8 angeordnet sein.

(2) Die Einleitung der Verbrennungsgase in Schornsteine oder Abgasleitungen für Feuerstätten ist nur zulässig, wenn die einwandfreie Abführung der Verbrennungsgase und, soweit Feuerstätten angeschlossen sind, auch die einwandfreie Abführung der Abgase nachgewiesen ist.

(3) Für die Abführung der Abgase von Sorptionswärmepumpen mit feuerbeheizten Austreibern und Abgaswärmepumpen gelten die §§ 7 bis 9 sowie § 38 Abs. 5 MBO entsprechend.

§ 12
Brennstofflagerung in Brennstofflagerräumen

(1) Je Gebäude oder Brandabschnitt dürfen
1. feste Brennstoffe in einer Menge von mehr als 15.000 kg,
2. Heizöl und Dieselkraftstoff in Behältern mit mehr als insgesamt 5.000 l oder
3. Flüssiggas in Behältern mit einem Füllgewicht von mehr als insgesamt 14 kg
nur in besonderen Räumen (Brennstofflagerräumen) gelagert werden, die nicht zu anderen Zwecken genutzt werden dürfen. Das Fassungsvermögen der Behälter darf insgesamt 100.000 l Heizöl oder Dieselkraftstoff oder 6.500 l Flüssiggas je Brennstofflagerraum und 30.000 l Flüssiggas je Gebäude oder Brandabschnitt nicht überschreiten.

(2) Wände und Stützen von Brennstofflagerräumen sowie Decken über oder unter ihnen müssen feuerbeständig sein. Durch Decken und Wände von Brennstofflagerräumen dürfen keine Leitungen geführt werden, ausgenommen Leitungen, die zum Betrieb dieser Räume erforderlich sind sowie Heizrohrleitungen, Wasserleitungen und Abwasserleitungen. Türen von Brennstofflagerräumen müssen mindestens feuerhemmend und selbstschließend sein. Die Sätze 1 und 3 gelten nicht für Trennwände zwischen Brennstofflagerräumen und Heizräumen.

(3) Brennstofflagerräume für flüssige Brennstoffe
1. müssen gelüftet und von der Feuerwehr vom Freien aus beschäumt werden können,
2. dürfen nur Bodenabläufe mit Heizölsperren oder Leichtflüssigkeitsabscheidern haben und
3. müssen an den Zugängen mit der Aufschrift »HEIZÖLLAGERUNG« oder »DIESELKRAFTSTOFFLAGERUNG« gekennzeichnet sein.

(4) Brennstofflagerräume für Flüssiggas
1. müssen über eine ständig wirksame Lüftung verfügen,
2. dürfen keine Öffnungen zu anderen Räumen, ausgenommen Öffnungen für Türen, und keine offenen Schächte und Kanäle haben,
3. dürfen mit ihren Fußböden nicht allseitig unterhalb der Geländeoberfläche liegen,
4. dürfen in ihren Fußböden außer Abläufen mit Flüssigkeitsverschluß keine Öffnungen haben und
5. müssen an ihren Zugängen mit der Aufschrift »FLÜSSIGGASLAGERUNG« gekennzeichnet sein.

§ 13
Brennstofflagerung außerhalb von Brennstofflagerräumen

(1) In Wohnungen dürfen gelagert werden
1. Heizöl oder Dieselkraftstoff in einem Behälter bis zu 100 l oder in Kanistern bis zu insgesamt 40 l,
2. Flüssiggas in einem Behälter mit einem Füllgewicht von nicht mehr als 14 kg, wenn die Fußböden allseitig oberhalb der Geländeoberfläche liegen und außer Abläufen mit Flüssigkeitsverschluß keine Öffnungen haben.

(2) In sonstigen Räumen dürfen Heizöl oder Dieselkraftstoff von mehr als 1.000 l und nicht mehr als 5.000 l je Gebäude oder Brandabschnitt gelagert werden, wenn sie
1. die Anforderungen des § 5 Abs. 1 erfüllen und
2. nur Bodenabläufe mit Heizölsperren oder Leichtflüssigkeitsabscheidern haben.

(3) Sind in den Räumen nach Absatz 2 Feuerstätten aufgestellt, müssen diese
1. außerhalb des Auffangraumes für auslaufenden Brennstoff stehen und
2. einen Abstand von mindestens 1 m zu Lagerbehältern für Heizöl oder Dieselkraftstoff haben, soweit nicht ein Strahlungsschutz vorhanden ist.

§ 14
Druckbehälter für Flüssiggas

(1) Für Druckbehälter für Flüssiggas einschließlich ihrer Rohrleitungen, die weder gewerblichen noch wirtschaftlichen Zwecken dienen und in deren Gefahrenbereich auch keine Arbeitnehmer beschäftigt sind, ausgenommen Druckbehälter einschließlich ihrer Rohrleitungen nach § 1 Abs. 3 bis 5 und § 2 der Druckbehälterverordnung (DruckbehV) in der Fassung vom 21. April 1989 (BGBl. I S. 843), zuletzt geändert durch Artikel 6 des Gesetzes vom 27. Dezember 1993 (BGBl. I S. 2378), gelten § 4 Abs. 1 und 3, § 6 Abs. 1, §§ 8 bis 11 Abs. 1 und 5, §§ 12 bis 14 Abs. 1 und 2, §§ 30 a und 30 b Abs. 2 bis 8, § 30 c, § 31 Abs. 1 Nr. 1 und Abs. 6 sowie § 33 DruckbehV.

(2) Um die Anlagen nach Absatz 1 zur Lagerung von Flüssiggas im Freien sind Schutzzonen entsprechend dem Anhang zu dieser Verordnung einzurichten.

(3) Zuständige Behörden im Sinne der Vorschriften nach Absatz 1 sind die unteren Bauaufsichtsbehörden.

§ 15
Dampfkesselanlagen

(1) Für Dampfkesselanlagen, die weder gewerblichen noch wirtschaftlichen Zwecken dienen und in deren Gefahrenbereich auch keine Arbeitnehmer beschäftigt werden, ausgenommen Dampfkesselanlagen nach § 1 Abs. 3 und 5 und § 9 der Dampfkesselverordnung (DampfkV) vom 27. Februar 1980 (BGBl. I S. 173), zuletzt geändert durch Artikel 6 des Gesetzes vom 27. Dezember 1993 (BGBl. I S. 2378) gelten § 6 Abs. 1, § 8 Abs. 1, § 15 Abs. 1 bis 4, §§ 16 und 17 Abs. 1, 2 und 4 bis 7, §§ 18 bis 23, § 24 Abs. 1 und 3, § 25 Abs. 1, 2 und 4 sowie § 26 DampfkV.

(2) Zuständige Behörden im Sinne der Vorschriften nach Absatz 1 sind die unteren Bauaufsichtsbehörden.

§ 16
Inkrafttreten

(1) Diese Verordnung tritt am ... in Kraft.

(2) Mit Inkrafttreten dieser Verordnung tritt die Feuerungsverordnung vom ... außer Kraft.

**Anhang zu § 14 Abs. 2
Schutzzonen um Flüssiggas-Behälter im Freien**

1. Oberirdisch und erdgedeckt im Freien aufgestellte Flüssiggas-Behälter müssen von zeltförmigen Schutzzonen umgeben sein. Die Schutzzonen müssen auf dem Grundstück selbst liegen; § 7 Abs. 1 MBO gilt auch für Schutzzonen.

2. Die Schutzzonen erstrecken sich bei oberirdisch aufgestellten Behältern um die Anschlüsse und die Wandungen der Behälter,
bei erdgedeckten Behältern um die Anschlüsse.
Blindgeschlossene Flanschanschlüsse gelten als Behälterwandung. Um Anschlüsse von Fülleitungen sind Schutzzonen nur während der Befüllung einzuhalten.

3. Schutzzonen um Behälteranschlüsse sind der Inhalt gerader Kreiskegel über der Erdoberfläche (Bilder 1 und 2). Die Grundflächenradien R müssen mindestens die Werte der Tabelle 1 haben. Die Kreiskegelspitzen liegen bei oberirdisch aufgestellten Behältern mindestens 1 m über den Anschlüssen (Bild 1), bei erdgedeckten Behältern mindestens 1 m über dem Rand des Domschachtes (Bild 2). Die Grundfläche der Schutzzonen oberirdischer Behälter erstreckt sich außerdem allseitig um das Maß G nach Tabelle 1 über die Projektion der Behälter auf die Erdoberfläche hinaus (Bild 1). Darüber haben die Schutzzonen die Form eines Zeltes, das von einer die Behälter im Abstand von 1 m umgebenden Fläche unterstützt wird.

4. Bei in Gruppen aufgestellten Behältern sind zwischen den Behältern Abstände von mindestens der Hälfte des Durchmessers des jeweils größeren Behälters einzuhalten und die Schutzzonen mit den nach Tabelle 1 für die einzelnen Behälter geltenden Maßen und Radien zu bestimmen.

5. Schutzzonen dürfen an höchstens zwei Seiten durch freistehende, mindestens feuerhemmende Wände ohne Öffnungen eingeschränkt werden; die Wände müssen mindestens so hoch wie die Schutzzonenzelte am Ort der Wände sein (Schutzwände). Gebäudeaußenwände dürfen als Schutzwände verwendet werden, wenn sie vom Erdboden bis zu 5 m oberhalb der höchsten Schnittstelle der Schutzzonenzelte mit der Außenwand und seitlich bis zu 1 m über die tiefsten Schnittstellen der Schutzzonenzelte mit der Außenwand hinaus aus nichtbrennbaren Baustoffen bestehen, mindestens feuerhemmend sind und keine Öffnungen haben; bei liegenden zylindrischen Behältern, die parallel zur Gebäudeaußenwand aufgestellt sind, genügt als seitliche Begrenzung die waagerechte Projektion des Behälters auf die Gebäudeaußenwand. Der Abstand zwischen den Behältern und den Gebäudeaußenwänden muß mindestens 1 m betragen.

6. In den Schutzzonen dürfen sich keine Zündquellen, keine brennbaren Stoffe, keine Öffnungen wie Fenster, Türen, Kelleröffnungen, Luftschächte, Lichtschächte, Gruben, keine Verkehrswege sowie keine Einrichtungen, die nicht zur Behälteranlage gehören, befinden. Das gilt nicht für Kanaleinläufe mit Flüssigkeitsverschluß sowie für explosionsgeschützte elektrische Anlagen. Sträucher und Bäume sind in Schutzzonen zulässig, wenn sie zu den Behältern einen Abstand von mindestens der Hälfte des nach Tabelle 1 für die Schutzzonengrundfläche vorzusehenden Abstandes einhalten. Der unterwiesene Betreiber darf Schutzzonen durchfahren.

7. Die Behälter sind so aufzustellen, daß die Schutzzonen gut durchlüftet werden.

Bild 1: Schutzzone für einen oberirdisch aufgestellten Flüssiggas-Behälter

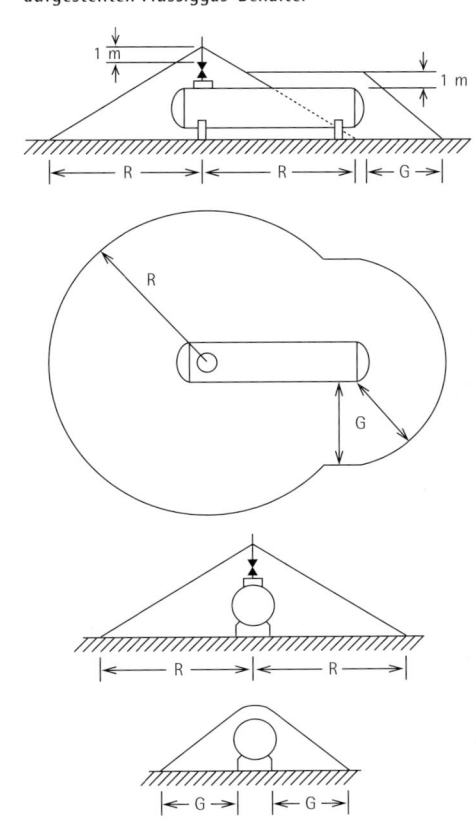

Bild 2: Schutzzone für einen erdgedeckten Flüssiggas-Behälter

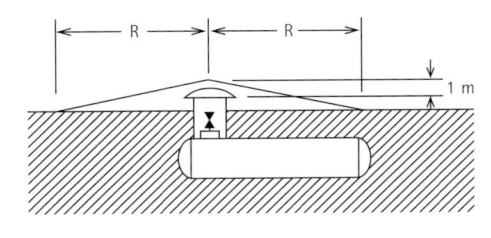

Tabelle 1:
Schutzzonenmaße für Flüssiggas-Behälter

Aufstellungsart	oberirdisch				erdgedeckt	
Gasentnahme	aus der flüssigen Phase		ausschließlich aus der Gasphase		aus der flüssigen Phase oder der Gasphase	
Rauminhalt des Behälters	bis zu 5000 l	über 5000 l	bis zu 5000 l	über 5000 l	bis zu 10 000 l	über 10 000 l
Radius R	5,0 m	10,0 m	3,0 m	5,0 m	3,0 m	5,0 m
Maß G	2,5 m	5,0 m	1,5 m	2,5 m	–	–

Stichwortverzeichnis

A/V-Anforderungskurve 10, 14
Abgas/Zuluftsystem 41, 62
Abgasanlage 72
Abgasleitung für Brennwertkessel 41, 72, 80
Abluftsystem (Wohnungslüftung) 71
ATV-Merkblatt M 251 43
Aufstellraum für Heizkessel 74

Barwert-Methode 27
Bauteilverfahren 10, 14
Blower-Door-Verfahren 68
Brauchwasseranlage 17, 21, 34
Brenner für Heizkessel 28, 92
Brenner, modulierende 41, 92
Brennwert 43
Brennwertkessel 17, 38
Bußgelder 21

CO_2-Einsparung 22, 28
CO_2-Emissionen 22, 28

Dachheizzentrale 62

Einrohrheizungen 34
Einsparpotentiale für CO_2 82
Elektroheizung 26
Emissions-Grenzwerte für Heizkessel 28, 33
Emissionsverhalten von Brennern 28
Energieeinsparungsgesetz 15
Energiegutschrift (Kompensationslösung) 11
Energiekennwerte von Gebäuden 14
Energiespartechnik 92
Erdgasheizung 22

Fenster (äquivalenter k-Wert) 12
Fernüberwachung 50, 58
Festbrennstoffkessel 86
Feuchteschäden bei Schornsteinen 78
Feuchteüberwachung
 (Wohnungslüftung) 71
Feuerstätten 74
Flachkollektoren 67
Flammkühlung 28
Fußbodenheizungen 56
Fuzzy-Logik-Regelung 52

Gebäude, bestehende (WSchV) 14
Gebäudebestand
 (CO_2-Minderungspotential) 82

Heizarbeit bei verschiedenen
 Außentemperaturen 41
Heizen mit Holz 86
Heizkessel (alte Bauart) 84
Heizkesselaufstellung 34
Heizkörperanschlußleitungen
 (Dämmung) 18
Heizkörperaufstellung 34, 54
Heizkörperauslegung 54
Heizkosten (Strom, Öl, Gas) 26
Heizöl-Heizung 22
Heizraum 74
Heizsysteme, preiswerte 62
Heizsysteme für Niedrigenergiehäuser 34
Heizungsanlagen-
 Verordnung (novellierte) 16, 20
Heizungsanlagen-Verordnung
 (Verordnungstext) 107
Heizungsmodernisierung 84
Heizungsregelung 20, 50
Heizwert 43
Holzheizkessel 86
Hüllflächenverfahren 10, 14

Jahres-Heizwärmebedarf 8, 10
Jahres-Nutzungsgrad 30, 44

Kesselwirkungsgrad 30
Kompensationslösung (Energiegutschrift) 11
Kondenswasser
   von Brennwertkesseln 41, 43

Literatur, weiterführende 96
Luft-Abgas-Schornstein 62, 74, 81
Luftaustausch in Wohnungen 36
Lüftungswärmebedarf (Q_L) 10
Lüftungswärmeverluste 36, 68, 71
Luftwechsel 36, 70
Luftzahl von Brennwertkesseln 41

Mehrfachbelegung
   von Abgasanlagen 75, 81
Mehrkesselanlagen 18
Montageerleichterungen 95
Muster-Feuerungsverordnung 74
Muster-Feuerungsverordnung
   (Verordnungstext) 112

Nachrüstpflicht (Heizkessel) 10
Nachrüstpflicht (Regelung) 20
Nachrüstpflicht (Thermostatventile) 20
Nebenluftvorrichtung 76
Niedertemperatur-Radiatorenheizung 54
Niedertemperaturkessel 17
Niedrigenergiehaus 8
Nutzungsgrad von Heizkesseln 44, 84

Pufferspeicher 87

Querschnittsverminderung
   des Schornsteins 76

Regelung (Nachrüstpflicht) 20
Regelung von Fußbodenheizungen 56

Schornstein 72
Schornstein,
   feuchtigkeitsunempfindlich 41, 81
Schornsteinsanierung 76, 78
Solaranlage zur Trinkwassererwärmung 64
Solararchitektur 12
Solarenergie für Heizzwecke 26
Standardheizkessel 17
Stromeinsparung 20, 60
Stromheizung 22
Systemtechnik 92

Teillastverhalten von Heizkesseln 85
Transmissionswärmebedarf (Q_T) 10
Trinkwassererwärmung 17, 21, 34, 46
Trinkwassererwärmung, solare 64

Überdimensionierung
   des Heizkessels 77, 84
Umwälzpumpen 20, 52, 60

Vakuum-Röhrenkollektor 67

Wärmebedarf 17
Wärmebedarf verschiedener Gebäude 83
Wärmebedarfsausweis 15
Wärmedämmung
   von Wärmeverteilanlagen 18
Wärmedämmung,
   nachträgliche 84
Wärmegewinne, innere (Q_i) 10, 12
Wärmegewinne, solare (Q_s) 10, 12
Wärmepumpen 22, 88
Wärmerückgewinnung (Lüftung) 70
Wärmeschutzverordnung
   (Verordnungstext) 98
Wärmeschutzverordnung,
   2. novellierte 8
Warmwasserbedarf 17, 47
Warmwassersystem 49
Wartung von Heizungsanlagen 21, 58
Wartung von Wohnungslüftungen 71
Wintergarten 12, 90
Wirkungsgradrichtlinie für Heizkessel 17
Wohnungslüftung 11, 36, 62, 68

Zirkulationsleitungen 63
Zuluftfilterung 70

Die Viessmann Werke

Die Viessmann Gruppe ist weltweit einer der bedeutendsten Hersteller von Produkten der Heiztechnik. Ein umfassendes Programm technologischer Spitzenprodukte wird in 10 Produktionsstätten des In- und Auslandes gefertigt: Heizkessel für Öl, Gas und feste Brennstoffe von 7 bis 10 000 kW sowie darauf abgestimmte Bausteine der Systemtechnik wie Brenner, Regelung und Speicher-Wassererwärmer bis hin zu Sonnenkollektoren und Lüftungssystemen. Viessmann bietet eine geschlossene Gas-Brennwert-Kesselreihe im Leistungsbereich von 7 bis 895 kW an.
Betriebssicherheit, Energieeinsparung, Umweltschonung und komfortable Bedienung sind die Kennzeichen aller Viessmann Heizkessel im gesamten Leistungsspektrum.
In drei Stufen gegliedert, ist es optimal auf die unterschiedlichen Bedürfnisse zugeschnitten: BasisProgramm für Einsteiger, ComfortProgramm, die bekannte Viessmann Qualität, und HighTechProgramm für allerhöchste Ansprüche.
Die Viessmann Vertriebspolitik ist gekennzeichnet von der engen Partnerschaft zum Handwerk. 73 Verkaufsniederlassungen im In- und Ausland sichern Kundennähe. Umfangreiche Schulungs- und Fortbildungsprogramme in den vier Informationszentren sowie allen Verkaufsniederlassungen unterstützen die Marktpartner.

Viessmann Werke GmbH & Co
35107 Allendorf
Telefon: (0 64 52) 70-0
Telefax: (0 64 52) 70-27 80